清華大學 计算机系列教材

石纯一 王家廞 编著

数理逻辑与集合论

（第2版）

清華大學出版社
北京

内 容 简 介

数理逻辑与集合论是离散数学的主要组成部分，是计算机科学的数学基础.

全书共12章.前8章介绍数理逻辑，包括命题和谓词逻辑的基本概念、等值和推理演算、公理系统、模型论和证明论.后4章介绍集合论，包括集合、关系、函数、实数集与基数.

本书可作为大学离散数学的教科书.也可供从事计算机科学、人工智能等方面的科技人员参考.

图书在版编目(CIP)数据

数理逻辑与集合论/石纯一等编著.—2版.—北京:清华大学出版社，2000（2024.6重印）
ISBN 978-7-302-04042-2

Ⅰ.数... Ⅱ.石... Ⅲ.①数理逻辑-高等学校-教材 ②集论-高等学校-教材 Ⅳ.O14

中国版本图书馆 CIP 数据核字(2000)第51562号

出版发行：清华大学出版社

网　　址：https://www.tup.com.cn，https://www.wqxuetang.com
地　　址：北京清华大学学研大厦A座　　邮　编：100084
社 总 机：010-83470000　　邮　购：010-62786544
投稿与读者服务：010-62776969，c-service@tup.tsinghua.edu.cn
质量反馈：010-62772015，zhiliang@tup.tsinghua.edu.cn

印 装 者：天津鑫丰华印务有限公司
经　　销：全国新华书店
开　　本：185mm×260mm　　印　张：14.75　　字　数：352千字
版　　次：2000年12月第2版　　印　次：2024年6月第24次印刷
定　　价：39.00元

产品编号：004042-06

再版前言

随着计算技术的发展，数理逻辑与集合论做为计算机科学的一种数学工具，它的作用显得更加重要了. 如果仅限于学会一种程序设计语言，掌握一些编程技巧，不一定要学习基础性知识，甚至有高中水平就可以了. 但对计算机系的大学生来说，应有更高的要求，仅满足于写个简单程序就不够了. 仍拿一种程序设计语言来说，为什么会提出来？它能解决什么问题？好在哪里？存在什么问题？它的语法语义又怎样？要懂得一些深层的基础性知识才能对这些问题做出回答.

《数理逻辑与集合论》一书的第1版发行至今已有十多年了，在教学过程中已感到数理逻辑部分内容浅了些，需增加深层知识，这是本书再版的原因. 为此我们在原书的基础上增加了模型论和证明论两部分，理解这部分内容不甚容易，不求立即直接会用，而是做为基础知识的储备. 这部分内容是请中国科学院软件研究所王驹研究员编写的，在此表示谢意！

石纯一

2000年7月于清华园

前　　言

离散数学是大学计算机系的基础数学课程，它以离散量为研究对象．而数学分析（微积分）以连续函数为主要研究对象，属于连续型数学．

由于计算机的软、硬件都具有离散型结构，从而使离散数学成为计算机科学的基本工具．例如，Turing 对可计算性的研究所建立的 Turing 机是计算机的理论模型，导致了计算机的出现；Boole 的逻辑代数已十分成功地用于计算机的硬件分析和设计；谓词逻辑演算为人工智能学科提供了一种重要的知识表示和推理方法等．

离散数学的原理和方法常常要求在计算机上的可实现性．而一般数学理论有时仅给出存在性讨论，这是不能满足实用要求的．

离散数学包括数理逻辑、集合论、代数结构、图论、形式语言、自动机和计算几何等．

清华大学计算机系把离散数学安排为“数理逻辑与集合论”和“代数结构与图论”两门课程，分两个学期讲授，各占 50 学时．本书是编著者在讲授“数理逻辑与集合论”时所编写的讲义基础上完成的．孙承鑑、陈群秀和赵琦等同志参加了编写工作，在此表示谢意．

离散数学的参考书较多，而且其各部分也有专门的书．本书的编写过程主要参考了王宪钧的《数理逻辑引论》、胡世华和陆钟万的《数理逻辑基础》、陈进元等的《离散数学（上）》和张锦文的《集合论浅说》等书．

由于编著者水平所限，错误和不当之处在所难免，请读者批评指正．

石纯一　王家廞

1988 年 3 月于清华园

目　　录

概　述

数理逻辑是研究推理逻辑规律的一个数学分支，它采用数学符号化的方法，给出推理规则来建立推理体系.进而讨论推理体系的一致性、可靠性和完备(全)性等.

数理逻辑的研究内容是两个演算加四论.具体为命题演算、谓词演算(第1到第6章)、集合论(第9到第12章)、模型论(形式语言语法与语义间的关系)(第7章)、递归论(可计算性可判定性)(第6章)和证明论(数学本身的无矛盾性)(第8章).

数理逻辑是形式逻辑与数学相结合的产物.但数理逻辑研究的是各学科(包括数学)共同遵从的一般性的逻辑规律，而各门学科只研究自身的具体规律.

数理逻辑的创始人是17世纪德国数学家和哲学家Leibniz，他把数学引入形式逻辑.1847年Boole实现了命题演算，1879年Frege建立了第一个谓词演算系统.到20世纪30年代数理逻辑进入了一个新的时期.逻辑学不仅与数学相互渗透与结合，而且与其他科学技术相互渗透与结合，显示了逻辑学的实用意义.1931年Gödel不安全性定理的提出以及递归函数可计算性的引入，导致了1936年Turing机器的出现，它是现代电子计算机的理想的数学模型.10年后1946年第一台电子计算机诞生.数理逻辑与计算机科学、控制论、人工智能的相互渗透推动了数理逻辑的发展.人们正在模糊逻辑、概率逻辑、归纳逻辑、时态逻辑和非单调逻辑等方面进行研究.

集合论可看作为数理逻辑的一个分支，也是现代数学的一个独立分支，它是各个数学分支的共同语言和基础.

集合论是关于无穷集和超穷集的数学理论.古代数学家就已接触到无穷概念，但对无穷的本质缺乏认识.为微积分寻求严密的基础促使实数集结构的研究，早期的工作都与数集或函数集相关联.

集合论中一直引人注意的一些问题有：选择公理AC(对任意多个两两不相交的非空集合，存在一个集合与这些非空集合中的每一个都有唯一的一个共同元素)、连续统假设CH(Cantor对直线上点的个数问题的猜测)、广义连续统假设GCH(无穷集的幂集基数的猜测).

集合论的创始人是Cantor，他从1871年到1883年发表了关于基数、序数和良序集理论的一系列结果.1909年前后在他创建的集合论中发现了种种悖论.1908年Zermelo给出了集合论的第一个公理系统Z.此后人们又提出ZF和GB等公理系统.1938年Gödel证明了用现有的集合论公理系统不能证明CH是假的.1963年Cohen证明，用现有的集合论公理系统也不能证明CH是真的.应当寻求新的工具和方法来解决这个问题.

集合论已在计算机科学、人工智能学科、逻辑学、经济学、语言学和心理学等方面起着重要的应用.

本书以大体相当的篇幅讲述数理逻辑与集合论的基本内容，鉴于这两部分内容的内在密切联系，我们使用数理逻辑的方法来引入集合论的有关概念并证明有关定理.

第1章　命题逻辑的基本概念

命题逻辑研究的是命题的推理演算.这一章介绍命题逻辑的基本概念,包括引入命题联结词,讨论合式公式、重言式以及自然语句的形式化等内容.

1.1　命　题

1.1.1　什么是命题

命题是一个非真即假(不可兼)的陈述句.有两层意思,首先命题是一个陈述句,而命令句、疑问句和感叹句都不是命题.其次是说这个陈述句所表达的内容可决定是真还是假,而且不是真的就是假的,不能不真又不假,也不能又真又假.凡与事实相符的陈述句为真语句,而与事实不符的陈述句为假语句.这说是说,一个命题具有两种可能的取值(又称真值),为真或为假,并且只能取其一.通常用大写字母 T 表示真值为真,用 F 表示真值为假,有时也可分别用 1 和 0 表示它们.因为只有两种取值,所以这样的命题逻辑称为二值逻辑.

举例说明命题概念:

(1)“雪是白的”.是一个陈述句,可决定真值,显然其真值为真,或说为 T,所以是一个命题.

(2)“雪是黑的”.是一个陈述句,可决定真值,显然其真值为假,或说为 F,所以是一个命题.

(3)“好大的雪啊!”不是陈述句,不是命题.

(4)“一个偶数可表示成两个素数之和”(哥德巴赫猜想).是命题,或为真或为假,只不过当今尚不知其是真命题还是假命题.

(5)“1+101=110”.这是一个数学表达式,相当于一个陈述句,可以叙述为“1 加 101 等于 110”,这个句子所表达的内容在十进制范围中真值为假,而在二进制范围中真值为真.可见,这个命题的真值与所讨论问题的范围有关.

1.1.2　命题变项

为了对命题作逻辑演算,采用数学手法将命题符号化(形式化)是十分重要的.我们约定用大写字母表示命题,如以 P 表示“雪是白的”,Q 表示“北京是中国的首都”等.当 P 表示任一命题时,P 就称为命题变项(变元).

命题与命题变项含义是不同的,命题指具体的陈述句,是有确定的真值,而命题变项的真值不定,只当将某个具体命题代入命题变项时,命题变项化为命题,方可确定其真值.命题与命题变项像初等数学中常量与变量的关系一样.如 5 是一个常量,是一个确定的数字,而 x 是一个变量,赋给它一个什么值它就代表什么值,即 x 的值是不定的.初等数学的运算规则中对常量与变量的处理原则是相同的，同样，在命题逻辑的演算中对命题与命题变项的处理原则也是相同的.因此，除在概念上要区分命题与命题变项外，在逻辑演算中就不再区分它们了.

1.1.3 简单命题和复合命题

简单命题又称原子命题，它是不包含任何的与、或、非一类联结词的命题.如 1.1.1 中所举的命题例子都是简单命题.这样的命题不可再分割，如再分割就不是命题了.而像命题“雪是白的而且 $1+1=2$”，就不是简单命题，它可以分割为“雪是白的”以及“1+1=2”两个简单命题，联结词是“而且”.在简单命题中，尽管常有主语和谓语，但我们不去加以分割，是将简单命题作为一个不可分的整体来看待，进而作命题演算.在谓词逻辑里，才对命题中的主谓结构进行深入分析.

把一个或几个简单命题用联结词(如与、或、非)联结所构成的新的命题称为复合命题，也称为分子命题.复合命题自然也是陈述句，其真值依赖于构成该复合命题的各简单命题的真值以及联结词，从而复合命题有确定的真值.如“张三学英语和李四学日语”就是一个复合命题，由简单命题“张三学英语”“李四学日语”经联结词“和”联结而成，这两个简单命题真值均为真时，该复合命题方为真.如果只限于简单命题的讨论，则除讨论真值外，再没有可研究的内容了.而命题逻辑所讨论的正是多个命题联结而成的复合命题的规律性.

在数理逻辑里，仅仅把命题看成是一个可取真或可取假的陈述句，所关心的并不是这些具体的陈述句的真值究竟为什么或在什么环境下是真还是假，这是有关学科本身研究的问题，而逻辑关心的仅是命题可以被赋予真或假这样的可能性，以及规定了真值后怎样与其他命题发生联系.

1.2 命题联结词及真值表

联结词可将命题联结起来构成复杂的命题，命题逻辑联结词的引入是十分重要的，其作用相当于初等数学里在实数集上定义的+、-、×、÷等运算符.通过联结词便可定义新的命题，从而使命题逻辑的内容变得丰富起来，我们要讨论的仅只是复合命题的真值，此值可由组成它的简单命题的真值所确定.值得注意的是逻辑联结词与日常自然用语中的有关联结词的共同点和不同点.

下面介绍五个常用的逻辑联结词：

$\neg$、$\wedge$、$\vee$、$\rightarrow$、$\leftrightarrow$

1.2.1 否定词 $\neg$

否定词“$\neg$”是个一元联结词，亦称否定符号.一个命题 P 加上否定词就形成了一个新的命题，记作 $\neg P$，这个新命题是命题的否定，读作非 P.

否定词的真值规定如下：若命题 P 的真值为真，那么 $\neg P$ 的真值就为假；若 P 的真值为假，那么 $\neg P$ 的真值就为真.$\neg P$ 与 P 间的真值关系，常常使用称作真值表的一种表格来表示，如图 1.2.1 所示.

也可将图 1.2.1 看作是对$\neg P$的定义. 它表明了$\neg P$的真值如何依赖于P的真值. 真值表描述了命题之间的真值关系，很直观，当命题变项的个数不多时，也很容易建立，真值表是命题逻辑里研究真值关系的重要工具.

P	$\neg P$		P	$\neg P$
T	F	或	1	0
F	T		0	1

图 1.2.1

例 1 “昨天张三去看球赛了”. 该命题以P表示，于是“昨天张三没有去看球赛”，该新命题便可用$\neg P$表示.

若昨天张三去看球赛了，命题P是真的，那么新命题$\neg P$必然是假的. 反之，若命题P是假的，那么$\neg P$就是真的. 这符合图 1.2.1的描述.

例 2 Q：今天是星期三.

$\neg Q$：今天不是星期三.

然而$\neg Q$不能理解为“今天是星期四”，因为“今天是星期三”的否定，并不一定必是星期四，还可能是星期五、星期六……在这种情况下，要注意否定词的含义是否定被否定命题的全部，而不是一部分.

1.2.2 合取词$\wedge$

合取词“$\wedge$”是个二元命题联结词，亦称合取符号. 将两个命题P,Q联结起来，构成一个新的命题$P\wedge Q$，读作P,Q的合取，也可读作P与Q. 这个新命题的真值与构成它的命题P,Q的真值间的关系，由合取词真值表来规定如图 1.2.2 所示.

P	Q	$P\wedge Q$
F	F	F
F	T	F
T	F	F
T	T	T

图 1.2.2

图 1.2.2 指出，只有当两个命题变项$P=\mathrm{T}$，$Q=\mathrm{T}$时方有$P\wedge Q=\mathrm{T}$，而P,Q只要有一为 F，则$P\wedge Q=\mathrm{F}$. 这样看来，$P\wedge Q$可用来表示日常用语P与Q，或P并且Q.

例 3 P：教室里有 10 名女同学.

Q：教室里有 15 名男同学.

不难看出，命题“教室里有 10 名女同学与 15 名男同学”，便可由$P\wedge Q$来描述了.

例 4 A：今天下雨了.

B：教室里有 100 张桌子.

可知$A\wedge B$就是命题“今天下雨了并且教室里有 100 张桌子”.

P,Q,A,B都是简单命题，通过合取词$\wedge$，得到了复合命题$P\wedge Q$，$A\wedge B$. 复合命题通过$\wedge$还可得到复合命题的复合命题.

日常自然用语里的联结词“和”、“与”、“并且”，一般是表示两种同类有关事物的并列关系(如例 3). 而在逻辑语言中仅考虑命题与命题之间的形式关系或说是逻辑内容，并不顾及日常自然用语中是否有此说法. 这样，“$\wedge$”同“与”、“并且”又不能等同视之. 例 4 在日常自然用语中是不会出现的语句，因A，B毫无联系，然而在数理逻辑中$A\wedge B$是可以讨论的.

日常自然用语中说，“这台机器质量很好，但是很贵”，这句话的含义是说同一台机器质量很好而且很贵. 若用P表示“这台机器质量很好”，用Q表示“这台机器很贵”，那么这句话的逻辑表示就是$P\wedge Q$，尽管这句话里出现的联结词是“但是”. 总之，合取词有“与”、“并且”的含义，逻辑联结词是自然用语中联结词的抽象，两者并不等同，这是需注意的.

1.2.3 析取词∨

析取词"∨"是个二元命题联结词,亦称析取符号.将两个命题 P,Q 联结起来,构成一个新的命题 $P\vee Q$,读作 P,Q 的析取,也读作 P 或 Q.这个新命题的真值与构成它的命题 P,Q 的真值间的关系,由析取词真值表来规定,如图 1.2.3 所示.

P	Q	$P\vee Q$
F	F	F
F	T	T
T	F	T
T	T	T

图 1.2.3

图 1.2.3 指出,当 P,Q 有一取值为 T 时,$P\vee Q$ 便为 T.仅当 P,Q 均取 F 值时,$P\vee Q$ 方为 F.这就是析取词的定义,$P\vee Q$ 可用来表示自然用语 P 或 Q.

例 5 P:今天刮风.

Q:今天下雨.

命题"今天刮风或者下雨"便可由 $P\vee Q$ 来描述了.

例 6 A:2 小于 3.

B:雪是黑的.

$A\vee B$ 就是命题"2 小于 3 或者雪是黑的".由于 2 小于 3 是真的,所以 $A\vee B$ 必取值为真,尽管"雪是黑的"这命题取假.

同样需注意析取词同"或"的异同.

1.2.4 蕴涵词→

蕴涵词"→"也是个二元命题联结词,亦称推断符号.将两个命题 P,Q 联结起来,构成一个新的命题 $P\to Q$,读作如果 P 则 Q,或读作 P 蕴涵 Q,如果 P 那么 Q,其中 P 称前件(前项、条件),Q 称后件(后项、结论).

规定只有当 P 为 T 而 Q 为 F 时,$P\to Q=\mathrm{F}$.而 $P=\mathrm{F}$、Q 任意,或 $P=\mathrm{T}$、$Q=\mathrm{T}$ 时,$P\to Q$ 均取值为 T.真值表见图 1.2.4.

P	Q	$P\to Q$
F	F	T
F	T	T
T	F	F
T	T	T

图 1.2.4

引入→的目的是希望用来描述命题间的推理,表示因果关系.实际上,图 1.2.4 说明了:

$P\to Q=\mathrm{T}$ 下,若 $P=\mathrm{T}$ 必有 $Q=\mathrm{T}$,而不会出现 $Q=\mathrm{F}$,这表明 $P\to Q$ 体现了 P 是 Q 成立的充分条件.

$P\to Q=\mathrm{T}$ 下,若 $P=\mathrm{F}$ 可有 $Q=\mathrm{T}$,这表明 $P\to Q$ 体现了 P 不必是 Q 成立的必要条件.

使用 $P\to Q$ 能描述推理.即 $P\to Q$ 为真时,只要 P 为真必有 Q 真,而不能出现 P 真而 Q 假就够了.至于 P 为假时,Q 取真取假,并不违背 P 为真时 Q 必真.从而仍可规定 P 为假时,$P\to Q$ 取真.这当然只是对 $P\to Q$ 的一种说明,而从逻辑上说,本可按真值表定义 $P\to Q$,可不必涉及具体含义.另外,当 $P=\mathrm{F}$ 时对 $P\to Q$ 真值的不同定义方式将给推理的讨论带来不同的表示形式,也是允许的.

图 1.2.5 是 $\neg P\vee Q$ 的真值表,显然图 1.2.4 同 1.2.5 是相同的,在 P,Q 的所有取值下,$P\to Q$ 同 $\neg P\vee Q$ 都有相同的真值,于是可记作

$$P\to Q=\neg P\vee Q(\text{真值相同的等值命题以等号联结})$$

这也说明→可由 ¬，∨来表示，从逻辑上看“如果 P 则 Q”同“非 P 或 Q”是等同的两个命题.

P	Q	$\neg P \vee Q$
F	F	T
F	T	T
T	F	F
T	T	T

图 1.2.5

蕴涵词→与自然用语“如果……那么……”有一致的一面，可表示因果关系. 然而 P,Q 是无关的命题时，逻辑上允许讨论 $P\to Q$. 并且 $P = \mathrm{F}$ 则 $P\to Q = \mathrm{T}$，这在自然用语中是不大使用的.

例 7 P：$n > 3$（n 为整数）

Q：$n^2 > 9$

命题 $P\to Q$ 表示“如果 $n > 3$ 那么 $n^2 > 9$”，分析 $P\to Q$ 的真值.

(1) $P = Q = \mathrm{T}$. 例如，$n = 4 > 3$，有 $n^2 = 16 > 9$，这符合事实 $P\to Q = \mathrm{T}$，正是我们所期望的可用 $P\to Q$ 表示 P,Q 间的因果关系，这时规定 $P\to Q = \mathrm{T}$ 是自然的.

(2) $P = \mathrm{T}$，$Q = \mathrm{F}$. 例如，$n > 3$ 而 $n^2 < 9$ 这是不会成立的，也可用 $P\to Q$ 表示 P,Q 间的因果关系是不成立的，自然规定 $P\to Q = \mathrm{F}$.

(3) $P = \mathrm{F}$ 而 $Q = \mathrm{F}$ 或 T. 例如，

$$n = 2 < 3 \quad 有\ n^2 = 4 < 9$$

$$n = -4 < 3 \quad 有\ n^2 = 16 > 9$$

由于前提条件 $n > 3$ 不成立，而 $n^2 > 9$ 成立与否并不重要，都不违反对自然用语“如果 $n > 3$ 那么 $n^2 > 9$”成立的肯定. 于是 $P = \mathrm{F}$ 时可规定 $P\to Q = \mathrm{T}$. 当然在肯定了(1)，(2)的情况下，对 $P = \mathrm{F}$ 时 $P\to Q$ 的值另作规定也是可以的，同样不违反自然语句“如果……那么……”可以用 $P\to Q$ 来描述. 总之，对 $P\to Q$ 的这种说明是可接受的，但也不是说只有这样的解释才是合理的.

例 8 P：$2 + 2 = 5$

Q：雪是黑的

$P\to Q$ 就是命题“如果 $2 + 2 = 5$，那么雪是黑的”. 从蕴涵词的定义看，由于 $2 + 2 = 5$ 是不成立的或说 P 取 F 值，不管 Q 取真取假都有 $P\to Q = \mathrm{T}$.

联结词→，较 ¬、∨、∧ 难于理解，然而它在逻辑中用于表示因果关系，因而又是最有用的.

1.2.5 双条件词↔

双条件词“↔”同样是个二元命题联结词，亦称等价符号. 将两个命题 P,Q 联结起来构成新命题 $P\leftrightarrow Q$，读作 P 当且仅当 Q，或读作 P 等价于 Q. 这个新命题的真值与 P,Q 真值间的关系，由双条件词的真值表来规定，如图 1.2.6 所示.

图 1.2.6 指出，只有当两个命题 P,Q 的真值相同或说 $P = Q$ 时，$P\leftrightarrow Q$ 的真值方为 T. 而当 P,Q 的真值不同时，$P\leftrightarrow Q = \mathrm{F}$.

若建立 $(P\to Q)\wedge(Q\to P)$ 的真值表，就可发现 $(P\to Q)\wedge(Q\to P)$ 和 $P\leftrightarrow Q$ 有相同的真值，于是

$$(P\to Q)\wedge(Q\to P) = P\leftrightarrow Q$$

P	Q	$P\leftrightarrow Q$
F	F	T
F	T	F
T	F	F
T	T	T

图 1.2.6

例 9 P：$\triangle ABC$ 是等腰三角形

Q：$\triangle ABC$ 中有两个角相等

命题 $P \leftrightarrow Q$ 就是"$\triangle ABC$ 是等腰三角形当且仅当$\triangle ABC$ 中有两个角相等". 显然就这个例子而言 $P \leftrightarrow Q = \mathrm{T}$.

1.2.6 总结

由五个联结词所定义的运算是数理逻辑中最基本、最常用的逻辑运算. 一元二元联结词还有多个,此外还有三元以至多元的联结词,因其极少使用,况且又都可由这五个基本联结词表示出来,所以无需一一定义了.

联结词是由命题定义新命题的基本方法.

命题逻辑的许多问题都可化成是计算复合命题的真假值问题,真值表方法是极为有力的工具,是应十分重视和经常使用的.

由联结词构成新命题的真值表中,对仅由两个变元 P,Q 构成的新命题A 而言, 每个变元有 T,F 两种取值, 从而 P,Q 共有四种可能的取值, 对应于真值表中的四行, 每一行下命题 A 都有确定的真值. 对 P,Q 的每组真值组合(如 $P = \mathrm{T}$, $Q = \mathrm{F}$)或说真值指派, 都称作命题 A 的一个解释. 一般地说, 当命题 A 依赖于命题 P_1, …, P_n时,则由 P_1,…,P_n 到 A 的真值表就有 2^n行, 每一行对应着 P_1, …, P_n 的一组真值,在这组真值下,A 的真值随之而定,P_1,…,P_n 的每组真值都称作命题 A 的一个解释. A 有 2^n 个解释, 命题的解释用符号 I 表示.

由于数理逻辑是采用数学的符号化的方法来研究命题间最一般的真值规律的,而不涉及判断一个命题本身如何取真取假,不顾命题的具体含义,而是抽象地、形式地讨论逻辑关系,这就导致了数理逻辑中所讨论的命题与自然用语的差异.

联结词 $\wedge$、$\vee$、$\neg$ 同构成计算机的与门、或门和非门电路是相对应的. 从而命题逻辑是计算机硬件电路的表示、分析和设计的重要工具. 也正是数理逻辑应用于实际,特别是应用于计算机学科推动了其自身的发展.

1.3 合式公式

命题公式是命题逻辑讨论的对象,而由命题变项使用联结词可构成任意多的复合命题, 如 $\neg P \wedge Q$, $P \wedge Q \vee R$, $P \rightarrow \neg Q$ 等. 它们是否都有意义呢? 只有一个联结词的命题 $\neg P$, $P \wedge Q$, $P \rightarrow Q$ 当然是有意义的. 由两个联结词构成的命题 $P \wedge Q \vee R$ 至少意义不明确, 是先作 $P \wedge Q$ 再对 R 作 $\vee$, 还是先作 $Q \vee R$ 再对 P 作 $\wedge$ 呢? $\neg P \wedge Q$ 也有同样的问题. 解决运算次序是容易的, 可像初等代数那样使用括号的办法, 在逻辑运算中也常使用圆括号来区分运算的先后次序. 这样由命题变项、命题联结词和圆括号便组成了命题逻辑的全部符号. 进一步的问题是建立一般的原则以便生成所有的合法的命题公式,并能识别什么样的符号串是合法的(有意义的)?

合式公式(简记为 Wff)的定义:

(1) 简单命题是合式公式.

(2) 如果 A 是合式公式, 那么 $\neg A$ 也是合式公式.

(3) 如果 A,B 是合式公式, 那么$(A \wedge B)$, $(A \vee B)$, $(A \rightarrow B)$和$(A \leftrightarrow B)$是合式公式.

(4) 当且仅当经过有限次地使用(1),(2),(3)所组成的符号串才是合式公式.

这个定义给出了建立合式公式的一般原则,也给出了识别一个符号串是否是合式公式的原则.

这是递归(归纳)的定义.在定义中使用了所要定义的概念,如在(2)和(3)中都出现了所要定义的合式公式字样;其次是定义中规定了初始情形,如(1)中指明了已知的简单命题是合式公式.

条件(4)说明了哪些不是合式公式,而(1),(2),(3)说明不了这一点.

依定义,若判断一个公式是否为合式公式,必然要层层解脱回归到简单命题方可判定.

$\neg(P\wedge Q)$, $(P\rightarrow(P\wedge Q))$, $(((P\rightarrow Q)\wedge(Q\rightarrow R))\leftrightarrow(P\rightarrow R))$都是合式公式.而$\neg P\vee Q\vee$, $((P\rightarrow Q)\rightarrow(\ \wedge Q))$, $(P\rightarrow Q$都不是合式公式,因为没有意义,我们不讨论.

在实际使用中,为了减少圆括号的数量,可以引入一些约定,如规定联结词优先级的办法,可按$\neg$,$\wedge$,$\vee$,$\rightarrow$,$\leftrightarrow$的排列次序安排优先的级别,多个同一联结词按从左到右的优先次序.这样,在书写合式公式时,可以省去部分或全部圆括号.通常采用省略一部分又保留一部分括号的办法,这样选择就给公式的阅读带来方便.如

$(P\rightarrow(Q\vee R))$可写成$P\rightarrow(Q\vee R)$或$P\rightarrow Q\vee R$.

$(P\rightarrow(P\rightarrow R))$可写成$P\rightarrow(P\rightarrow R)$.

命题演算中只讨论合式公式,为方便起见,将合式公式就称作公式.

1.4 重 言 式

1.4.1 定义

命题公式中有一类重言式.如果一个公式,对于它的任一解释I下其真值都为真,就称为重言式(永真式).如$P\vee\neg P$是一个重言式.

显然由$\vee$、$\wedge$、$\rightarrow$和$\leftrightarrow$联结的重言式仍是重言式.

一个公式,如有某个解释I_0,在I_0下该公式真值为真,则称这公式是可满足的.如$P\vee Q$当取$I_0=(\mathrm{T},\mathrm{F})$即$P=\mathrm{T}$, $Q=\mathrm{F}$时便有$P\vee Q=\mathrm{T}$,所以是可满足的.重言式当然是可满足的.

另一类公式是矛盾式(永假式或不可满足的).如果一个公式,对于它的任一解释I下真值都是假,便称是矛盾式.如$P\wedge\neg P$就是矛盾式.

不难看出这三类公式间有如下关系:

(1) 公式A永真,当且仅当$\neg A$永假.

(2) 公式A可满足,当且仅当$\neg A$非永真.

(3) 不是可满足的公式必永假.

(4) 不是永假的公式必可满足.

1.4.2 代入规则

A是一个公式,对A使用代入规则得公式B,若A是重言式,则B也是重言式.

为保证重言式经代入规则仍得到保持，要求：

(1) 公式中被代换的只能是命题变元(原子命题)，而不能是复合命题.

如可用$(R\wedge S)$来代换某公式中的P，记作$\frac{P}{(R\wedge S)}$，而不能反过来将公式中的$(R\wedge S)$以P代之.

这一要求可以代数的例子来说明，如对

$$(a+b)^2=a^2+2ab+b^2$$

可用$a=cd$代入，仍会保持等式成立. 而若将$a+b$用cd代入，结果左端得$(cd)^2$，而右端无法代入cd，不能保持等式成立了.

(2) 对公式中某命题变项施以代入，必须对该公式中出现的所有同一命题变项代换同一公式.

一般地说，公式A经代入规则可得任一公式，而仅当A是重言式时，代入后方得保持. 如$A=P\vee\neg P$，作代入$\frac{P}{\neg Q}$得$B=\neg Q\vee\neg\neg Q$仍是重言式. 若将$\neg P$以Q代之得$B=P\vee Q$(这不是代入，违反了规定(2))不是重言式了.

在第3章公理系统中，代入规则视作重要的推理规则经常使用.

可使用代入规则证明重言式.

例1 判断$(R\vee S)\vee\neg(R\vee S)$为重言式.

因$P\vee\neg P$为重言式，作代入$\frac{P}{(R\vee S)}$，便得$(R\vee S)\vee\neg(R\vee S)$. 依据代入规则，这公式必是重言式.

例2 判断$((R\vee S)\wedge((R\vee S)\rightarrow(P\vee Q)))\rightarrow(P\vee Q)$为重言式.

不难验证$(A\wedge(A\rightarrow B))\rightarrow B$是重言式，作代入$\frac{A}{(R\vee S)}$，$\frac{B}{(P\vee Q)}$，便知

$$((R\vee S)\wedge((R\vee S)\rightarrow(P\vee Q)))\rightarrow(P\vee Q)$$

是重言式.

1.5 命题形式化

前面所介绍的五个联结词及其与自然用语的联系和区别，为自然语句的形式化作了准备. 一些推理问题的描述，常是以自然语句来表示的，需首先把自然语句形式化成逻辑语言，即以符号表示的逻辑公式，然后根据逻辑演算规律进行推理演算. 这一节讨论自然语句的形式化.

形式化过程. 先要引入一些命题符号$P,Q,\cdots$用来表示自然语句中所出现的简单命题，进而依自然语句通过联结词将这些命题符号联结起来，以形成表示自然语句的合式公式. 这个过程要注意自然语句中某些联结词的逻辑含义.

1.5.1 简单自然语句的形式化

(1) 北京不是村庄.

令P表示“北京是村庄”，于是(1)可表示为$\neg P$.

(2) 李明既聪明又用功.

令 P 表示“李明聪明”，Q 表示“李明用功”，于是(2)可表示为 $P\wedge Q$.

(3) $\sqrt{2}$是有理数的话，$2\sqrt{2}$也是有理数.

令 P 表示“$\sqrt{2}$是有理数”，Q 表示“$2\sqrt{2}$是有理数”，于是(3)可表示为 $P\rightarrow Q$.

1.5.2 较复杂自然语句的形式化

需注意的是逻辑联结词是从自然语句中提炼抽象出来的，它仅保留了逻辑内容，而把自然语句所表达的主观因素、心理因素以及文艺修辞方面的因素全部撇开了，从而命题联结词只表达了自然语句的一种客观性质. 又由于自然语句本身并不严谨，常有二义性，自然会出现同一自然语句的不等价的逻辑描述，其根由在于人们对同一自然语句的不同理解.

例 1 张三与李四是表兄弟.

这是普通的自然用语，它是一个命题，令以 R 表示，若形式地规定：

P：张三是表兄弟.

Q：李四是表兄弟.

那么 $R = P\wedge Q$.

显然，这样的形式化是错误的. 原因很简单. “张三是表兄弟”，“李四是表兄弟”都不是命题. 实际上“张三与李四是表兄弟”才是一个命题，而且是一个简单命题. 这例子说明自然语句中的“与”不一定都能用合取词来表达.

例 2 张三或李四都能做这件事.

这句话中的“或”不一定就用析取词来表示，应允许有的人把这命题的内容理解为：张三能做这件事而且李四也能做这件事，这样，这句话便可用 $P\wedge Q$ 的形式表示了.

例 3 给了三个命题

A：今晚我在家里看电视.

B：今晚我去体育场看球赛.

C：今晚我在家里看电视或去体育场看球赛.

问题是 C 与 $A\vee B$ 是否表达的是同一命题呢？回答是否定的. 因为 C 同 A，B 的真值关系应由图 1.5.1 给出.

这表的前 3 行很容易理解，而第 4 行是说今晚我在家看电视，又去体育场看球赛. 显然对同一个人来说这是不可能的，从而这时 C 的真值为 F. 这就说明了 C 与 $A\vee B$ 逻辑上是不相等的. 即 C 中出现的“或”不能以“$\vee$”来表示.

由图 1.5.1 给出的 C 同 A，B 的逻辑关系，常称为异或(不可兼或)，以 $\overline{\vee}$ 表示，有

$$C = A\overline{\vee}B$$

不难验证

$$C = (\neg A\wedge B)\vee(A\wedge\neg B)$$

若以 A，B 分别表示一位二进制数字，则 C 就表示了 A 与 B 的和(不考虑进位).

A	B	C
F	F	F
F	T	T
T	F	T
T	T	F

图 1.5.1

例 4 今天我上班，除非今天我病了.

以 P 表示今天我病了，Q 表示今天我上班，例 4 是个因果关系，意思是如果今天我不病，那么我上班，所以可描述成$\neg P \to Q$.

1.6 波兰表达式

数理逻辑也谓之符号逻辑. 自然对一个公式如何以符号描述是给以关注的，像括号的使用，联结词的中缀、前缀、后缀形式的选择，都直接影响着同一公式描述和计算的复杂程度. 若用计算机来识别、计算、处理逻辑公式，不同的表示方法会带来不同的效率.

1.6.1 计算机识别括号的过程

合式公式定义中使用的是联结词的中缀表示，又引入括号以便区分运算次序，这些都是人们常用的方法.

计算机识别处理这样表示的公式的方法，需反复自左向右，自右向左的扫描. 如对公式

$$(P \vee (Q \wedge R)) \vee (S \wedge T)$$

真值的计算过程，开始从左向右扫描，至发现第一个右半括号为止，便返回至最近的左半括号，得部分公式$(Q \wedge R)$方可计算真值. 随后又向右扫描，至发现第二个右半括号，便返回至第二个左半括号，于是得部分公式$(P \vee (Q \wedge R))$并计算真值，重复这个过程直至计算结束. 如图 1.6.1 所示的扫描过程 $1 \to 2 \to 3 \to \cdots \to 6 \to 7$.

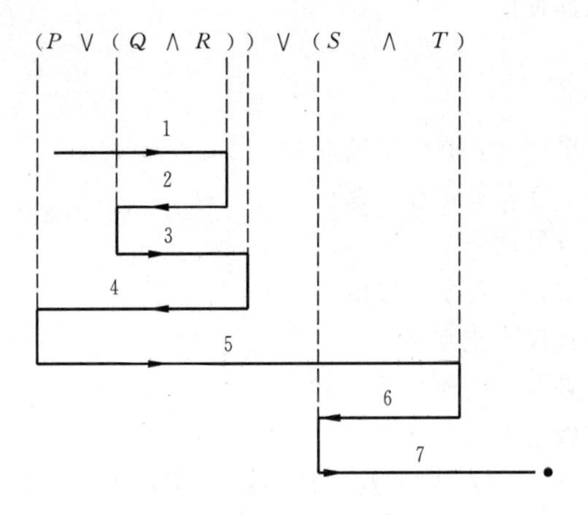

图 1.6.1

这种多次重复扫描，显然是有浪费的，从而降低了机器的使用效率. 追溯这种重复扫描的原因并不在于使用了括号，而在于公式的中缀表示方法.

1.6.2 波兰式

一般地说，使用联结词构成公式有三种方式，中缀式如 $P \vee Q$，前缀式如 $\vee PQ$，后缀式如 $PQ\vee$.

前缀式用于逻辑学是由波兰的数理逻辑学家 J. Lukasiewicz 提出的，称之为波兰表示式.

如将公式 $P\vee((Q\vee R)\wedge S)$ 的这种中缀表示化成波兰式,可由内层括号逐步向外层脱开(或由外层向里逐层脱开)的办法. 如图 1.6.2 所示.

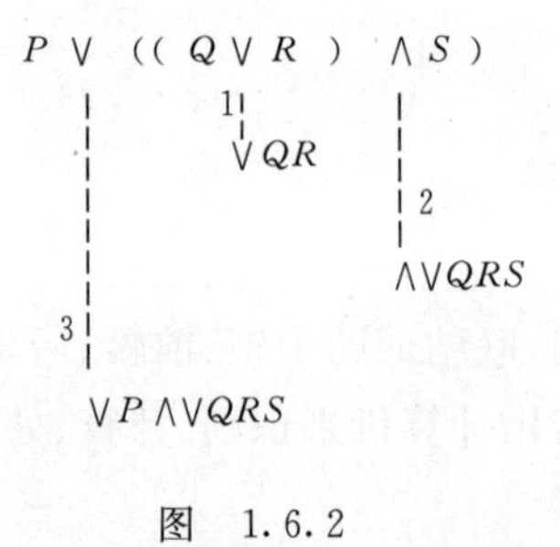

图 1.6.2

以波兰式表达的公式,由计算机识别处理的过程,当自右向左扫描时可以一次完成,避免了重复扫描. 同样后缀表示(逆波兰式)也有同样的优点,而且自左向右一次扫描(看起来更合理)便可识别处理一个公式,很是方便,常为计算机的程序系统所采用,只不过这种表示的公式,人们阅读起来不大习惯.

习 题 1

1. 判断下列语句是否是命题，并对命题确定其真值.

(1) 火星上有生命存在.

(2) 12 是质数.

(3) 香山比华山高.

(4) $x+y=2$.

(5) 这盆茉莉花真香!

(6) 结果对吗?

(7) 这句话是错的.

(8) 假如明天是星期日，那么学校放假.

2. P 表示今天很冷，Q 表示正在下雪.

(1) 将下列命题符号化:

如果正在下雪，那么今天很冷.

今天很冷当且仅当正在下雪.

正在下雪的必要条件是今天很冷.

(2) 用自然语句叙述下列公式:

$\neg(P\wedge Q)$, $\neg P\vee\neg Q$, $P\rightarrow Q$, $\neg P\vee Q$, $\neg\neg P$, $\neg P\leftrightarrow Q$.

3. 对下列公式直观叙述在什么样的解释下为真，并列写出真值表来验证.

(1) $\neg(P\vee Q)$, $\neg P\wedge\neg Q$, $\neg(P\wedge Q)$.

(2) $(\neg P\vee Q)\wedge(P\vee\neg Q)$, $(P\wedge Q)\vee(\neg P\wedge\neg Q)$.

(3) $(P\rightarrow Q)\wedge\neg(P\leftrightarrow Q)$.

(4) $P\rightarrow Q$, $\neg Q\rightarrow\neg P$, $\neg P\rightarrow\neg Q$, $Q\rightarrow P$.

(5) $P\rightarrow(Q\rightarrow R)$, $P\wedge Q\rightarrow R$.

4. 下列公式哪个是重言式，永假式和可满足的，并用代入规则(对重言式)或真值表来验证.

(1) $P\rightarrow P$.

(2) $\neg((P \vee Q) \to (Q \vee P))$.

(3) $(Q \to R) \to ((P \vee Q) \to (P \vee R))$

(4) $(Q \to R) \to ((P \to Q) \to (P \to R))$.

(5) $(P \to Q) \to (\neg Q \to \neg P)$.

(6) $(P \wedge Q) \to (P \vee Q)$.

5. 形式化下列自然语句.

(1) 他个子高而且很胖.

(2) 他个子高但不很胖.

(3) 并非“他个子高或很胖”.

(4) 他个子不高也不胖.

(5) 他个子高或者他个子矮而很胖.

(6) 他个子矮或他不很胖都是不对的.

(7) 如果水是清的，那么或者张三能见到池底或者他是个近视眼.

(8) 如果嫦娥是虚构的，而如果圣诞老人也是虚构的，那么许多孩子受骗了.

6. 将下列公式写成波兰式和逆波兰式.

(1) $P \to Q \vee R \vee S$

(2) $P \wedge \neg R \leftrightarrow P \vee Q$

(3) $\neg\neg P \vee (W \wedge R) \vee \neg Q$

第2章　命题逻辑的等值和推理演算

推理形式和推理演算是数理逻辑研究的基本内容，自然介绍了基本概念后就需进行讨论了．命题的等值演算也可看作是推理演算．推理形式是由前提和结论经蕴涵词联结而成的，推理过程是从前提出发，根据所规定的规则来推导出结论，我们讨论的是前提真结论必然真的演绎推理．

重言式是重要的逻辑规律，正确的推理形式，等值式都是重言式．所以对重言式的讨论和对推理的讨论实质上是相同的．

这章对命题等值和推理演算的讨论，是以语义的观点进行的非形式的描述，目的是直观容易理解，也便于实际问题的逻辑描述和推理．而严格的形式化的讨论在第3章所建立的公理系统．

在数字电路和计算机硬件的设计等领域，命题演算获得了卓有成效的应用．

这章的前6节讨论等值演算，后4节讨论推理演算．

2.1　等值定理

若把初等数学里的＋，－，×，÷等运算符看作是数与数之间的联结词，那么由这些联结词所表达的代数式之间，可建立如下许多等值式：

$$x^2-y^2=(x+y)(x-y)$$
$$(x+y)^2=x^2+2xy+y^2$$
$$\sin^2 x+\cos^2 x=1$$
$$\cdots\cdots$$

在命题逻辑里也同样可建立一些重要的等值式．

2.1.1　等值的定义

给定两个命题公式 A 和 B，而 $P_1,\cdots,P_n$ 是出现于 A 和 B 中的所有命题变项，那么公式 A 和 B 共有 2^n 个解释，若在其中的任一解释下，公式 A 和 B 的真值都相等，就称 A 和 B 是等值的(或称等价)．记作 $A=B$ 或 $A\Leftrightarrow B$．

显然，根据真值表就可以判明任何两个公式是否等值．

例1　证明 $(P\wedge\neg P)\vee Q=Q$．

证明　画出 $(P\wedge\neg P)\vee Q$ 与 Q 的真值表可看出，等式是成立的．见图2.1.1．

例2　证明 $P\vee\neg P=Q\vee\neg Q$．

证明　画出 $P\vee\neg P$，$Q\vee\neg Q$ 的真值表，可看出它们是等值的，而且它们都是重言式．

从例1、例2还可说明，两个公式等值并不要求它们一定含有相同的命题变项．若仅在等式一端的公式里有变项 P 出现，那么等式两端的公式其真值均与 P 无关．例1中公式

$(P\vee\neg P)\vee Q$ 与 Q 的真值都同 P 无关，例 2 中 $P\vee\neg P$，$Q\vee\neg Q$ 都是重言式，它们的真值也都与 P,Q 无关. 再有对例 1 和例 2 来说，公式的解释都是针对 P 和 Q 的设定，如 $\{P, Q\} = \{T, F\}$. 这表示 $P = T$，$Q = F$.

P	Q	$P\wedge\neg P$	$(P\wedge\neg P)\vee Q$
F	F	F	F
F	T	F	T
T	F	F	F
T	T	F	T

图 2.1.1

2.1.2 等值定理

定理 2.1.1 对公式 A 和 B，$A = B$ 的充分必要条件是 $A\leftrightarrow B$ 是重言式.

若 $A\leftrightarrow B$ 为重言式(A,B 必不会都是简单命题，而是由简单命题 $P_1,\cdots,P_n$ 构成的，对 A,B 的一个解释，指的是对 $P_1,\cdots,P_n$ 的一组具体的真值设定)，则在任一解释下，A 和 B 都只能有相同的真值，这就是定理的意思.

证明是容易的. 若 $A\leftrightarrow B$ 是重言式，即在任一解释下，$A\leftrightarrow B$ 的真值都为 T. 依 $A\leftrightarrow B$ 的定义只有在 A,B 有相同的值时，才有 $A\leftrightarrow B = T$. 于是在任一解释下，A 和 B 都有相同的真值，从而有 $A=B$. 反过来，若有 $A = B$，即在任一解释下 A 和 B 都有相同的真值，依 $A\leftrightarrow B$ 的定义，$A\leftrightarrow B$ 只有为真，从而 $A\leftrightarrow B$ 是重言式.

有了这个等值定理，证明两个公式等值，只要证明由这两个公式构成的双条件式是重言式.

不要将"="视作联结词，在合式公式定义里没有"="出现. 我们是将 $A = B$ 看成是表示公式 A 与 B 的一种关系. 这种关系具有 3 个性质：

(1) 自反性 $A = A$.

(2) 对称性 若 $A = B$，则 $B = A$.

(3) 传递性 若 $A = B$，$B = C$，则 $A = C$.

这 3 条性质体现了"="的实质含义.

2.2 等值公式

2.2.1 基本的等值公式(命题定律)

(1) 双重否定律

$\neg\neg P = P$.

(2) 结合律

$(P\vee Q)\vee R = P\vee(Q\vee R)$.

$(P\wedge Q)\wedge R = P\wedge(Q\wedge R)$.

$(P\leftrightarrow Q)\leftrightarrow R = P\leftrightarrow(Q\leftrightarrow R)$.

$(P\to Q)\to R\neq P\to(Q\to R)$.

(3) 交换律

$P\vee Q = Q\vee P$.

$P\wedge Q = Q\wedge P$.

$P\leftrightarrow Q = Q\leftrightarrow P$.

$P\to Q \neq Q\to P$.

(4) 分配律

$P\vee(Q\wedge R) = (P\vee Q)\wedge(P\vee R)$.

$P\wedge(Q\vee R) = (P\wedge Q)\vee(P\wedge R)$.

$P\to(Q\to R) = (P\to Q)\to(P\to R)$.

$P\leftrightarrow(Q\leftrightarrow R) \neq (P\leftrightarrow Q)\leftrightarrow(P\leftrightarrow R)$.

(5) 等幂律(恒等律)

$P\vee P = P$.

$P\wedge P = P$.

$P\to P = \mathrm{T}$.

$P\leftrightarrow P = \mathrm{T}$.

(6) 吸收律

$P\vee(P\wedge Q) = P$.

$P\wedge(P\vee Q) = P$.

(7) 摩根律

$\neg(P\vee Q) = \neg P\wedge\neg Q$.

$\neg(P\wedge Q) = \neg P\vee\neg Q$.

对蕴涵词、双条件词作否定有

$\neg(P\to Q) = P\wedge\neg Q$.

$\neg(P\leftrightarrow Q) = \neg P\leftrightarrow Q = P\leftrightarrow\neg Q = (\neg P\wedge Q)\vee(P\wedge\neg Q)$

(8) 同一律

$P\vee\mathrm{F} = P$.

$P\wedge\mathrm{T} = P$.

$\mathrm{T}\to P = P$.

$\mathrm{T}\leftrightarrow P = P$.

还有

$P\to\mathrm{F} = \neg P$.

$\mathrm{F}\leftrightarrow P = \neg P$.

(9) 零律

$P\vee\mathrm{T} = \mathrm{T}$.

$P\wedge\mathrm{F} = \mathrm{F}$.

还有

$P\to\mathrm{T} = \mathrm{T}$.

$\mathrm{F}\to P = \mathrm{T}$.

(10) 补余律

$$P \vee \neg P = \mathrm{T}.$$

$$P \wedge \neg P = \mathrm{F}.$$

还有

$$P \to \neg P = \neg P.$$

$$\neg P \to P = P.$$

$$P \leftrightarrow \neg P = \mathrm{F}.$$

所有这些公式,都可使用直值表加以验证.若使用文氏(Venn)图(参见 9.4.1 节)也容易理解这些等值式,这种图是将 P,Q 理解为某总体论域上的子集合,而规定 $P \wedge Q$ 为两集合的公共部分(交集合),$P \vee Q$ 为两集合的全部(并集合),$\neg P$ 为总体论域(如矩形域)中 P 的余集,关于集合论的内容详见第 9 章,如图 2.2.1 所示.

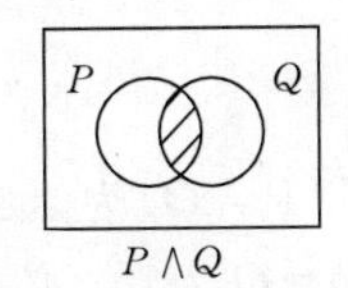

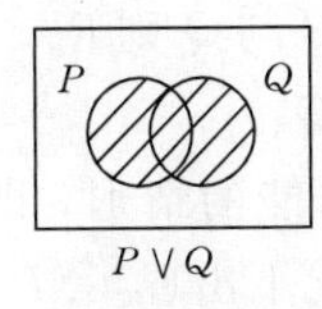

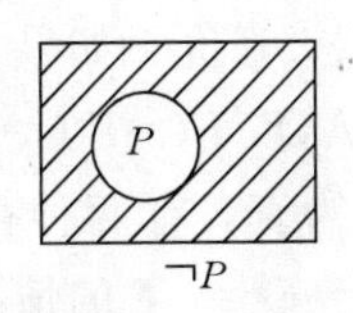

图 2.2.1

从文氏图看公式 6 就很容易了,因 $P \wedge Q$ 较 P 来得"小",$P \vee Q$ 较 P 来得"大",从而有

$$P \vee (P \wedge Q) = P, P \wedge (P \vee Q) = P.$$

若将 $\vee$,$\wedge$ 分别以+和·来表示,于是

$$P \vee (Q \wedge R) = (P \vee Q) \wedge (P \vee R)$$

化成 $P + Q \cdot R = (P + Q) \cdot (P + R)$.

$$P \vee P = P$$

化成 $P + P = P$.

$$P \wedge P = P$$

化成 $P \cdot P = P$.

$$P \vee (P \wedge Q) = P$$

化成 $P + P \cdot Q = P$.

$$P \wedge (P \vee Q) = P$$

化成 $P \cdot (P + Q) = P$.

这些以+·表示的等式,在实数域里明显地不成立,这就提醒我们,与、或的逻辑运算同数的+,·运算是有区别的.

对这些等式使用自然用语加以说明,将有助于理解.如 P 表示张三是学生,Q 表示李四是工人,那么 $\neg(P \vee Q)$ 就表示并非"张三是学生或者李四是工人".这相当于说,"张三不是学生而且李四也不是工人",即可由 $\neg P \wedge \neg Q$ 表示,从而有 $\neg(P \vee Q) = \neg P \wedge \neg Q$.

2.2.2 常用的等值公式

由于人们对 $\neg$、$\vee$、$\wedge$ 更为熟悉,常将含有 $\to$ 和 $\leftrightarrow$ 的公式化成仅含有 $\neg$、$\vee$、$\wedge$ 的公式.这

也是证明和理解含有$\rightarrow$,$\leftrightarrow$的公式的一般方法.

下面将要介绍的公式11～公式18是等值演算中经常使用的,也该掌握它们,特别是能直观地解释它们的成立.

(11) $P \rightarrow Q = \neg P \vee Q$.

通常对$P \rightarrow Q$进行运算时,不如用$\neg P \vee Q$来得方便.而且以$\neg P \vee Q$表示$P \rightarrow Q$帮助我们理解"如果P则Q"的逻辑含义.问题是这种表示也有缺点,丢失了P,Q间的因果关系.

(12) $P \rightarrow Q = \neg Q \rightarrow \neg P$.

如将$P \rightarrow Q$视为正定理,那么$\neg Q \rightarrow \neg P$就是相应的逆否定理,它们必然同时为真,同时为假,所以是等值的.

(13) $P \rightarrow (Q \rightarrow R) = (P \wedge Q) \rightarrow R$.

P是$(Q \rightarrow R)$的前提,Q是R的前提,于是可将两个前提的合取$P \wedge Q$作为总的前提.即如果P则如果Q则R,等价于如果P与Q则R.

(14) $P \leftrightarrow Q = (P \wedge Q) \vee (\neg P \wedge \neg Q)$.

这可解释为$P \leftrightarrow Q$为真,有两种可能的情形,即$(P \wedge Q)$为真或$(\neg P \wedge \neg Q)$为真.而$P \wedge Q$为真,必是在$P = Q = \mathrm{T}$的情况下出现,$\neg P \wedge \neg Q$为真,必是在$P = Q = \mathrm{F}$的情况下出现.从而可说,$P \leftrightarrow Q$为真,是在P,Q同时为真或同时为假时成立.这就是从取真来描述这等式.

(15) $P \leftrightarrow Q = (P \vee \neg Q) \wedge (\neg P \vee Q)$.

这可解释为$P \leftrightarrow Q$为假,有两种可能的情形,即$(P \vee \neg Q)$为假或$(\neg P \vee Q)$为假,而$P \vee \neg Q$为假,必是在$P = \mathrm{F}$, $Q = \mathrm{T}$的情况下出现,$\neg P \vee Q$为假,必是在$P = \mathrm{T}$, $Q = \mathrm{F}$的情况下出现.从而可说$P \leftrightarrow Q$为假,是在P真Q假或P假Q真时成立.这就是从取假来描述这等式.

(16) $P \leftrightarrow Q = (P \rightarrow Q) \wedge (Q \rightarrow P)$.

这表明$P \leftrightarrow Q$成立,等价于正定理$P \rightarrow Q$和逆定理$Q \rightarrow P$都成立.

(17) $P \rightarrow (Q \rightarrow R) = Q \rightarrow (P \rightarrow R)$.

前提条件P,Q可交换次序.

(18) $(P \rightarrow R) \wedge (Q \rightarrow R) = (P \vee Q) \rightarrow R$.

左端说明的是由P而且由Q都有R成立.从而可以说由P或Q就有R成立,这就是等式右端.

2.2.3 置换规则

对公式A的子公式,用与之等值的公式代换称为置换.

置换规则 公式A的子公式置换后,A化为公式B,必有$A = B$.

当A是重言式时,置换后的公式B必也是重言式.

置换与代入是有区别的.置换只要求A的某一子公式作代换,不必对所有同一的子公式都作代换.

在等值演算过程中,常无意识的使用了置换规则.这里只不过是对置换规则给予明确说明.

2.2.4 等值演算举例

例 1 证明$(\neg P\wedge(\neg Q\wedge R))\vee(Q\wedge R)\vee(P\wedge R)=R$.

证明

左端	$=(\neg P\wedge(\neg Q\wedge R))\vee((Q\vee P)\wedge R)$	(分配律)
	$=((\neg P\wedge\neg Q)\wedge R)\vee((Q\vee P)\wedge R)$	(结合律)
	$=(\neg(P\vee Q)\wedge R)\vee((Q\vee P)\wedge R)$	(摩根律)
	$=(\neg(P\vee Q)\vee(Q\vee P))\wedge R$	(分配律)
	$=(\neg(P\vee Q)\vee(P\vee Q))\wedge R$	(交换律)
	$=\mathrm{T}\wedge R$	(置　换)
	$=R$	(同一律)

例 2 试证 $((P\vee Q)\wedge\neg(\neg P\wedge(\neg Q\vee\neg R)))\vee(\neg P\wedge\neg Q)\vee(\neg P\wedge\neg R)=\mathrm{T}$.

证明

左端	$=((P\vee Q)\wedge(P\vee(Q\wedge R)))\vee\neg((P\vee Q)\wedge(P\vee R))$	(摩根律)
	$=((P\vee Q)\wedge(P\vee Q)\wedge(P\vee R))\vee\neg((P\vee Q)\wedge(P\vee R))$	(分配律)
	$=((P\vee Q)\wedge(P\vee R))\vee\neg((P\vee Q)\wedge(P\vee R))$	(等幂律)
	$=\mathrm{T}$.	(置　换)

从例中可看出，一个命题公式的表示形式并不是唯一的，可以有多种不同的表达式，通过等值演算可以寻求出最简单的逻辑表达式. 在数字电路中，当电路的功能明确后，如何寻求简单而又可靠的电子线路，等值演算为此提供了有力的手段.

2.3 命题公式与真值表的关系

对任一依赖于命题变元 $P_1,\cdots,P_n$的命题公式 A 来说，可根据 $P_1,\cdots,P_n$的真值给出 A 的真值，从而建立起由 $P_1,\cdots,P_n$到 A 的真值表. 这个由公式列写真值表的过程是容易的.

反过来，若给定了由 $P_1,\cdots,P_n$到 A 的真值表，是否可以写出命题公式 A 对 $P_1,\cdots,P_n$ 的逻辑表达式呢? 回答是肯定的.

例如有如图 2.3.1 所示的真值表，可列写出 A,B 由 P,Q 表达的公式来.

P	Q	A	B	$\neg A$	C
F	F	T	T	F	T
F	T	T	T	F	F
T	F	F	F	T	T
T	T	T	F	F	任意

图 2.3.1

2.3.1 从 T 来列写

从图 2.3.1 看 A 的真值 T，如何依赖于 P,Q 的真值. 在图中的第 1、第 2 和第 4 行，A

值为 T. 即 A 取 T 有三种可能的情形，或第一种情形，或第二种情形，或第三种情形. 从而有

$$A = (\cdots)_1 \vee (\cdots)_2 \vee (\cdots)_3$$

进而分析每种使 A 为真的情形. 第一种情形是 $P = \mathrm{F}$，$Q = \mathrm{F}$ 同时出现，也即 $\neg P \wedge \neg Q$ 出现(为真). 于是可将 $(\cdots)_1$ 写成 $(\neg P \wedge \neg Q)$. 同理 $(\cdots)_2$ 和 $(\cdots)_3$ 应分别写成 $(\neg P \wedge Q)$ 和 $(P \wedge Q)$. 于是得

$$A = (\neg P \wedge \neg Q) \vee (\neg P \wedge Q) \vee (P \wedge Q).$$

同样可得

$$B = (\neg P \wedge \neg Q) \vee (\neg P \wedge Q).$$

考虑到对 A 来说，取 T 的解释个数(为 3)多于取 F 的解释个数(为 1)，自然在真值表中补上 $\neg A$ 列为好，以便对 $\neg A$ 列写

$$\neg A = P \wedge \neg Q$$

便可得

$$A = \neg (P \wedge \neg Q).$$

2.3.2 从 F 来列写

从图 2.3.1 看 B 的真值 F，如何依赖于 P,Q 的真值. 在图中的第 3、第 4 行，B 值为 F. 即 B 取 F 有两种可能的情形，或第一种情形，或第二种情形. 从而有

$$B = (\cdots)_1 \wedge (\cdots)_2$$

进而分析每种使 B 为假的情形. 第一种情形是 $P = \mathrm{T}$,$Q = \mathrm{F}$ 出现，也即 $\neg P \vee Q$ 为假，于是可将 $(\cdots)_1$ 写成 $(\neg P \vee Q)$. 同理 $(\cdots)_2$ 写成 $(\neg P \vee \neg Q)$. 于是得

$$B = (\neg P \vee Q) \wedge (\neg P \vee \neg Q).$$

同样可得

$$A = (\neg P \vee Q).$$

要注意的是这两种列写公式的区别，首先是区分从 T 还是从 F 来列写，分别得到

$$(\cdot \wedge \cdot) \vee (\cdot \wedge \cdot) \vee (\cdot \wedge \cdot)$$

形和

$$(\cdot \vee \cdot) \wedge (\cdot \vee \cdot) \wedge (\cdot \vee \cdot)$$

形的不同结构. 再者，在填写文字 P,Q 时，何时加否定也是有区别的.

再有当列写公式 C 时，因图 2.3.1 中对解释 $\{P,Q\} = \{\mathrm{T}, \mathrm{T}\}$ 时，C 取何值可任意，或说 C 与 $\{P, Q\} = \{\mathrm{T}, \mathrm{T}\}$ 无关，这时可适当选取 C 的真值，以使 C 的表达式简单.

2.4 联结词的完备集

除了所详述过的五个联结词外，还可定义更多的联结词. 像计算机的硬件电路设计分析就常使用它们，如

异或(半加) $\overline{\vee}$：$P \overline{\vee} Q = (\neg P \wedge Q) \vee (P \wedge \neg Q)$

与非 $\uparrow$：$P \uparrow Q = \neg (P \wedge Q)$

或非　　　$\downarrow$：$P \downarrow Q = \neg(P \vee Q)$

等联结词.

问题是对 n 个命题变项 $P_1, \cdots, P_n$ 来说，共可定义出多少个联结词？还可以问，在那么多联结词中有多少是独立的？

2.4.1　命题联结词的个数

按照合式公式的定义，由命题变项和命题联结词可以构造出无限多个合式公式.可把所有的合式公式加以分类，将等值的公式视为同一类，从中选一个作代表称之为真值函项.对一个真值函项就有一个联结词与之对应.

一元联结词是联结一个命题变项的，如 P. 它取值只有真假两种情形，于是联结词作用于 P，可建立 4 种不同的真值函项，相应的可定义出四个不同的一元联结词 f_0, f_1, f_2, f_3. 图 2.4.1 给出了这些联结词 f_i 或说真值函项 $f_i(P)$ 的定义.

P	$f_0(P)$	$f_1(P)$	$f_2(P)$	$f_3(P)$
F	F	F	T	T
T	F	T	F	T

图　2.4.1

写出真值函项：

$f_0(P) = \mathrm{F}$,

$f_1(P) = P$,

$f_2(P) = \neg P$,

$f_3(P) = \mathrm{T}$.

其中 $f_0(P)$ 是永假式，$f_3(P)$ 是永真式，均与 P 无关，而 $f_1(P)$ 就是变项 P 本身，从而新的公式只有 $f_2(P)$ 了，这就是由否定词所建立的真值函项.

二元联结词联结两个命题变项，两个变项 P,Q 共有 4 种取值情形，于是联结词作用于 P,Q 可建立起 16 种不同的真值函项，相应的可定义出 16 个不同的二元联结词 g_0，g_1，…，g_{15}. 图 2.4.2 给出了这些联结词 g_i 或说真值函项 $g_i(P, Q)$ 的定义.

P	Q	$g_0(P,Q)$	$g_1(P,Q)$	$g_2(P,Q)$	$g_3(P,Q)$	$g_4(P,Q)$	$g_5(P,Q)$	$g_6(P,Q)$
F	F	F	F	F	F	F	F	F
F	T	F	F	F	F	T	T	T
T	F	F	F	T	T	F	F	T
T	T	F	T	F	T	F	T	T

$g_7(P,Q)$	$g_8(P,Q)$	$g_9(P,Q)$	$g_{10}(P,Q)$	$g_{11}(P,Q)$	$g_{12}(P,Q)$	$g_{13}(P,Q)$	$g_{14}(P,Q)$	$g_{15}(P,Q)$
F	T	T	T	T	T	T	T	T
T	F	F	F	F	T	T	T	T
T	F	F	T	T	F	F	T	T
T	F	T	F	T	F	T	F	T

图　2.4.2

写出各真值函项：

$g_0(P,Q) = \mathrm{F}$,

$g_1(P,Q) = P \wedge Q,$

$g_2(P,Q) = P \wedge \neg Q,$

$g_3(P,Q) = (P \wedge \neg Q) \vee (P \wedge Q) = P \wedge (\neg Q \vee Q) = P,$

$g_4(P,Q) = \neg P \wedge Q,$

$g_5(P,Q) = (\neg P \wedge Q) \vee (P \wedge Q) = (\neg P \vee P) \wedge Q = Q,$

$g_6(P,Q) = P \overline{\vee} Q,$

$g_7(P,Q) = P \vee Q,$

$g_8(P,Q) = \neg P \wedge \neg Q = P \downarrow Q,$

$g_9(P,Q) = P \leftrightarrow Q,$

$g_{10}(P,Q) = (\neg P \wedge \neg Q) \vee (P \wedge \neg Q) = (\neg P \vee P) \wedge \neg Q = \neg Q,$

$g_{11}(P,Q) = P \vee \neg Q = Q \rightarrow P,$

$g_{12}(P,Q) = (\neg P \wedge \neg Q) \vee (\neg P \wedge Q) = \neg P \wedge (\neg Q \vee Q) = \neg P,$

$g_{13}(P,Q) = \neg P \vee Q = P \rightarrow Q,$

$g_{14}(P,Q) = \neg P \vee \neg Q = P \uparrow Q,$

$g_{15}(P,Q) = \mathrm{T}.$

所能定义的二元联结词就这些了,所熟悉的$\vee$、$\wedge$、$\rightarrow$、$\leftrightarrow$以及$\overline{\vee}$、$\uparrow$、$\downarrow$都包括在内了.永真式永假式还有7种联结词,不甚常用,本书不予讨论.

一般地说,对n个命题变元$P_1,\cdots,P_n$,每个P_i有两种取值,从而对$P_1,\cdots,P_n$来说共有2^n种取值情形.于是相应的真值函项就有2^{2^n}个,或说可定义2^{2^n}个n元联结词.

2.4.2 联结词的完备集

由于可定义的联结词的数量是极大的,需要考虑它们是否都是独立的,也就是说这些联结词是否能相互表示.

定义 2.4.1 设C是联结词的集合,如果对任一命题公式都有由C中的联结词表示出来的公式与之等值,就说C是完备的联结词集合,或说C是联结词的完备集.

显然全体联结词的无限集合是完备的,而$\{\vee\}$,$\{\vee,\wedge\}$就不是完备的.

定理 2.4.1 $\{\neg,\vee,\wedge\}$是完备的联结词集合.

从节2.3介绍的由真值表列写逻辑公式的过程可知,任一公式都可由$\neg$,$\vee$,$\wedge$表示出来,从而$\{\neg,\vee,\wedge\}$是完备的,一般情形下,该定理的证明可使用数学归纳法,施归纳于联结词的个数来论证.

又由于

$$P \wedge Q = \neg(\neg P \vee \neg Q)$$
$$P \vee Q = \neg(\neg P \wedge \neg Q)$$

这说明,$\wedge$可由$\{\neg,\vee\}$表示,$\vee$可由$\{\neg,\wedge\}$表示,故$\{\neg,\vee\}$,$\{\neg,\wedge\}$都是联结词的完备集.还可证明$\{\neg,\rightarrow\}$,$\{\uparrow\}$,$\{\downarrow\}$也都是联结词的完备集.但$\{\vee,\wedge\}$,$\{\neg,\leftrightarrow\}$不是完备的.

尽管$\{\neg,\vee\}$,$\{\neg,\wedge\}$是完备的,但使用起来不够方便,我们愿意采取折衷方案,不是仅用两个也不是使用过多的联结词，还是选用详细讨论过的五个联结词集{$\neg$，$\wedge$，$\vee$，$\rightarrow$，$\leftrightarrow$}，当然是完备的，只是相互并不独立.

2.5 对 偶 式

2.2 节所给出的基本等值公式中，有些形式上看是很"相像"的，考查一下这些"相像"性是有益的.希望一个公式的成立，必然导出和它"相像"的公式的成立.如果是这样的话，对等值公式的讨论可得到相当的简化.另外，从逻辑关系上看，这也是一种逻辑规律，是我们所感兴趣的.

这节所讨论的命题公式 A，假定其中仅出现$\neg$，$\vee$，$\wedge$这三个联结词.

定义 2.5.1 将 A 中出现的$\vee$，$\wedge$，T，F 分别以$\wedge$，$\vee$，F，T 代换，得到公式 A^*，则称 A^* 是 A 的对偶式，或说 A 和 A^* 互为对偶式.

2.2.1 节中有许多对偶式出现，如

$(P\vee Q)\wedge R$ 的对偶式为$(P\wedge Q)\vee R$，

$P\vee \mathrm{F}$ 的对偶式为 $P\wedge \mathrm{T}$.

不难知道，若

$$(P\vee Q)\wedge R=(P\wedge R)\vee(Q\wedge R)$$

成立，相应的对偶式

$$(P\wedge Q)\vee R=(P\vee R)\wedge(Q\vee R)$$

也成立.

为方便，若 $A=A(P_1,\cdots,P_n)$，令 $A^-=A(\neg P_1,\cdots,\neg P_n)$.

定理 2.5.1 $\neg(A^*)=(\neg A)^*$，$\neg(A^-)=(\neg A)^-$.

定理 2.5.2 $(A^*)^*=A$，$(A^-)^-=A$.

定理 2.5.3 $\neg A=A^{*-}$.

可用数学归纳法，施归纳于 A 中出现的联结词个数 n 来证明.

基始：设 $n=0$，A 中无联结词，便有 $A=P$，从而$\neg A=\neg P$.但 $A^{*-}=\neg P$，所以 $n=0$ 时定理成立.

归纳：设 $n\leqslant k$ 时定理成立，来证 $n=k+1$ 时定理也成立.

因为 $n=k+1\geqslant 1$，A 中至少有一个联结词，可分为三种情形：

$$A=\neg A_1,\ A=A_1\wedge A_2,\ A=A_1\vee A_2.$$

其中 A_1，A_2 中联结词个数$\leqslant k$.

依归纳法假设，$\neg A_1=A_1{}^{*-}$，$\neg A_2=A_2{}^{*-}$.

当 $A=\neg A_1$ 时，有

$$\begin{aligned}\neg A&=\neg(\neg A_1)\\&=\neg(A_1{}^{*-}) &&\text{归纳法假设}\\&=(\neg A_1)^{*-} &&\text{定理 2.5.1，定理 2.5.2}\\&=A^{*-}.\end{aligned}$$

当 $A=A_1\wedge A_2$ 时，有

$$\neg A=\neg(A_1\wedge A_2)$$

$= \neg A_1 \vee \neg A_2$ 摩根律

$= A_1{}^{*-} \vee A_2{}^{*-}$ 归纳法假设

$= (A_1^* \vee A_2^*)^-$ A^-定义

$= (A_1 \wedge A_2)^{*-}$ A^*定义

$= A^{*-}$.

当 $A = A_1 \vee A_2$ 时，有

$\neg A = \neg(A_1 \vee A_2)$

$= \neg A_1 \wedge \neg A_2$ 摩根律

$= A_1^{*-} \wedge A_2^{*-}$ 归纳法假设

$= (A_1^* \wedge A_2^*)^-$ A^-定义

$= (A_1 \vee A_2)^{*-}$ A^*定义

$= A^{*-}$.

从而定理得证.此定理实为摩根律的另一种形式.它把¬、*、−联系起来了.

定理 2.5.4 若 $A = B$,必有 $A^* = B^*$.

证明 因为 $A = B$ 等价于 $A \leftrightarrow B$ 永真.从而 $\neg A \leftrightarrow \neg B$ 永真.

依定理 2.5.3,$\neg A = A^{*-}$,$\neg B = B^{*-}$.于是 $A^{*-} \leftrightarrow B^{*-}$ 永真,必有 $A^* \leftrightarrow B^*$ 永真,故 $A^* = B^*$.

定理 2.5.5 若 $A \rightarrow B$ 永真，必有 $B^* \rightarrow A^*$ 永真.

定理 2.5.6 A 与 A^- 同永真，同可满足；

$\neg A$ 与 A^* 同永真，同可满足.

对偶性是逻辑规律，给证明公式的等值和求否定都带来了方便.

2.6 范 式

由 n 个命题变项所能组成的具有不同真值的命题公式有 2^{2^n} 个，然而与任何一个命题公式等值而形式不同的命题公式可以有无穷多个.这样,首先就要问凡与命题公式 A 等值的公式,能否都可以化为某一个统一的标准形式.希望这种标准形能为我们的讨论带来些方便,如借助于标准形对任意两个形式上不同的公式,可判断它们是否等值.借助于标准形容易判断任一公式是否为重言式或矛盾式.

标准形或范式这类术语在数学上是常见的,如几何学中 $x^2 + y^2 = r^2$,$\frac{x^2}{a^2} + \frac{y^2}{b^2} = 1$ 分别是圆和椭圆的范式.

2.6.1 范式

为叙述方便，先定义几个术语.

简单命题 P 及其否定式 $\neg P$ 统称文字.

一些文字的合取称合取式.

一些文字的析取称析取式(也称子句).

P 与 $\neg P$ 称为互补对.

如 $P,\neg P,\neg P\wedge Q,P\wedge\neg Q\wedge\neg P$ 都是合取式，而 $P,\neg P,P\vee Q,P\vee Q\vee\neg Q$ 都是析取式.

析取范式是形如

$$A_1\vee A_2\vee\cdots\vee A_n$$

的公式，其中 $A_i(i=1,\cdots,n)$ 为合取式.

合取范式是形如

$$A_1\wedge A_2\wedge\cdots\wedge A_n$$

的公式，其中 $A_i(i=1,\cdots,n)$ 为析取式.

(1) **范式定理** 任一命题公式都存在有与之等值的合取范式和析取范式.

可通过求范式的具体步骤，来认识范式定理的正确性.

(2) 求范式的步骤

对一个已给的公式，可按下述步骤求得该公式的合取范式和析取范式.

① 消去已给公式中的联结词→和↔. 这可利用如下等值式：

$$A\rightarrow B=\neg A\vee B$$

$$A\leftrightarrow B=(\neg A\vee B)\wedge(A\vee\neg B) \qquad \text{(多用于求合取范式)}$$

$$=(A\wedge B)\vee(\neg A\wedge\neg B) \qquad \text{(多用于求析取范式)}$$

因范式中不出现→,↔符号，将它们以范式中出现的符号¬，∨，∧来表示是自然的.

② 重复使用摩根律和双重否定律，把否定词内移到直接作用于命题变项上. 这可利用等值式：

$$\neg(A\wedge B)=\neg A\vee\neg B$$

$$\neg(A\vee B)=\neg A\wedge\neg B$$

$$\neg\neg A=A$$

将所有的否定词，都内移到命题变项前，这也是范式的要求.

③ 重复使用分配律. 这可利用等值式：

$$A\wedge(B\vee C)=(A\wedge B)\vee(A\wedge C) \qquad \text{(多用于求析取范式)}$$

$$A\vee(B\wedge C)=(A\vee B)\wedge(A\vee C) \qquad \text{(多用于求合取范式)}$$

将公式化成一些合取式的析取，或化成一些析取式的合取，都必须使用分配律来实现.

对任一公式，经步骤①，②，③必能化成范式. 而且所求得的范式与该公式等值.

(3) 求范式举例

例 1 求 $\neg(P\vee Q)\leftrightarrow(P\wedge Q)$ 的析取范式.

解 $\neg(P\vee Q)\leftrightarrow(P\wedge Q)$

$=(\neg(P\vee Q)\wedge(P\wedge Q))\vee(\neg\neg(P\vee Q)\wedge\neg(P\wedge Q))$

$=(\neg P\wedge\neg Q\wedge P\wedge Q)\vee((P\vee Q)\wedge(\neg P\vee\neg Q))$ （摩根律、双重否定）

$=(\neg P\wedge\neg Q\wedge P\wedge Q)\vee(P\wedge\neg P)\vee(P\wedge\neg Q)\vee(Q\wedge\neg P)\vee(Q\wedge\neg Q)$ （分配律）

这已是析取范式了. 又因 $P\wedge\neg P,Q\wedge\neg Q,\neg P\wedge\neg Q\wedge P\wedge Q$ 都是矛盾式，从而利用 2.2.1 节的同一律 $P\vee\mathrm{F}=P$，还可简化为

$$(P\wedge\neg Q)\vee(\neg P\wedge Q)$$

可见一公式的范式不是唯一的.

例 2 求$\neg(P\vee Q)\leftrightarrow(P\wedge Q)$的合取范式

解 $\neg(P\vee Q)\leftrightarrow(P\wedge Q)$

$= (\neg\neg(P\vee Q)\vee(P\wedge Q))\wedge(\neg(P\vee Q)\vee\neg(P\wedge Q))$

$= ((P\vee Q)\vee(P\wedge Q))\wedge((\neg P\wedge\neg Q)\vee(\neg P\vee\neg Q))$ （摩根律、双重否定）

$= (P\vee Q)\wedge(\neg P\vee\neg Q)$ （吸收律）

也可由已求得的一种范式，使用分配律来求另一种范式. 如依例 1 求得的析取范式，便可得合取范式.

$(P\wedge\neg Q)\vee(\neg P\wedge Q)$

$= (P\vee\neg P)\wedge(P\vee Q)\wedge(\neg Q\vee\neg P)\wedge(\neg Q\vee Q)$ （分配律）

$= (P\vee Q)\wedge(\neg P\vee\neg Q)$ （同一律）

这是合取范式了，同例 2 的结果. 反过来，由合取范式使用分配律便可得析取范式.

求一个公式的析取范式和合取范式的步骤是一样的，不同的是选取合适的等值式和分配律，以使形成相应的范式.

(4) 范式可用来判断重言式和矛盾式

若一公式的合取范式中，所有的析取式都至少含有一个互补对，则该范式及相应的公式必为重言式.

若一公式的析取范式中，所有的合取式都至少含有一个互补对，则该范式及相应的公式必为矛盾式.

2.6.2 主范式

一个公式的范式不是唯一的，因此使用范式判别几个公式是否相等就比较困难了. 另外，人们也期望范式具有唯一性. 为此引入主(优)范式的概念.

(1) 主析取范式

对 n 个命题变项 $P_1,\cdots,P_n$来说，所组成的公式

$$Q_1\wedge Q_2\wedge\cdots\wedge Q_n$$

其中 $Q_i=P_i$或$\neg P_i(i=1,\cdots,n)$，则称 $Q_1\wedge\cdots\wedge Q_n$为极小项，并以 m_i表示.

极小项必须含有 $Q_1,\cdots,Q_n$全部 n 个文字.

由两个命题变项 P_1，P_2可构成四个极小项：$\neg P_1\wedge\neg P_2$，$\neg P_1\wedge P_2$，$P_1\wedge\neg P_2$和 $P_1\wedge P_2$. 若将 P_i与 1 对应，而$\neg P_i$与 0 对应，进而将极小项

$\neg P_1\wedge\neg P_2$与 00 对应，简记为 m_0.

$\neg P_1\wedge P_2$与 01 对应，简记为 m_1.

$P_1\wedge\neg P_2$与 10 对应，简记为 m_2.

$P_1\wedge P_2$与 11 对应，简记为 m_3.

n 个命题变项 $P_1,\cdots,P_n$可组成 2^n 个极小项. 每个极小项也可以 m_i表示，$0\leqslant i\leqslant 2^n-1$.

定义 2.6.1 仅由极小项构成的析取式为主析取范式.

定理 2.6.1 任一含有 n 个命题变项的公式，都有唯一的一个与之等值的恰仅含这 n

个命题变项的主析取范式.

使用真值表列写公式的方法,以及将析取范式中的合取式填满命题变项的方法,都可得到一个公式的主析取范式.

例 3 用真值表法将 $P\leftrightarrow Q$ 化成主析取范式.

由 P, Q 到 $P\leftrightarrow Q$ 的真值表图 1.2.6, 从 T 列写 $P\leftrightarrow Q$,便得

$$P\leftrightarrow Q = (\neg P\wedge\neg Q)\vee(P\wedge Q) = m_0\vee m_3$$

并简记为 $\vee_{0;3}$. 这便是 $P\leftrightarrow Q$ 的主析取范式.

又因为等值公式都有相同的真值表, 从而可知所有等值公式(变项均为 n)的主析取范式是相同的,或说一个公式的主析取范式是唯一的.

例 4 用填满命题变项法, 将 $P\rightarrow Q$ 的析取范式化成主析取范式.

$$P\rightarrow Q = \neg P\vee Q$$

已是 $P\rightarrow Q$ 的析取范式. 现将这范式中的合取式 $\neg P$ 添加变项 Q, 合取式 Q 添加 P, 即填满变项 P、Q, 以构成极小项.

$$\neg P = \neg P \wedge (Q \vee \neg Q) = (\neg P \wedge Q) \vee (\neg P \wedge \neg Q)$$

$$Q = Q \wedge (P \vee \neg P) = (Q \wedge P) \vee (Q \wedge \neg P)$$

从而

$$\begin{aligned} P \rightarrow Q &= \neg P \vee Q = (\neg P \wedge Q) \vee (\neg P \wedge \neg Q) \vee (P \wedge Q) \vee (\neg P \wedge Q) \\ &= (\neg P \wedge \neg Q) \vee (\neg P \wedge Q) \vee (P \wedge Q) \\ &= m_0 \vee m_1 \vee m_3 = \vee_{0;1;3} \end{aligned}$$

这便是 $P\rightarrow Q$ 的主析取范式.

(2) 极小项的性质

① 对一个含有 n 个变项的公式来说, 所有可能的极小项个数和该公式的解释个数一样多, 都是 2^n.

② 每个极小项只在一个解释下为真.

③ 极小项两两不等值, 而且 $m_i\wedge m_j = \mathrm{F}$ $(i\neq j)$.

④ 任一含有 n 个变项的公式, 都可由 k 个($k\leqslant 2^n$)极小项的析取来表示. 或说所有的极小项可建立一个"坐标系".

恰由 2^n 个极小项的析取构成的公式,必为重言式. 即

$$\bigvee_{i=0}^{2^n-1} m_i = \mathrm{T}$$

若 A 由 k 个极小项的析取组成, 那么其余的 2^n-k 个极小项的析取必是公式 $\neg A$. 如由 P_1, P_2, P_3 构成的 $A=\vee_{0,2,4}$, 则 $\neg A=\vee_{1,3,5,6,7}$

(3) 主合取范式

由 n 个命题变项 $P_1,\cdots,P_n$ 所组成的公式

$$Q_1\vee Q_2\vee\cdots\vee Q_n$$

其中 $Q_i = P_i$ 或 $\neg P_i(i = 1,\cdots,n)$, 则称 $Q_1\vee\cdots\vee Q_n$ 为极大项, 并以 M_i 表示.

极大项必须含有 $Q_1,\cdots,Q_n$ 全部 n 个文字.

由两个命题变项 P_1, P_2 可构成四个极大项: $\neg P_1\vee\neg P_2$, $\neg P_1\vee P_2$, $P_1\vee\neg P_2$ 和 $P_1\vee P_2$, 并分别以 M_0, M_1, M_2 和 M_3 表示.

n 个命题变项 $P_1,\cdots,P_n$ 可组成 2^n 个极大项. 每个极大项也可以 M_i 来表示, $0\leqslant i\leqslant 2^n-1$.

定义 2.6.2 仅由极大项构成的合取式为主合取范式.

定理 2.6.2 任一含有 n 个命题变项的公式,都有唯一的一个与之等值的恰仅含这 n 个命题变项的主合取范式.

同样使用真值表列写公式的方法,以及将合取范式中的析取式填满命题变项的方法都可得到一个公式的唯一的主合取范式.

例 5 用真值表法将 $P\leftrightarrow Q$ 化成主合取范式.

依由 P,Q 到 $P\leftrightarrow Q$ 的真值表,从 F 列写 $P\leftrightarrow Q$, 便得

$$P\leftrightarrow Q=(\neg P\vee Q)\wedge(P\vee\neg Q)=M_1\wedge M_2$$

并简记为 $\wedge_{1,2}$. 这便是 $P\leftrightarrow Q$ 的主合取范式.

例 6 用填满命题变项法, 将已为合取范式的 $P\wedge Q$ 化为主合取范式.

$$\begin{aligned} P\wedge Q &= (P\vee(Q\wedge\neg Q))\wedge(Q\vee(P\wedge\neg P)) \\ &= (P\vee Q)\wedge(P\vee\neg Q)\wedge(Q\vee P)\wedge(Q\vee\neg P) \\ &= (\neg P\vee Q)\wedge(P\vee\neg Q)\wedge(P\vee Q)=M_1\wedge M_2\wedge M_3=\wedge_{1;2;3} \end{aligned}$$

(4) 极大项的性质

① 对一个含有 n 个变项的公式来说, 所有可能的极大项个数和该公式的解释个数一样多, 都是 2^n.

② 每个极大项只在一个解释下为假.

③ 极大项两两不等值, 而且 $M_i\vee M_j=\mathrm{T}\ (i\neq j)$.

④ 任一含有 n 个变项的公式, 都可由 k 个($k\leqslant 2^n$)极大项的合取来表示. 或说可将所有的极大项建立一个"坐标系".

恰由 2^n 个极大项的合取构成的公式,必为矛盾式. 即

$$\bigwedge_{i=0}^{2^n-1} M_i=\mathrm{F}$$

若 A 由 k 个极大项的合取组成, 那么其余的 2^n-k 个极大项的合取必是公式 $\neg A$. 如由 P_1, P_2, P_3 构成的 $A=\wedge_{0,2,5}$ 则 $\neg A=\wedge_{1,3,4,6,7}$

(5) 主析取范式与主合取范式间的转换

以三个变项的情形为例加以说明.

若已知 A 的主析取范式, 如

$$\begin{aligned} A &= \vee_{0,1,4,5,7} \\ &= \wedge_{(\{0,1,\cdots,7\}-\{0,1,4,5,7\})_{补}} \\ &= \wedge_{\{2,3,6\}补} \\ &= \wedge_{5,4,1}. \end{aligned}$$

若已知 A 的主合取范式, 如

$$\begin{aligned} A &= \wedge_{1,4,5} \\ &= \vee_{(\{0,1,\cdots,7\}-\{1,4,5\}_{补})} \\ &= \vee_{(\{0,1,\cdots,7\}-\{6,3,2\})} \\ &= \vee_{0,1,4,5,7} \end{aligned}$$

从真值表列写公式的主析取范式，主合取范式时，除分别从 T 和 F 列写外，在填写合取式和析取式时是取变项还是变项的否定是有区别的，这就是主合取范式、主析取范式的转换过程要求补的原因(求补是对 $2^n-1=2^3-1=7$ 而言的，如 2 的补为 5，因为 $2+5=7$).

2.7 推理形式

2.7.1 推理形式

将以自然语句描述的推理关系，引入符号，抽象化并以条件式表示出来便得一种推理形式.

例 1 如果今天我病了，那么我没来上课.

今天我病了.

所以今天我没来上课.

这是自然语句给出的三个命题,有前提有结论,表示了一种推理关系.

引入符号,以 P 表示今天我病了，Q 表示我没来上课. 便可将这推理关系以条件式

$$((P\rightarrow Q)\wedge P)\rightarrow Q$$

来表示.

也可以用图式表示：

$$\begin{array}{ccc} P\rightarrow Q & 前 & 提 \\ P & 前 & 提 \\ \hline Q & 结 & 论 \end{array}$$

这个条件式或图式就是一种推理形式. 说明如果 P 真，$P\rightarrow Q$ 真，就可推得 Q 真，这里的 P,Q 可表任意命题，从而推理形式

$$((P\rightarrow Q)\wedge P)\rightarrow Q$$

反映了一类推理关系.

例 2 如果 P，则 Q.

非 P.

所以非 Q.

以条件式描述这种推理关系,得推理形式

$$((P\rightarrow Q)\wedge\neg P)\rightarrow\neg Q$$

说的是，如果 $P\rightarrow Q$ 真，P 假就可推得 Q 假. 自然这推理形式也反映了一类推理关系.

例 3 如果 P，则 Q.

非 Q.

所以非 P.

同样以条件式描述这种推理关系，得推理形式

$$((P\rightarrow Q)\wedge\neg Q)\rightarrow\neg P$$

表明，如果 $P\rightarrow Q$ 真而 Q 假，就可推得 P 假. 同样这类推理形式反映的是一类推理关系.

由于推理形式由前提和结论部分组成,使用蕴涵词→表示的条件式是自然的,因为→可

描述因果关系.

按例1～例3建立推理形式的办法,可以引入任意多个推理形式.自然要问它们都是正确的吗?

不正确的推理形式不是逻辑规律,只有正确的推理形式才是有意义的,才能用来推理.

定义 2.7.1 前提真,结论必真的推理形式为正确的推理形式.

不难理解,例1和例3所建立的推理形式

$$((P \to Q) \wedge P) \to Q$$

$$((P \to Q) \wedge \neg Q) \to \neg P$$

是正确的.

而例2建立的推理形式

$$((P \to Q) \wedge \neg P) \to \neg Q$$

是不正确的.

2.7.2 重言蕴涵

如果给定两个公式 A、B,只要 A 取值为真,B 就必取值为真,便称 A 重言(永真)蕴涵 B.或称 B 是 A 的逻辑推论.并用符号

$$A \Rightarrow B$$

表示.

符号"⇒"表示两个公式间的一种真值关系,它不是逻辑联结词,$A \Rightarrow B$ 也不是合式公式.

对以 $A \to B$ 表示的推理形式来说,推理形式是正确的,就同 A 重言蕴涵 B 是同一概念了,于是正确的推理形式便可以 $A \Rightarrow B$ 表示了.

可用真值表法,直接判断 $A \Rightarrow B$ 是否成立.如果 A、B 依赖于 n 个命题变项 $P_1, \cdots, P_n$.列出由 $P_1, \cdots, P_n$ 到 A 和 B 的真值表,然后查看,所有使 A 为真的解释,相应的 B 是否也都为真.

例 4 $P \Rightarrow P \vee Q$ 正确否?

列出真值表

P	Q	$P \vee Q$
F	F	F
F	T	T
T	F	T
T	T	T

图 2.7.1

所有使 P 为真的解释是 $\{P, Q\} = \{T, F\}$, $\{P, Q\} = \{T, T\}$,即图2.7.1的第3、第4行.这时 $P \vee Q$ 均取值为T,从而有 $P \Rightarrow P \vee Q$.也可以说推理形式

$$P \to (P \vee Q)$$

是正确的.

2.7.3 重言蕴涵的几个结果

(1) 如果 $A\Rightarrow B$, A 为重言式,则 B 也是重言式.

由 $A\Rightarrow B$, 知对 A,B 来说的任一解释下，若 A 真 B 必真. 而 A 为重言式，对任一解释下 A 都真，从而任一解释下 B 也真，故 B 也是重言式.

(2) 如果 $A\Rightarrow B$, $B\Rightarrow A$ 同时成立，必有 $A=B$.

在任一解释下,由 $A\Rightarrow B$ 知若 A 真有 B 真. 由 $B\Rightarrow A$ 知若 B 真有 A 真，或说成是若 A 假必有 B 假. 从而任一解释下 A, B 同时为真同时为假，故 $A=B$.

反过来,$A=B$ 也必有 $A\Rightarrow B$ 和 $B\Rightarrow A$.

(3) 如果 $A\Rightarrow B$, $B\Rightarrow C$, 则 $A\Rightarrow C$.

(4) 如果 $A\Rightarrow B$, $A\Rightarrow C$,则 $A\Rightarrow B\wedge C$.

(5) 如果 $A\Rightarrow C$, $B\Rightarrow C$,则 $A\vee B\Rightarrow C$.

2.8 基本的推理公式

为了进行推理演算，引入一些基本的重言蕴涵式，作为基本的推理公式(或称推理定律). 对这些公式可用真值表法加以验证,也可给予直观的语义说明.

这节还介绍证明 $A\Rightarrow B$ 的几种方法.

2.8.1 基本的推理公式

(1) $P\wedge Q\Rightarrow P$.

(2) $\neg(P\rightarrow Q)\Rightarrow P$.

(3) $\neg(P\rightarrow Q)\Rightarrow\neg Q$.

(4) $P\Rightarrow P\vee Q$.

(5) $\neg P\Rightarrow P\rightarrow Q$.

(6) $Q\Rightarrow P\rightarrow Q$.

(7) $\neg P\wedge(P\vee Q)\Rightarrow Q$.

(8) $P\wedge(P\rightarrow Q)\Rightarrow Q$.

(9) $\neg Q\wedge(P\rightarrow Q)\Rightarrow\neg P$.

(10) $(P\rightarrow Q)\wedge(Q\rightarrow R)\Rightarrow P\rightarrow R$.

(11) $(P\leftrightarrow Q)\wedge(Q\leftrightarrow R)\Rightarrow P\leftrightarrow R$.

(12) $(P\rightarrow R)\wedge(Q\rightarrow R)\wedge(P\vee Q)\Rightarrow R$.

(13) $(P\rightarrow Q)\wedge(R\rightarrow S)\wedge(P\vee R)\Rightarrow Q\vee S$.

(14) $(P\rightarrow Q)\wedge(R\rightarrow S)\wedge(\neg Q\vee\neg S)\Rightarrow\neg P\vee\neg R$.

(15) $(Q\rightarrow R)\Rightarrow((P\vee Q)\rightarrow(P\vee R))$.

(16) $(Q\rightarrow R)\Rightarrow((P\rightarrow Q)\rightarrow(P\rightarrow R))$.

使用真值表法证明这些推理公式是容易的，可按 2.7.2 节例 4 的办法.

若从语义上给予直观说明也是不难的. 如公式(2)，$\neg(P\to Q)\Rightarrow P$. 公式(3)，$\neg(P\to Q)\Rightarrow\neg Q$. 意思是说，若 $P\to Q$ 不成立(取假)，必有 P 为真，还有 Q 为假. 这从 $P\to Q$ 的定义可知，因只有当 $P=\mathrm{T}$ 而 $Q=\mathrm{F}$ 时，$P\to Q=\mathrm{F}$. 又如公式(7)，$\neg P\wedge(P\vee Q)\Rightarrow Q$. 意思是说，$P$ 不对，而 $P\vee Q$ 又对，必然有 Q 对.

公式(8)，$P\wedge(P\to Q)\Rightarrow Q$ 常称作假言推理，或称作分离规则，是最常使用的推理公式.

公式(10)，$(P\to Q)\wedge(Q\to R)\Rightarrow P\to R$ 常称作三段论.

2.8.2 证明推理公式的方法

2.1 节的等值定理，说明了 $A=B$ 同 $A\leftrightarrow B$ 为重言式是等价的，从而可用 $A\leftrightarrow B$ 是重言式来证明 $A=B$. 从而有理由期望 $A\Rightarrow B$ 同 $A\to B$ 是重言式也是等价的.

定理 2.8.1 $A\Rightarrow B$ 成立的充分必要条件是 $A\to B$ 为重言式.

证明 设 $A\Rightarrow B$ 成立. 从而在任一解释下，A 真必有 B 真. 而不会出现 A 真 B 假的情形，于是 $A\to B$ 必为重言式.

反过来，设 $A\to B$ 为重言式，从而在任一解释下，若 A 真，B 只能为真不可能为假. 从而有 $A\Rightarrow B$.

定理 2.8.2 $A\Rightarrow B$ 成立的充分必要条件是 $A\wedge\neg B$ 是矛盾式.

证明是容易的. 因 $\neg(A\to B)=\neg(\neg A\vee B)=A\wedge\neg B$. 从而 $A\to B$ 为真，$A\wedge\neg B$ 必为假. 依定理 2.8.1，$A\Rightarrow B$ 等价于 $A\to B$ 是重言式，从而等价于 $A\wedge\neg B$ 是矛盾式.

这两个定理说明了可用 $A\to B$ 是重言式或 $A\wedge\neg B$ 是矛盾式来证明推理公式 $A\Rightarrow B$. 另外，还可以利用下面的结论或方法证明推理公式.

(1) 若 $\neg B\Rightarrow\neg A$ 必有 $A\Rightarrow B$.

从而若使 B 为假的解释下也有 A 为假，便得 $A\Rightarrow B$.

这种证明方法是显然的，若将 $A\Rightarrow B$ 视为定理，那么 $\neg B\Rightarrow\neg A$ 就是其逆否定理，两者必同时成立.

(2) 解释法证明 $A\Rightarrow B$.

以 $(P\to Q)\wedge(Q\to R)\Rightarrow P\to R$ 为例来说明.

设 $(P\to Q)\wedge(Q\to R)=\mathrm{T}$，从而有

$$P\to Q=\mathrm{T}$$

$$Q\to R=\mathrm{T}$$

若 $P=\mathrm{T}$，必有 $Q=\mathrm{T}$ 以及 $R=\mathrm{T}$. 从而 $P\to R=\mathrm{T}$. 而若 $P=\mathrm{F}$ 右端必成立. 故这三段论推理式成立.

(3) 真值表法.

已使用过不再说明了.

对 $A\Rightarrow B$ 的证明，一般前提

$$A=A_1\wedge A_2\wedge\cdots\wedge A_n$$

还需说明的是应首先验证一下 $A_1,\cdots,A_n$ 的一致性，即 A 自身不能为假. 如果 $A_1,\cdots,A_n$ 不

是一致的而是有矛盾的，从而 A 为假，这时不管结论 B 是什么公式，$A \Rightarrow B$ 都是成立的，但这种推理是没有实用意义的.

2.9 推理演算

节 2.8.2 给出的证明 $A \Rightarrow B$ 的几种方法，都是从真值的角度进行解释或论证的，其中真值表法最为直观. 然而这些方法的共同缺点是看不出由前提 A 到结论 B 的推演过程. 而且这些方法也难于在谓词逻辑中使用.

可建立推理过程的证明方法，是由引入几条推理规则，并考虑到基本的推理公式来实现的. 从前提 $A_1, \cdots, A_n$ 出发，通过使用推理规则和基本的推理公式，逐步推演出结论 B. 这种方法推演层次清晰，更近于数学的推理，而且也容易推广到谓词逻辑.

2.9.1 推理规则

这里所列出的几条规则，较 2.8.1 节的基本推理公式更为一般化. 在推理过程中，推理规则和基本推理公式配合使用.

(1) 前提引入规则　在推理过程中，可以随时引入前提.

(2) 结论引用规则　在推理过程中所得到的中间结论，可作为后续推理的前提.

(3) 代入规则　在推理过程中，对重言式中的命题变项可使用代入规则.

(4) 置换规则　在推理过程中，命题公式中的任何部分公式都可以用与之等值的命题公式来置换.

(5) 分离规则(假言推理)　如果已知命题公式 $A \to B$ 和 A，则有命题公式 B.

(6) 条件证明规则　$A_1 \land A_2 \Rightarrow B$ 与 $A_1 \Rightarrow A_2 \to B$ 是等价的.

其中(1),(2)在推理过程中显然是常用的，正确性是自然的. 代入规则和置换规则已作过说明，再明确一下代入规则仅可对重言式使用. 分离规则就是基本的推理公式，由于它的重要性而列为推理规则，是在 $A \to B$, A 成立的条件下，将 B 分离出来的规则，最为常用. 规则(6)可将对 $A_1 \Rightarrow A_2 \to B$ 的证明化为 $A_1 \land A_2 \Rightarrow B$ 的证明，意思是说，可将要证明的结论 $A_2 \to B$ 中的 A_2 作为条件来使用，从而简化了证明.

2.9.2 使用推理规则的推理演算举例

例 1　证明 R 是 $P \to Q$, $Q \to R$, P 的逻辑推论.

证明

(1) P	前提引入
(2) $P \to Q$	前提引入
(3) Q	(1) (2)分离
(4) $Q \to R$	前提引入
(5) R	(3) (4) 分离

例 2　证明 $R \lor S$ 可以由前提 $C \lor D$, $(C \lor D) \to \neg E$, $\neg E \to (A \land \neg B)$, $(A \land \neg B) \to$

$(R \vee S)$推演出来.

证明

(1) $(C \vee D) \to \neg E$	前提引入
(2) $\neg E \to (A \wedge \neg B)$	前提引入
(3) $(C \vee D) \to (A \wedge \neg B)$	(1) (2)三段论
(4) $(A \wedge \neg B) \to (R \vee S)$	前提引入
(5) $(C \vee D) \to (R \vee S)$	(3) (4)三段论
(6) $C \vee D$	前提引入
(7) $R \vee S$	(5) (6)分离

这个例子中出现 7 个命题变项，列写真值表就有 $2^7 = 128$ 行，其繁琐程度可想而知，使用真值表法实现这个证明是太繁了. 若要证明

$$(C \vee D) \wedge ((C \vee D) \to \neg E) \wedge (\neg E \to (A \wedge \neg B)) \wedge ((A \wedge \neg B) \to (R \vee S)) \to (R \vee S)$$

为重言式也是相当复杂的.

例 3 证明$(P \vee Q) \wedge (P \to R) \wedge (Q \to S) \Rightarrow S \vee R$.

证明

(1) $P \vee Q$	前提引入
(2) $\neg P \to Q$	(1) 置换
(3) $Q \to S$	前提引入
(4) $\neg P \to S$	(2) (3) 三段论
(5) $\neg S \to P$	(4) 置换
(6) $P \to R$	前提引入
(7) $\neg S \to R$	(5) (6)三段论
(8) $S \vee R$	(7) 置换

这个例子说明，证明过程中，将 $P \vee Q$ 写成$\neg P \to Q$ 更便于推理.

例 4 证明$(P \to (Q \to S)) \wedge (\neg R \vee P) \wedge Q \Rightarrow R \to S$.

证明

(1) $\neg R \vee P$	前提引入
(2) $R \to P$	(1) 置换
(3) R	附加前提引入
(4) P	(2) (3) 分离
(5) $P \to (Q \to S)$	前提引入
(6) $Q \to S$	(4) (5) 分离
(7) Q	前提引入
(8) S	(6) (7) 分离
(9) $R \to S$	条件证明规则

这例子说明使用条件证明规则，将结论 $R \to S$ 中的 R 作为前提，来证明 S 简化了证明过程.

例 5 证明$(\neg (P \to Q) \to \neg (R \vee S)) \wedge ((Q \to P) \vee \neg R) \wedge R \Rightarrow (P \leftrightarrow Q)$.

证明

(1) $\neg(P \leftrightarrow Q)$	附加前提(要证公式的否定)引入
(2) $\neg((P \rightarrow Q) \wedge (Q \rightarrow P))$	(1) 置换
(3) $\neg(P \rightarrow Q) \vee \neg(Q \rightarrow P)$	(2) 置换
(4) $(Q \rightarrow P) \rightarrow \neg(P \rightarrow Q)$	(3) 置换
(5) $\neg(P \rightarrow Q) \rightarrow \neg(R \vee S)$	前提引入
(6) $(Q \rightarrow P) \rightarrow \neg(R \vee S)$	(4) (5) 三段论
(7) $(Q \rightarrow P) \vee \neg R$	前提引入
(8) $R \rightarrow (Q \rightarrow P)$	(7) 置换
(9) $R \rightarrow \neg(R \vee S)$	(6) (8) 三段论
(10) R	前提引入
(11) $\neg(R \vee S)$	(9) (10) 分离
(12) $\neg R \wedge \neg S$	(11) 置换
(13) $\neg R$	(12)
(14) $R \wedge \neg R$	(10) (13)
(15) 矛盾	(14)

这个证明过程,使用了定理 2.8.2.

从这些例子可以看出,一个推理过程,或说 $A \Rightarrow B$ 的一个证明,是由一些公式的序列所组成,其中每个公式是前提,或是中间结果,或是最后结论.

2.10 归结推理法

归结法是定理机器证明的重要方法,是仅有一条归结推理规则的机械推理法,从而容易以程序实现,这种方法也可推广到谓词逻辑的推理.

2.10.1 归结证明过程

(1) 为证明 $A \rightarrow B$(可称作定理)是重言式,依定理 2.8.2 等价于 $A \wedge \neg B$ 是矛盾式.使用归结证明法,就是从 $A \wedge \neg B$ 出发.

(2) 建立子句集 S

将 $A \wedge \neg B$ 化成合取范式.如

$$P \wedge (P \vee R) \wedge (\neg P \vee \neg Q) \wedge (\neg P \vee R)$$

形式,进而将所有子句(析取式)构成子句集合

$$S = \{P, (P \vee R), (\neg P \vee \neg Q), (\neg P \vee R)\}$$

即以集合来描述这合取范式,这种表示法对归结过程的阐明是方便的.

(3) 对 S 作归结

进而对 S 的子句作归结(消互补对),如子句 $P \vee R$ 与 $\neg P \vee \neg Q$ 作归结,得归结式 $R \vee \neg Q$.并将这归结式仍放入 S 中.重复这过程.

(4) 直至归结出矛盾式□

使用归结证明法，就是要证明子句集 S 是不可满足的. 如在归结过程中，出现归结式 P 以及归结式 $\neg P$，使是矛盾，以□表示. 证明结束.

2.10.2 归结推理规则

(1) 归结式的定义

设 $C_1 = L \vee C_1'$，$C_2 = \neg L \vee C_2'$ 为两个子句. 有互补对 L 和 $\neg L$. 则新子句

$$R(C_1, C_2) = C_1' \vee C_2'$$

称作 C_1，C_2的归结式.

归结过程就是对 S 的子句求归结式的过程.

(2) $C_1 \wedge C_2 \Rightarrow R(C_1, C_2)$.

这说明归结式 $R(C_1, C_2)$是子句 C_1，C_2的逻辑推论，从而归结是正确推理规则.

设在任一解释下，C_1和 C_2均为真.

若在这解释下，L 为真，则$\neg L$ 为假，从而必有 C_2' 为真. 于是在这解释下 $R(C_1, C_2)$ 为真.

若在这解释下，$\neg L$ 为真，则 L 为假，从而必有 C_1' 为真. 于是在这解释下仍有 $R(C_1, C_2)$为真. 这就证明了 $C_1 \wedge C_2 \Rightarrow R(C_1, C_2)$.

(3) 归结法证明举例

例 1 证明$(P \to Q) \wedge P \Rightarrow Q$

证明 先将$(P \to Q) \wedge P \wedge \neg Q$ 化成合取范式得

$$(\neg P \vee Q) \wedge P \wedge \neg Q$$

建立子句集

$$S = \{\neg P \vee Q, P, \neg Q\}$$

归结过程：

(1) $\neg P \vee Q$

(2) P

(3) $\neg Q$

(4) Q　　　　(1) (2) 归结

(5) □　　　　(3) (4) 归结

归结出空子句□(矛盾式)，证明结束.

例 2 证明$((P \to Q) \wedge (Q \to R)) \Rightarrow (P \to R)$

证明 先将$(P \to Q) \wedge (Q \to R) \wedge \neg (P \to R)$

化成合取范式

$$(\neg P \vee Q) \wedge (\neg Q \vee R) \wedge P \wedge \neg R$$

建立子句集

$$S = \{\neg P \vee Q, \neg Q \vee R, P, \neg R\}$$

归结过程：

(1) $\neg P \vee Q$

(2) $\neg Q \vee R$

(3) P

(4) $\neg R$

(5) $\neg P \vee R$ (1) (2) 归结

(6) R (3) (5) 归结

(7) $\square$ (4) (6) 归结

证明结束.

习 题 2

1. 证明下列等值公式.

(1) $P \to (Q \wedge R) = (P \to Q) \wedge (P \to R)$

(2) $P \to Q = \neg Q \to \neg P$

(3) $((P \to \neg Q) \to (Q \to \neg P)) \wedge R = R$

(4) $(P \leftrightarrow Q) \leftrightarrow ((P \wedge \neg Q) \vee (Q \wedge \neg P)) = P \wedge \neg P$

(5) $P \to (Q \to R) = (P \wedge Q) \to R$

(6) $\neg (P \leftrightarrow Q) = (P \wedge \neg Q) \vee (\neg P \wedge Q)$

2. 由下列真值表，分别从 T 和 F 来列写出 A，B 和 C 的表达式，并分别以符号 m_i 和 M_i 表示.

P	Q	A	B	C
F	F	T	T	T
F	T	T	F	F
T	F	T	F	F
T	T	F	T	F

3. 用 $\uparrow$ 和 $\downarrow$ 分别表示出 $\neg$，$\wedge$，$\vee$，$\to$ 和 $\leftrightarrow$.

4. 证明

(1) $A \to B$ 与 $B^* \to A^*$ 同永真、同可满足

(2) $A \leftrightarrow B$ 与 $A^* \leftrightarrow B^*$ 同永真、同可满足

5. 给出下列各公式的合取范式、析取范式、主合取范式和主析取范式. 并给出所有使公式为真的解释.

(1) $P \vee \neg P$

(2) $P \wedge \neg P$

(3) $(\neg P \vee \neg Q) \to (P \leftrightarrow \neg Q)$

(4) $(P \wedge Q) \vee (\neg P \wedge Q \wedge R)$

(5) $P \wedge (Q \vee (\neg P \wedge R))$

(6) $P \leftrightarrow (Q \to (Q \to P))$

(7) $P \to (Q \wedge (\neg P \leftrightarrow Q))$

(8) $(P \to Q) \vee ((Q \wedge P) \leftrightarrow (Q \leftrightarrow \neg P))$

6. 分别以 $A \to B$ 永真，$A \wedge \neg B$ 永假以及解释法来证明下列各重言蕴涵式 $A \Rightarrow B$.

(1) $(P\wedge Q)\Rightarrow(P\to Q)$

(2) $(P\to(Q\to R))\Rightarrow(P\to Q)\to(P\to R)$

(3) $(P\to Q)\wedge\neg Q\Rightarrow\neg P$

(4) $(P\wedge Q)\to R\Rightarrow P\to(Q\to R)$

7. 判断下列推理式是否正确？

(1) $(P\to Q)\Rightarrow((P\wedge R)\to Q)$

(2) $(P\to Q)\Rightarrow(P\to(Q\vee R))$

(3) $P\Rightarrow\neg P\vee Q$

(4) $(P\vee Q)\wedge(P\to Q)\Rightarrow(Q\to P)$

(5) $P\Rightarrow(\neg Q\wedge P)\to R$

(6) $(P\to Q)\wedge(Q\to P)\Rightarrow P\vee Q$

(7) $(P\vee Q)\to(P\vee\neg Q)\Rightarrow\neg P\vee Q$

(8) $(P\wedge Q)\vee(P\to Q)\Rightarrow P\to Q$

(9) $(P\wedge Q)\to R\Rightarrow(P\to R)\wedge(Q\to R)$

(10) $((P\wedge Q)\to R)\wedge((P\vee Q)\to\neg R)\Rightarrow P\wedge Q\wedge R$

(11) $P\to Q\Rightarrow(P\to R)\to(Q\to R)$

(12) $(P\vee Q\vee R)\Rightarrow\neg P\to((Q\vee R)\wedge\neg P)$

(13) $\neg(P\to Q)\wedge(Q\to P)\Rightarrow P\wedge\neg Q$

(14) $(P\to Q)\to(Q\to R)\Rightarrow(R\to P)\to(Q\to P)$

(15) $(P\to Q)\wedge(R\to Q)\wedge(S\to Q)\Rightarrow(P\wedge R\wedge\neg S\to Q)$

8. 使用推理规则证明

(1) $P\vee Q,\ P\to S,\ Q\to R\Rightarrow S\vee R$

(2) $\neg P\vee Q,\ \neg Q\vee R,\ R\to S\Rightarrow P\to S$

(3) $P\to(Q\to R),\ \neg S\vee P,\ Q\Rightarrow S\to R$

(4) $P\vee Q\to R\wedge S,\ S\vee E\to U\Rightarrow P\to U$

(5) $\neg R\vee S, S\to Q, \neg Q\Rightarrow Q\leftrightarrow R$

(6) $\neg Q\vee S,\ (E\to\neg U)\to\neg S\Rightarrow Q\to E$

9. 证明下列推理关系：

(1) 在大城市球赛中.如果北京队第三,那么如果上海队第二,那么天津队第四.沈阳队不是第一或北京队第三.上海队第二.从而知,如果沈阳队第一,那么天津队第四.

(2) 如果国家不对农产品给予补贴,那么国家就要对农产品进行控制.如果对农产品进行控制,农产品就不会短缺.或者农产品短缺或者农产品过剩.事实上农产品不过剩.从而国家对农产品给予了补贴.

10. 如果合同是有效的,那么张三应受罚.如果张三应受罚,他将破产.如果银行给张三贷款,他就不会破产.事实上,合同有效并且银行给张三贷款了.验证这些前提是否有矛盾.

11. 若　$P_i \to Q_i (i = 1, \cdots, n)$为真.

$P_1 \vee P_2 \vee \cdots \vee P_n$和$\neg (Q_i \wedge Q_j)$ $(i \neq j)$也为真.

试证明必有 $Q_i \to P_i (i = 1, \cdots, n)$为真.

12. 利用归结法证明

(1) $(P \vee Q) \wedge (P \to R) \wedge (Q \to R) \Rightarrow R$

(2) $(S \to \neg Q) \wedge (P \to Q) \wedge (R \vee S) \wedge (R \to \neg Q) \Rightarrow \neg P$

(3) $\neg (P \wedge \neg Q) \wedge (\neg Q \vee R) \wedge \neg R \Rightarrow \neg P$

第3章 命题逻辑的公理化

命题逻辑重点讨论的是重言式，而重言式的个数是无限的，重要的重言式是逻辑规律，在等值演算和推理演算中所讨论的正是那些重言式. 为了系统地、严谨地研究等值式推理式，需要掌握这类规律的全体，将它们作为一个整体来考虑，因此就要求将这类重言式穷尽无遗地包括在一个整体之内，公理系统正是这样一个整体.

前两章是对命题逻辑从语义出发作了较直观地、不严谨地、非形式化的解释性地讨论. 而建立了公理系统的命题逻辑，面貌就改观了，从理论上提高了一步，使对命题逻辑的讨论有了坚实的基础. 我们并不准备对公理系统作详尽的讨论，只是介绍命题逻辑公理系统的基本内容. 本章还对自然演绎系统和王浩推理系统作了简单介绍，还谈到了非标准逻辑.

3.1 公理系统的结构

从一些公理出发，根据演绎规则推导出一系列定理，这样形成的演绎体系叫作公理系统，或称作理论.

命题演算的重言式可组成一个严谨的公理系统，它是从一些作为初始命题的重言式(公理)出发，应用明确规定的推演规则，进而推导出一系列重言式(定理)的演绎体系. 在建立公理系统时，当然希望能从尽可能少的公理和推理规则出发而导出全部定理. 然而在这样的公理系统下，定理的证明常常是困难的. 公理系统自成体系，前两章所给出的结果都不能作为证明定理的依据，只能起着帮助思考，直观解释的作用. 公理系统完全是个抽象符号系统，不再涉及真值.

通常一个公理系统包括以下几部分：

(1) 初始符号　公理系统所允许出现的全体符号的集合.

(2) 形成规则　由初始符号可以组成各种符号序列. 形成规则规定，哪些符号序列是该公理系统的合法符号序列，哪些不是合法序列，而公理系统内只允许出现合法的符号序列.

有时还可在形成规则构成的基本的合法符号序列上另定义一些合法的符号序列，常带来方便.

(3) 公理　选出几个最基本的重言式作为推演其他所有重言式的依据，这当然不是容易的. 这样精选的重言式就是公理.

(4) 变形规则　变形规则就是公理系统所规定的推理规则. 从公理和已经推演出来的结论，便可使用变形规则来推演另一结论. 所有由公理使用变形规则得到的结论都是重言式，都可称为定理.

(5) 建立定理　这是公理系统内作演算的主要内容，应包括所有的重言式和对它们的证明. 然而只包含部分重言式的公理系统也是允许的.

3.2 命题逻辑的公理系统

对命题逻辑可建立多个公理系统，我们介绍其中有代表性的一个.

3.2.1 初始符号

$A,B,C,\cdots$大写英文字母(表示命题)

$\neg,\vee$ (表示联结词)

( ) (圆括号)

$\vdash$ (写在一个公式之前，如$\vdash A$表示A是所要肯定的，或说A是永真式)

3.2.2 形成规则

符号形成规则的符号序列称合式公式.

(1) 符号π是合式公式(π取值为$A,B,\cdots$)

(2) 若A,B是合式公式，则$(A\vee B)$是合式公式.

(3) 若A是合式公式，则$\neg A$是合式公式.

(4) 只有符合(1),(2),(3)的符号序列才是合式公式.

3.2.3 定义

除了由形成规则构成的合式公式外，可通过定义引入新的合式公式.这样引入的合式公式起着缩写和简化表达的作用.

(1) $(A\rightarrow B)$定义为$(\neg A\vee B)$

(2) $(A\wedge B)$定义为$\neg(\neg A\vee\neg B)$

(3) $(A\leftrightarrow B)$定义为$((A\rightarrow B)\wedge(B\rightarrow A))$

3.2.4 公理

公理1 $\vdash((P\vee P)\rightarrow P)$

公理2 $\vdash(P\rightarrow(P\vee Q))$

公理3 $\vdash((P\vee Q)\rightarrow(Q\vee P))$

公理4 $\vdash((Q\rightarrow R)\rightarrow((P\vee Q)\rightarrow(P\vee R)))$

这4条公理自然都是重言式.从语义方面讲，$\vdash$表示它后面的公式是重言式.从语法方面讲，$\vdash$表示它后面的公式是可证明的.

3.2.5 变形(推理)规则

(1) 代入规则 将合式公式A中出现的某一符号π到处都代以某一合式公式B，从而

得到合式公式 $A\frac{\pi}{B}$叫代入.

代入规则说,如果$\vdash A$,那么$\vdash A\frac{\pi}{B}$.

(2) 分离规则　如果$\vdash A$,$\vdash A\rightarrow B$ 那么$\vdash B$.

(3) 置换规则　定义的左右两方可互相替换.设公式 A,替换后为 B.置换规则说,如果$\vdash A$,那么$\vdash B$.

有了上述这些规定便可证明定理了.

3.2.6 定理的推演

命题逻辑公理系统是完全形式化了的符号系统,在这里对定理的证明,其依据必须是公理或已证明的定理,证明的过程(符号的变换过程),必须依据变形规则.

第 2 章所给出的等值式、推理式都可由这公理系统推导出,即它们都是这个公理系统的定理.

要推演的定理很多,这里仅举几个说明推演的方法.证明过程中,为方便省略了部分括号.

定理 3.2.1 $\vdash(Q\rightarrow R)\rightarrow((P\rightarrow Q)\rightarrow(P\rightarrow R))$.

证明

(1) $\vdash(Q\rightarrow R)\rightarrow(P\vee Q\rightarrow P\vee R)$　　公理 4

(2) $\vdash(Q\rightarrow R)\rightarrow(\neg P\vee Q\rightarrow\neg P\vee R)$　　(1) 代入$\frac{P}{\neg P}$

(3) $\vdash(Q\rightarrow R)\rightarrow((P\rightarrow Q)\rightarrow(P\rightarrow R))$　　(2) 定义 1.

定理 3.2.2 $\vdash P\rightarrow P$.

证明

(1) $\vdash P\rightarrow P\vee Q$　　公理 2

(2) $\vdash P\rightarrow P\vee P$　　(1) 代入$\frac{Q}{P}$

(3) $\vdash P\vee P\rightarrow P$　　公理 1

(4) $\vdash(Q\rightarrow R)\rightarrow((P\rightarrow Q)\rightarrow(P\rightarrow R))$　　定理 3.2.1

(5) $\vdash(P\vee P\rightarrow P)\rightarrow((P\rightarrow P\vee P)\rightarrow(P\rightarrow P))$　　(4) 代入$\frac{Q}{P\vee P},\frac{R}{P}$

(6) $\vdash(P\rightarrow P\vee P)\rightarrow(P\rightarrow P)$　　(3)(5) 分离

(7) $\vdash P\rightarrow P$　　(2)(6) 分离

定理 3.2.3 $\vdash\neg P\vee P$.

证明

(1) $\vdash P\rightarrow P$　　定理 3.2.2

(2) $\vdash\neg P\vee P$　　(1) 定义 1

定理 3.2.4 $\vdash P\vee\neg P$.

证明

(1) $\vdash P\vee Q\rightarrow Q\vee P$　　公理 3

(2) $\vdash \neg P \vee P \to P \vee \neg P$　　(1) 代入$\frac{P}{\neg P}$, $\frac{Q}{P}$

(3) $\vdash \neg P \vee P$　　定理 3.2.3

(4) $\vdash P \vee \neg P$　　(2)(3) 分离

定理 3.2.5　$\vdash P \to \neg\neg P$.

证明

(1) $\vdash P \vee \neg P$　　定理 3.2.4

(2) $\vdash \neg P \vee \neg\neg P$　　(1) 代入$\frac{P}{\neg P}$

(3) $\vdash P \to \neg\neg P$　　(2) 定义 1

定理 3.2.6　$\vdash \neg\neg P \to P$.

证明

(1) $\vdash P \to \neg\neg P$　　定理 3.2.5

(2) $\vdash \neg P \to \neg\neg\neg P$　　(1) 代入$\frac{P}{\neg P}$

(3) $\vdash (Q \to R) \to (P \vee Q \to P \vee R)$　　公理 4

(4) $\vdash (\neg P \to \neg\neg\neg P) \to (P \vee \neg P \to P \vee \neg\neg\neg P)$　　(3) 代入$\frac{Q}{\neg P}$, $\frac{R}{\neg\neg\neg P}$

(5) $\vdash P \vee \neg P \to P \vee \neg\neg\neg P$　　(2),(4) 分离

(6) $\vdash P \vee \neg P$　　定理 3.2.4

(7) $\vdash P \vee \neg\neg\neg P$　　(5),(6) 分离

(8) $\vdash P \vee Q \to Q \vee P$　　公理 3

(9) $\vdash P \vee \neg\neg\neg P \to \neg\neg\neg P \vee P$　　(8) 代入$\frac{Q}{\neg\neg\neg P}$

(10) $\vdash \neg\neg\neg P \vee P$　　(7),(9) 分离

(11) $\vdash \neg\neg P \to P$　　(10) 定义 1

定理 3.2.7　$\vdash (P \to Q) \to (\neg Q \to \neg P)$

证明

(1) $\vdash P \to \neg\neg P$　　定理 3.2.5

(2) $\vdash Q \to \neg\neg Q$　　(1) 代入$\frac{P}{Q}$

(3) $\vdash (Q \to R) \to (P \vee Q \to P \vee R)$　　公理 4

(4) $\vdash (Q \to \neg\neg Q) \to (\neg P \vee Q \to \neg P \vee \neg\neg Q)$　　(3) 代入$\frac{R}{\neg\neg Q}$, $\frac{P}{\neg P}$

(5) $\vdash \neg P \vee Q \to \neg P \vee \neg\neg Q$　　(2),(4) 分离

(6) $\vdash P \vee Q \to Q \vee P$　　公理 3

(7) $\vdash \neg P \vee \neg\neg Q \to \neg\neg Q \vee \neg P$　　(6) 代入$\frac{P}{\neg P}$, $\frac{Q}{\neg\neg Q}$

(8) $\vdash (Q \to R) \to ((P \to Q) \to (P \to R))$　　定理 3.2.1

(9) $\vdash (\neg P \vee \neg\neg Q \to \neg\neg Q \vee \neg P) \to ((\neg P \vee Q \to \neg P \vee \neg\neg Q)$

　　$\to (\neg P \vee Q \to \neg\neg Q \vee \neg P))$　　(8) 代入$\frac{P}{\neg P \vee Q}$, $\frac{Q}{\neg P \vee \neg\neg Q}$, $\frac{R}{\neg\neg Q \vee}$

(10) $\vdash(\neg P\vee Q\to\neg P\vee\neg\neg Q)\to(\neg P\vee Q\to\neg\neg Q\vee\neg P)$ (7),(9) 分离

(11) $\vdash\neg P\vee Q\to\neg\neg Q\vee\neg P$ (5),(10) 分离

(12) $\vdash(P\to Q)\to(\neg Q\to\neg P)$ (11) 定义 1

3.3 公理系统的完备性和演绎定理

3.3.1 公理系统的完备性

当引入一种推理规则或一个推理体系时，总会提出其推理功能的强弱问题.如就归结法来说，所有的重言式都可由仅仅使用归结方法得到证明吗？对所建立的公理系统也可问是不是所有的重言式，或说所有成立的定理都可由该系统推导出来？这是个重要的问题，常称作完备性.

对一个体系或理论而言，是完备的当然很理想.然而某体系虽不完备而推理效率高，又能推得一定数量的定理那也是可取的.

可证明所建立的公理体系是完备的.

设 A 是任一重言式，需说明它在公理系统中是可证明的、或说是个定理，或说 $\vdash A$ 成立.

先将 A 写成与之等值的合取范式

$$A_1\wedge A_2\wedge\cdots\wedge A_n$$

其中 A_i 必为 $\pi\vee\neg\pi\vee B$ 的形式($i=1,\cdots,n$)，π 是命题变项.依公理系统

$$\vdash P\vee\neg P,\vdash P\vee\neg P\vee Q$$

都成立，从而有 $\vdash A_i(i=1,\cdots,n)$.

又依 $$\vdash P\to(Q\to P\wedge Q)$$

使用分离规则可得

$$\vdash A_1\wedge A_2\wedge\cdots\wedge A_n$$

而 A 是 $A_1\wedge A_2\wedge\cdots\wedge A_n$，故 A 可证明.

这个证明是简单的，然而完备性的问题却很重要.

完备性指的是所建系统，所推演出的定理少不少？当然还可问所建系统，所推演出的定理多不多，即非重言式或说不成立的定理是否也可推出来？这是可靠性问题，不可靠的系统是不能使用的.

3.3.2 演绎定理

所建立的公理系统是以几个重言式为公理，再经使用推理规则得到的结果为定理，而且所有定理也必是重言式，这属从公理出发不再另附前提的推理过程.

若前提 A 是重言式，经推理规则得 B，则 B 必是重言式，$\vdash A\to B$ 成立.然而当 A 不是重言式时，经使用推理规则得公式 B，试问 A、B 有何逻辑关系，$A\to B$ 还是定理吗？

不妨由一个例子来说明.设前提为 P，经代入规则作代入 $\frac{P}{\neg P}$ 时，得 $\neg P$，显然 $P\to\neg P$

不是定理,甚至这样的代入可以得出任意的一个公式来,这时可说 P 推出 $\neg P$,但 $P\to\neg P$ 不是定理. 然而使用分离规则、置换规则并不会出现这种情况,当限制有前提的推理不使用代入规则时,必可保证推出的是定理,这就是演绎定理的内容.

演绎定理　在命题逻辑公理系统中,在有前提的推理下,如果从前提 A 可推出公式 B,而推理过程又不使用变项的代入,那么 $\vdash A\to B$ 成立.

值得注意的是,不同的书中所提及的演绎定理常有不同的含义!

3.4　命题逻辑的另一公理系统——王浩算法

3.3 节所建立的公理系统对定理的证明,明显地依赖于人的经验、技巧,这就难于机械化. 下面介绍的公理系统,对定理的证明给出了算法,便于利用计算机来实现定理的证明,也称定理证明自动化系统,这是 1959 年王浩提出的.

3.4.1　定理证明自动化系统

(1) 初始符号

$A,B,\cdots,X,Y,Z$　　(表示命题)

$\neg,\wedge,\vee,\to,\leftrightarrow$　　(表示联结词)

(　),　　(圆括号和逗点)

$\alpha,\beta,\gamma,\cdots$　　(表示公式串)

(2) 形成规则

① 符号 π 是合式公式.　　(π 取值 $A,B,\cdots$)

② 若 A 是合式公式,则 $\neg A$ 是合式公式.

③ 若 A,B 是合式公式,则 $(A\wedge B)$,$(A\vee B)$,$(A\to B)$,$(A\leftrightarrow B)$ 是合式公式.

④ 只有符合①,②,③ 的符号序列才是合式公式.

⑤ 任何合式公式是公式串,空符号串也是公式串.

⑥ 如果 α 和 β 是公式串,则 α,β 和 β,α 也是公式串(两者不加区分).

⑦ 只有由⑤,⑥ 形成的符号串才是公式串.

(3) 定义

① 相继式. 如果 α 和 β 都是公式串,则称

$$\alpha\overset{s}{\to}\beta$$

是相继式. α 为前件,β 为后件.

② 规定 $\overset{s}{\to}$ 前件中的“,”以 $\wedge$ 表示,后件中的“,”以 $\vee$ 表示,便可将 $\alpha\overset{s}{\to}\beta$ 化为 $\alpha\to\beta$.

③ 相继式 $\alpha\overset{s}{\to}\beta$ 为真,便以 $\alpha\overset{s}{\Rightarrow}\beta$ 表示.

(4) 公理

如果公式串 α 和 β 中的公式都仅只是命题变项 $A,B,\cdots$(不再有联结词了),则 $\alpha\overset{s}{\to}\beta$ 是公理(为真)的充分必要条件是 α 和 β 中至少含有一个相同的命题变项.

使用该算法证明定理,总是把公式串中的各公式使用推理规则化成不再有联结词的形

式. 如 $A,B,C \overset{s}{\Rightarrow} B,D$,这时$\overset{s}{\Rightarrow}$的两侧有共同变项 B,公理说 $A,B,C \overset{s}{\Rightarrow} B,D$ 成立. 依 3 中定义的,$A,B,C \overset{s}{\Rightarrow} B,D$ 等价于

$$A \land B \land C \to B \lor D$$

为真,由于 B 出现在$\to$的两侧,这蕴涵式必真.

(5) 变形(推理)规则

共有 10 条,都是针对联结词的消除(如果反向使用这些规则)而建立的. 其中有 5 条前件规则和 5 条后件规则.

前件规则.

$\neg\Rightarrow$ 如果 $\alpha,\beta \overset{s}{\Rightarrow} X,\gamma$

那么 $\alpha,\neg X,\beta \overset{s}{\Rightarrow} \gamma$

$\land\Rightarrow$ 如果 $X,Y,\alpha,\beta \overset{s}{\Rightarrow} \gamma$

那么 $\alpha,X \land Y,\beta \overset{s}{\Rightarrow} \gamma$.

$\lor\Rightarrow$ 如果 $X,\alpha,\beta \overset{s}{\Rightarrow} \gamma$ 而且 $Y,\alpha,\beta \overset{s}{\Rightarrow} \gamma$

那么 $\alpha,X \lor Y,\beta \overset{s}{\Rightarrow} \gamma$

$\to\Rightarrow$ 如果 $Y,\alpha,\beta \overset{s}{\Rightarrow} \gamma$ 而且 $\alpha,\beta \overset{s}{\Rightarrow} X,\gamma$

那么 $\alpha,X \to Y,\beta \overset{s}{\Rightarrow} \gamma$

$\leftrightarrow\Rightarrow$ 如果 $X,Y,\alpha,\beta \overset{s}{\Rightarrow} \gamma$ 而且 $\alpha,\beta \Rightarrow X,Y,\gamma$

那么 $\alpha,X \leftrightarrow Y,\beta \overset{s}{\Rightarrow} \gamma$

后件规则

$\Rightarrow\neg$ 如果 $X,\alpha \overset{s}{\Rightarrow} \beta,\gamma$

那么 $\alpha \overset{s}{\Rightarrow} \beta,\neg X,\gamma$

$\Rightarrow\land$ 如果 $\alpha \overset{s}{\Rightarrow} X,\beta,\gamma$ 而且 $\alpha \overset{s}{\Rightarrow} Y,\beta,\gamma$

那么 $\alpha \overset{s}{\Rightarrow} \beta,X \land Y,\gamma$

$\Rightarrow\lor$ 如果 $\alpha \overset{s}{\Rightarrow} X,Y,\beta,\gamma$

那么 $\alpha \overset{s}{\Rightarrow} \beta,X \lor Y,\gamma$

$\Rightarrow\to$ 如果 $X,\alpha \overset{s}{\Rightarrow} Y,\beta,\gamma$

那么 $\alpha \overset{s}{\Rightarrow} \beta,X \to Y,\gamma$

$\Rightarrow\leftrightarrow$ 如果 $X,\alpha \overset{s}{\Rightarrow} Y,\beta,\gamma$ 而且 $Y,\alpha \overset{s}{\Rightarrow} X,\beta,\gamma$

那么 $\alpha \overset{s}{\Rightarrow} \beta,X \leftrightarrow Y,\gamma$

为理解这些规则的正确性,仅举其中两条为例加以说明. 规则中的 X,Y 表示公式,α,β,γ 表示公式串,为说明方便也将 α,β,γ 认为是公式.

规则$\neg\Rightarrow$说,只要将公式 X 加否定,便可由$\overset{s}{\Rightarrow}$的右端移到左端. 这是个增加联结词$\neg$的过程. 如果反向使用就是消除联结词$\neg$的规则. 依定义 $\alpha,\beta \overset{s}{\Rightarrow} X,\gamma$ 就是

$$\alpha \land \beta \Rightarrow X \lor \gamma$$

或写成

$$\alpha \land \beta \Rightarrow \neg X \to \gamma$$

自然有　　　　　　　　$\alpha \land \beta \land \neg X \Rightarrow \gamma$

这就是　　　　　　　　$\alpha, \beta, \neg X \overset{s}{\Rightarrow} \gamma$.

规则 $\lor\Rightarrow$，是增加联结词 $\lor$ 的规则，证明定理时是反向使用的，所以是消除联结词 $\lor$ 的规则了. 依定义，$\lor\Rightarrow$ 中的条件就是

$$X \land \alpha \land \beta \Rightarrow \gamma$$

而且　　　　　　　　$Y \land \alpha \land \beta \Rightarrow \gamma$

自然有　　　　　　　$(X \land \alpha \land \beta) \lor (Y \land \alpha \land \beta) \Rightarrow \gamma$

即　　　　　　　　　$\alpha \land (X \lor Y) \land \beta \Rightarrow \gamma$

也就是　　　　　　　$\alpha, X \lor Y, \beta \overset{s}{\Rightarrow} \gamma$

(6) 定理的推演

定理证明的算法：

① 将所要证明的定理 $A_1 \land A_2 \land \cdots \land A_n \to B$（其中 A_1, B 是可能含有其他联结词的公式），写成相继式形式

$$A_1 \land A_2 \land \cdots \land A_n \overset{s}{\Rightarrow} B$$

从这相继式出发.

② 反复（反向）使用变形规则，消去全部联结词以得到一个或多个无联结词的相继式.

③ 若所有无联结词的相继式都是公理，则定理得证，否则定理不成立.

3.4.2　定理推演举例和说明

例 1　证明 $(\neg Q \land (P \to Q)) \to \neg P$ 成立.

证明

(1) $\neg Q \land (P \to Q) \overset{s}{\Rightarrow} \neg P$　　　　（写成相继式）

(2) $\neg Q, (P \to Q) \overset{s}{\Rightarrow} \neg P$　　　　（$\land\Rightarrow$）

(3) $P \to Q \overset{s}{\Rightarrow} Q, \neg P$　　　　（$\neg\Rightarrow$）

(4) $Q \overset{s}{\Rightarrow} Q, \neg P$　而且

$\overset{s}{\Rightarrow} Q, \neg P, P$　　　　（$\to\Rightarrow$）

(5) $P, Q \overset{s}{\Rightarrow} Q$　而且

$P \overset{s}{\Rightarrow} Q, P$　　　　（$\Rightarrow\neg$）

由(5)中的两个相继式均已无联结词，而且在 $\overset{s}{\Rightarrow}$ 的两端都有共同命题变项了，从而都是公理. 定理得证.

例 2　证明 $((P \lor Q) \land (P \to R) \land (Q \to S)) \to (S \lor R)$ 成立.

证明

(1) $(P \lor Q) \land (P \to R) \land (Q \to S) \overset{s}{\Rightarrow} S \lor R$　　　　（写成相继式）

(2) $P \lor Q, P \to R, Q \to S \overset{s}{\Rightarrow} S \lor R$　　　　（$\land\Rightarrow$）

(3) $P \lor Q, P \to R, Q \to S \overset{s}{\Rightarrow} S, R$　　　　（$\Rightarrow\lor$）

(4a) $P, P\rightarrow R, Q\rightarrow S \stackrel{s}{\Rightarrow} S, R$　而且

(4b) $Q, P\rightarrow R, Q\rightarrow S \stackrel{s}{\Rightarrow} S, R$　　　　　　　　　　　　　　　　　　$(\vee\Rightarrow)$

(5a) $P, R, Q\rightarrow S \stackrel{s}{\Rightarrow} S, R$　而且

(5b) $P, Q\rightarrow S \stackrel{s}{\Rightarrow} P, S, R$　　　　　　　　　　　　　　　　　　$((4a)\rightarrow\Rightarrow)$

(6a) $P, R, S \stackrel{s}{\Rightarrow} S, R$　而且

(6b) $P, R \stackrel{s}{\Rightarrow} Q, S, R$　　　　　　　　　　　　　　　　　　$((5a)\rightarrow\Rightarrow)$

(7a) $P, S \stackrel{s}{\Rightarrow} P, S, R$　而且

(7b) $P \stackrel{s}{\Rightarrow} Q, P, S, R$　　　　　　　　　　　　　　　　　　$((5b)\rightarrow\Rightarrow)$

(8a) $Q, R, Q\rightarrow S \stackrel{s}{\Rightarrow} S, R$　而且

(8b) $Q, Q\rightarrow S \stackrel{s}{\Rightarrow} P, S, R$　　　　　　　　　　　　　　　　　　$((4b)\rightarrow\Rightarrow)$

(9a) $Q, R, S \stackrel{s}{\Rightarrow} S, R$　而且

(9b) $Q, R \stackrel{s}{\Rightarrow} Q, S, R$　　　　　　　　　　　　　　　　　　$((8a)\rightarrow\Rightarrow)$

(10a) $Q, S \stackrel{s}{\Rightarrow} P, S, R$　而且

(10b) $Q \stackrel{s}{\Rightarrow} Q, P, S, R$　　　　　　　　　　　　　　　　　　$((8b)\rightarrow\Rightarrow)$

由(6a),(6b),(7a),(7b),(9a),(9b),(10a),(10b)均为公理,从而定理成立.证明过程如图 3.4.1 所示,图中的圆弧表“与”.

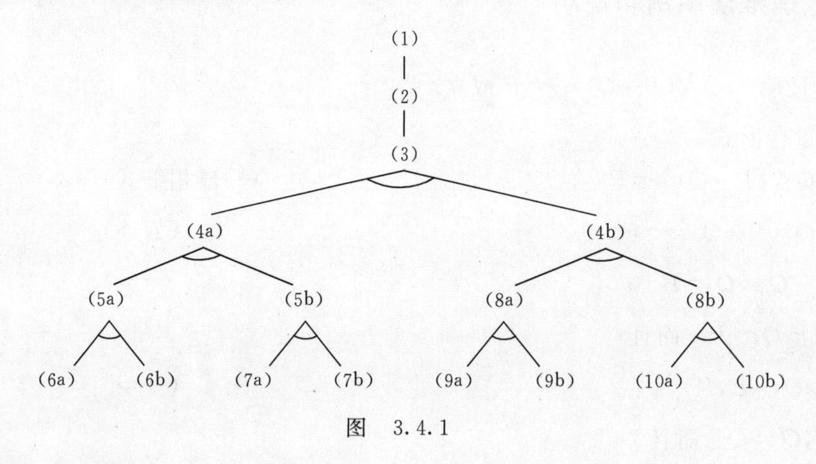

图　3.4.1

对算法的一些说明

(1) 如例 1 因(5) 是公理,自然成立.使用规则⇒¬(正向),便得(4).对(4) 使用规则→⇒(正向)便得(3).对(3) 使用规则¬ ⇒(正向)便得(2). 对(2) 使用规则 ∧⇒(正向),便得(1),即所要证明的定理.对例 2 可同样作解释.

(2) 证明方法是从所要证明的定理出发,反向使用推理规则(消联结词),直到公理的过程.而对证明的解释,是反过来由公理出发,经正向使用推理规则(加联结词),直到所要证明的定理.

(3) 限于命题逻辑的定理证明,仅使用五个常用的联结词以及重言蕴涵符号就够了.引入符号串和相继式完全是为描述推理规则以及公理的方便.

(4) 所建立的王浩算法，可证明命题逻辑的所有定理. 从而是完备的公理系统. 既然称之为算法自然是可实现的机械方法，从而可用这算法用计算机来证明由命题逻辑描述的定理. 算法的另一优点是当所证公式不是定理时，也可得到证明. 当消去所有联结词后，得到的相继式中有的不是公理时，便知所要证明的并不是定理. 而使用归结方法，以及 3.2 的公理化方法是不能指明所证公式不是定理的.

3.5 命题逻辑的自然演绎系统

自然演绎系统也是一种逻辑演算体系，与公理系统的区别在于它的出发点只是一些变形规则而没有公理，是附有前提的推理系统. 变形规则和证明过程更接近于一般的数学思维，是较直接而自然的，所以称为自然演绎系统.

所建立的系统与 3.2 节的公理系统是等价的，即自然演绎系统可导出公理系统的所有定理，自然演绎系统的所有定理也可由重言式来描述，从而可由公理系统导出.

下面建立一个自然演绎系统.

3.5.1 初始符号

除公理系统 3.2 的符号外，引入

$$\Gamma=\{A_1,\cdots,A_n\}=A_1,\cdots,A_n$$

表示有限个命题公式的集合；

$$\Gamma\vdash A$$

表示 Γ,A 间有形式推理关系，Γ 为形式前提，A 为形式结论，或说使用推理规则可由 Γ 得 A.

3.5.2 形成规则

同公理系统 3.2

3.5.3 变形规则

(1) $A_1,\cdots,A_n\vdash A_i(i=1,\cdots,n)$. 肯定前提律.

推理过程中前提总是被肯定的，前提中任何命题都可作为结论.

(2) 如果 $\Gamma\vdash A$,$A\vdash B$，则 $\Gamma\vdash B$. 传递律.

(3) 如果 $\Gamma,\neg A\vdash B$ 且 $\Gamma,\neg A\vdash\neg B$，则 $\Gamma\vdash A$. 反证律

在前提 Γ 下，再假设 A 是假的，若可推出矛盾命题时，便可由前提 Γ 推出 A.

(4) $A\to B,A\vdash B$. 蕴涵词消去律(分离规则)

(5) 如果 $\Gamma,A\vdash B$，则 $\Gamma\vdash A\to B$. 蕴涵词引入律

在前提 Γ 下，又知 A 为真，可得 B. 那么在原前提 Γ 下可推得，如果 A 那么 B.

3.5.4 定理

可推出公理系统 3.2 中与重言式相当的所有定理，这儿仅举一个例子来说明证明定理的过程.

定理 3.5.1 $A \to B, B \to C \vdash A \to C$

证明

(1) $A \to B, B \to C, A \vdash A \to B$	规则 1
(2) $A \to B, B \to C, A \vdash A$	规则 1
(3) $A \to B, A \vdash B$	规则 4
(4) $A \to B, B \to C, A \vdash B$	规则 2 和(1),(2),(3)
(5) $A \to B, B \to C, A \vdash B \to C$	规则 1
(6) $B, B \to C \vdash C$	规则 4
(7) $A \to B, B \to C, A \vdash C$	规则 2 和(4),(5),(6)
(8) $A \to B, B \to C \vdash A \to C$	规则 5

这个定理，在公理系统 3.2 中描述成

$$\vdash ((P \to Q) \land (Q \to R)) \to (P \to R)$$

这定理的证明，不涉及公理，而将前提 $A \to B, B \to C$ 作为条件，使用推理规则来作推演，推演过程较使用公理的情形来得容易.

回顾第 2 章 2.9 节，使用规则的推理方法就属自然演绎的推理方法.

3.6 非标准逻辑

所介绍过的命题逻辑可称作标准(古典)的命题逻辑，除此之外的命题逻辑可统称作非标准逻辑. 大体可分为两类.

一类是与古典逻辑有相违背之处的非标准逻辑，如多值逻辑，模糊逻辑. 像 $P \lor \neg P$ 这样的公式，原义重言式，在这类非标准逻辑中就不是真的了. 但描述语言上没什么不同.

另一类是古典逻辑的扩充，如模态逻辑，时态逻辑. 有关定理在这类非标准逻辑中仍保持，但有扩充，像描述语言上引入必然性，可能性等，如 A 真就有 A 可能真.

3.6.1 多值逻辑

古典命题逻辑，命题的定义就限于取值为真和假，不难设想可推广到可取多个值. 如命题 P 可取值于 $\{0,1,\cdots,n\}$，问题是如何给出各种取值含义的解释以及命题运算规律是否保持，哪些不再成立了. 由于对某些事物的认识，所提供的知识常是不完全的，难于果断地使用是真是假来描述，而给出界于真和假之间的第三个值是更合适的.

若规定 P 取值于 $\left\{0, \frac{1}{n}, \frac{2}{n}, \cdots, \frac{n}{n}\right\}$，可解释为

$P=0$ 表示 P 真

$P=1$　表示 P 假

$P=\frac{m}{n}\left(0<\frac{m}{n}<1\right)$表示 P 出现的一种概率为 $1-\frac{m}{n}$.

下面介绍三值逻辑.

(1) Kleene 逻辑(1952)

P 取值 T,F,U 三个值. U 表不确定的意思,即当前对 P 认识不全面,是缺乏知识时对命题的一种赋值.

联结词的定义如图 3.6.1.

A	$\neg A$
T	F
F	T
U	U

$A\wedge B$	T	F	U
T	T	F	U
F	F	F	F
U	U	F	U

$A\vee B$	T	F	U
T	T	T	T
F	T	F	U
U	T	U	U

$A\to B$	T	F	U
T	T	F	U
F	T	T	T
U	T	U	U

$A\leftrightarrow B$	T	F	U
T	T	F	U
F	F	T	U
U	U	U	U

图　3.6.1

一般地有

$$\bigvee_i P_i=\begin{cases}\text{T,当某个 } P_i=\text{T}\\ \text{F,当每个 } P_i=\text{F}\\ \text{U,其他}\end{cases}$$

$$\bigwedge_i P_i=\begin{cases}\text{T,当每个 } P_i=\text{T}\\ \text{F,当某个 } P_i=\text{F}\\ \text{U,其他}\end{cases}$$

这里,$A\vee\neg A\neq \text{T}$.

$A\leftrightarrow A, A\to A$　也不保证为 T 了.

(2) Lukasiewicz 逻辑(1920)

P 取值 T,F 和 I 三个值,I 表示将来可能的意思,而当今不具有真或假值.

联结词$\neg$,$\vee$,$\wedge$的定义同 Kleene 系统,而 $A\to B, A\leftrightarrow B$ 定义如图 3.6.2.

$A\to B$	T	F	I
T	T	F	I
F	T	T	T
I	T	I	T

$A\leftrightarrow B$	T	F	I
T	T	F	I
F	F	T	I
I	I	I	T

图　3.6.2

这里,$A\to A, A\leftrightarrow A$,保持为真,但 $A\vee\neg A\neq \text{T}$.

(3) Bochvar 逻辑(1939)

设想处理语义上的悖论. 如"这个句子是假的"这种陈述句认为是矛盾句,古典逻辑不讨论,这里规定它的值为 M.

P 取值 T,F 和 M 三个值.

联结词定义如图 3.6.3 所示.

A	$\neg A$
T	F
F	T
M	M

$A\wedge B$	T	F	M
T	T	F	M
F	F	F	M
M	M	M	M

$A\vee B$	T	F	M
T	T	T	M
F	T	F	M
M	M	M	M

$A\rightarrow B$	T	F	M
T	T	F	M
F	T	T	M
M	M	M	M

图 3.6.3

一般地有

$$\bigwedge_i P_i=\begin{cases}\text{T,当每个 } P_i=\text{T}\\ \text{F,当每个 } P_i\neq\text{M 且某个 } P_i=\text{F}\\ \text{M,其他}\end{cases}$$

$$\bigvee_i P_i=\begin{cases}\text{T,当每个 } P_i\neq\text{M 且某个 } P_i=\text{T}\\ \text{F,当每个 } P_i=\text{F}\\ \text{M,其他}\end{cases}$$

3.6.2 模态逻辑

考虑必然性和可能性的逻辑是模态逻辑.必然真,指不可能是其他,而 P 真,并不能保证取真,常依其他条件.如水结冰是真的,但不能肯定水结冰是必然的,而零度以下的水结冰这是必然真.必然 P 指所有温度下 P 真,可能 P 指某一温度下 P 真.

为描述必然、可能可引入"可能的世界"作为一个参量(条件).必然真表所有可能的世界下为真,而可能真表在现实世界下为真,不要求所有可能世界下为真.问题是可能的世界如何描述还有待研究.

以 $\Diamond P$ 表可能 P,$\Box P$ 表必然 P.

有下述关系:

(1) $\Box(P\wedge Q)=\Box P\wedge\Box Q$

(2) $\Box P\vee\Box Q\Rightarrow\Box(P\vee Q)$

(3) $\Diamond(P\vee Q)=\Diamond P\vee\Diamond Q$

(4) $\Diamond(P\wedge Q)\Rightarrow\Diamond P\wedge\Diamond Q$

(5) $\Box(P\rightarrow Q)\Rightarrow\Box P\rightarrow\Box Q$

(6) $\Box P=\neg\Diamond\neg P$

(7) $\Box P\Rightarrow P$

(8) $P\Rightarrow\Diamond P$

(9) $\neg\Diamond P\Rightarrow\neg P$

(10) $\neg P\Rightarrow\neg\Box P$

(11) $\neg\Diamond(P\wedge\neg Q)=\Box(P\rightarrow Q)$

(12) $\neg\Box(P\wedge Q)=\Diamond(\neg P\vee\neg Q)$

(13) $\neg\Diamond(P\wedge Q)=\Box(\neg P\vee\neg Q)$

有一种观点认为,命题逻辑是用来描述永恒或绝对真理的.模态逻辑和谓词逻辑是描述非永恒或相对真理的.

3.6.3 不确定和非单调逻辑

这是人工智能系统中经常使用的知识表示和推理方法.由于实际系统所能获取的知识常是不完全的,有时是随机的模糊的,都导致采用不确定或非单调推理方式.

如 $A_1\wedge A_2\rightarrow B(0.7)$,这就是一种以数字 0.7 来描述不确定性的形式.可理解为 A_1,A_2 条件下,B 成立的某种可能性是 0.7(而不是 1).主要问题是不确定性的描述,以及已知 A_1,A_2 的不确定性度量如何计算 B 的不确定性,已有多种方法讨论不确定性,并已有实际应用.

标准逻辑是单调的.一个正确的公理加到理论 T 中得理论 T',$T'\supset T$.如果

$$T\vdash P\quad \text{必有}\quad T'\vdash P$$

就是说随着条件的增加,所得结论也必然增加,而非单调逻辑,指的是一个正确的公理加到理论 T 中,反而会使预先所得到的一些结论变得无效了.

非单调逻辑的基本出发点是古典的完备性,对一个理论来说,任一公式 P,或者 P 可证明或者$\neg P$ 可证明(这与 3.3 提到的完备性不同).这样为保证一个理论是完备的,可增加命题 P,如果$\neg P$ 不能由该理论推演出来.将这样的命题 P 假设是成立的,加到理论中参与推理,便是非单调的推理方式,一旦得知 P 并不成立时,那么由于 P 成立而导出的所有结论将被否定,或说由于 P 的成立将导致理论的不一致性,将进行回溯,以便消除不一致性.

习 题 3

1. 依公理系统证明

(1) $\vdash\neg(P\wedge Q)\rightarrow(\neg P\vee\neg Q)$

(2) $\vdash(\neg P\vee\neg Q)\rightarrow\neg(P\wedge Q)$

(3) $\vdash P\rightarrow(Q\vee P)$

(4) $\vdash Q\rightarrow(P\rightarrow Q)$

2. 依王浩算法判断下述蕴涵式是否正确

(1) $\neg Q\wedge(P\rightarrow Q)\Rightarrow\neg P$

(2) $(P\rightarrow Q)\wedge(R\rightarrow S)\wedge(\neg Q\vee\neg S)\Rightarrow\neg P\vee\neg R$

(3) $\neg(P\wedge Q)\Rightarrow\neg P\vee\neg Q$

3. 依自然演绎系统证明

(1) $\neg A\vdash A\rightarrow B$

(2) $A\rightarrow B,\neg B\vdash\neg A$

(3) $A\rightarrow B,A\rightarrow\neg B\vdash\neg A$

(4) $\neg(A\rightarrow B)\vdash A$

第 4 章　谓词逻辑的基本概念

第 3 章讨论的是命题逻辑，包括基本概念、等值和推理演算、公理化. 第 4、5、6 章将讨论谓词逻辑的基本概念、等值和推理演算、公理化.

在命题逻辑中，是把简单命题作为基本单元或说作为原子来看待的，不再对简单命题的内部结构进行分析. 如命题

"$\sqrt{2}$是无理数"

"$\sqrt{3}$是无理数"

是作为两个独立的命题看待的，不考虑这个命题间的联系. 事实上这两个命题仍可作分解，它们都有主词和谓词，这样的细分带来的好处是可将这两个有相同谓词("是无理数")的命题联系起来. 又如

凡有理数都是实数.

2/7 是有理数.

所以　2/7 是实数.

直观上看这样的推理应该是正确的. 然而在命题逻辑里就不能描述这种推理，设这三个命题分别以 p,q,r 表示，相应的推理形式为

$$(p \wedge q) \rightarrow r$$

由于对任意的 p,q,r 来说这推理形式并非重言式，也就是说这个推理形式不是正确的. 对这样的人们熟知的推理关系在命题逻辑中得不到正确的描述，自然是命题逻辑的局限性.

只有对简单命题做进一步剖析，才能认识这种推理规律. 这就需要引入谓词、引入变量并考虑到表示变量的数量上一般与个别的全称量词和存在量词，进而研究它们的形式结构和逻辑关系，这便构成了谓词逻辑.

为方便起见，第 4、5、6 章的讨论，约定以小写字母表示命题，而以大写字母来表示谓词.

所介绍的内容限于一阶谓词逻辑或称狭谓词逻辑，将会看到谓词逻辑较命题逻辑复杂得多.

4.1　谓词和个体词

4.1.1　谓词

例　张三是学生.

李四是学生.

在命题逻辑里，这是两个不同的命题，只能分别以两个不同的符号如 p,q 表示了. 然而分析一下这两个命题的共同点，它们都有主词和谓词，不同的是主词"张三"、"李四"，而谓词"是学生"是相同的，现在我们强调它们的共同点. 若以大写符号 P 表示"是学生"，这样两个命题的共同性可由 P 来体现了，但主词还需区别开来，便可把这两个命题分别写成

P(张三)

和　　P(李四).

明显地描述了这两个命题的共同点和不同点. 自然一般地可引入变量 x 来表示主词,于是符号 $P(x)$就表示“x 是学生”. 通常把 $P(x)$称作谓词.

可以这样来理解谓词:

在一个命题里,如果主词只有一个,这时表示该主词性质或属性的词便称作谓词. 这是一元(目)谓词,以 $P(x)$,$Q(x)$,…表示.

在一个命题里,如果主词多于一个,那么表示这几个主词间的关系的词称作谓词. 这是多元谓词,以 $P(x,y)$,$Q(x,y)$,$R(x,y,z)$,…表示. 如

“张三和李四是兄弟”.　　其中“是兄弟”是谓词.

“5 大于 3”.　　其中“大于”是谓词.

“张三比李四高”.　　其中“比……高”是谓词.

“天津位于北京的东南”.　　其中“位于……东南”是谓词.

“A 在 B 上”.　　其中“在……上”是谓词.

4.1.2　个体词

在数理逻辑中,不使用主词这个词,习惯称为个体词. 它是一个命题里表示思维对象的词.

P(张三)中的张三是个体词或称个体常项. 而谓词 $P(x)$中的变量 x 为个体变项或个体变元.

有 n 个个体的谓词 $P(x_1,\cdots,x_n)$称 n 项(目、元)谓词. 如果 P 是已赋有确定含义的谓词,就称为谓词常项,而 P 表任一谓词时,就称为谓词变项.

将个体变项的变化范围称为个体域或论域,以 D 表示. 并约定谓词逻辑的个体域除明确指明外,都认为是包括一切事物的一个最广的集合. 谓词变项的变化范围,不做特别声明时,指一切关系或一切性质的集合.

论域是重要的概念,同一谓词在不同论域下的描述形式可能不同,所取的真假值也可能不同.

4.1.3　谓词的定义

曾将谓词视作为一个个体的性质或多个个体间的关系. 还可进一步抽象地定义,谓词是给定的个体域到集合{T,F}上的一个映射. 如 $P(x)$其中 $x\in D$,而 $P(x)$的取值为 T 或 F.

又如“房子是黄色的”可由谓词

YELLOW (HOUSE)

表示. 当 HOUSE 取值为房子又是黄色的,该命题方为真. 借助于谓词的抽象定义,也可用二元谓词

VALUE (COLOR,HOUSE)

来描述这命题,而 VALUE 就是个体到{T,F}的映射,不一定有什么具体含义. 仅当个体 COLOR 取值为黄色的,HOUSE 取值为房子时 VALUE 就取值为 T.

还需说明,一般地说谓词 $P(x)$,$Q(x,y)$是命题形式而不是命题.因为这里没有指定谓词符号 P,Q 的含义,即它们是谓词变项.再者,个体词 x,y 也是个体变项.从而不可能确定 $P(x)$,$Q(x,y)$的真值是取真还是取假.仅当谓词变项取定为某个谓词常项,并且个体词取定为个体常项时,命题形式才化为命题.如 $P(x)$表 x 是有理数,那么 $P(3)$是命题,真值为 T. $Q(x,y)$表 x 大于 y,那么 $Q(2,3)$是命题取值为 F.

谓词的真值依赖于个体变元的论域.

4.1.4 谓词逻辑与命题逻辑

可认为谓词逻辑是命题逻辑的推广,命题逻辑是谓词逻辑的特殊情形.因为任一命题都可通过引入具有相应含义的谓词(个体词视为常项)来表示,或认为一个命题是没有个体变元的零元谓词.

命题逻辑中的很多概念、规则都可推广到谓词逻辑中延用,如联结词可照搬到谓词逻辑,无需再做说明,有的等值式推理式也可移植到谓词逻辑.

然而谓词逻辑里出现了个体变元,谓词、量词等概念,给我们的讨论带来了复杂性,特别是个体论域常是无限域,加大了处理难度.最简单又深刻的例子,在命题逻辑里一个公式不难判定它是否是重言式,真值表法是能行的方法.然而在谓词逻辑里就没有一般的能行算法来判定任一公式是不是普遍有效的(或称定理、永真式).

4.2 函数和量词

4.2.1 函数

在谓词逻辑中出现变量,自然也会考虑引入函数.而函数本身的含义和通常微积分学里的定义是一致的,只须强调的它是某个体域(不必是实数)到另一个体域的映射(严谨的定义见第 11 章),不同于将个体映射为真假值的谓词.而且函数并不单独使用,是嵌入在谓词中.

如函数 father(x)表 x 的父亲,若 $P(x)$表 x 是教师,则 $P(\text{father}(x))$就表示 x 的父亲是教师.当 x 的取值确定后,$P(\text{father}(x))$的值或为真或为假.又如“张三的父亲和母亲是夫妻”可描述成 MARRIED(father(张三),mother(张三))其中谓词 MARRIED(x,y)表示 x 和 y 是夫妻,而 father(x),mother(x)是函数.

约定函数符号用小写字母表示,如 f,g,father,….这不会与以小写字母表示的命题相混的.

4.2.2 量词

用来表示个体数量的词是量词,也可看作是对个体词所加的限制、约束的词,但主要不是对数量一个、二个、三个……的具体描述,而是讨论两个最通用的数量限制词,一个是“所有的”一个是“至少有一个”,分别称作全称量词和存在量词.在某种意义上说,这是一对相对立的词.

先讨论全称量词.如

"凡事物都是运动的"

这命题中的"凡"就是表示个体变元数量的词,"凡"的等义词有"所有的"、"一切的"、"任一个"、"每一个".这句话的意思是说

对任一事物而言,它都是运动的.

或说　对任一 x 而言,x 是运动的.

由于个体 x 的论域是包含一切事物的集合,这句话可形式描述为

$$(\forall x)(x\text{ 是运动的})$$

也可写成

$$(x)(x\text{ 是运动的})$$

$$\forall x(x\text{ 是运动的})$$

若再以 $P(x)$ 表示 x 是运动的,那么还可写成

$$(\forall x)\ (P(x))$$

或简写成 $(\forall x)(Px)$(但 $(\forall x)(P(x)\vee Q(x))$ 不能写成 $(\forall x)P(x)\vee Q(x)$).

符号 $(\forall x)$ 读作所有的 x 或任一 x,一切 x.而 $\forall$ 就是全称量词,它所约束的个体是 x.

命题 $(\forall x)\ P(x)$ 当且仅当对论域中的所有 x 来说,$P(x)$ 均为真时方为真.这就是全称量词的定义.

从而 $(\forall x)\ P(x)=\mathrm{F}$ 成立,当且仅当有一个 $x_0\in D$,使 $P(x_0)=\mathrm{F}$.

其次讨论存在量词.如

"有的事物是动物"

这命题中"有的"就是表示个体变元数量的词,"有的"的等义词有"存在一个"、"有一个"、"有些".这句话的意思是说

有一事物,它是动物.

或说　有一 x,x 是动物.

可形式描述为

$$(\exists x)(x\text{ 是动物})$$

也可写成

$$\exists x(x\text{ 是动物})$$

如果以 $Q(x)$ 表示 x 是动物,那么这句话就可写成

$$(\exists x)Q(x)$$

符号 $(\exists x)$ 读作至少有一个 x 或存在一个 x 或有某些 x.而 $\exists$ 就是对个体词起约束作用的存在量词,所约束的变元是 x.

命题 $(\exists x)Q(x)$ 当且仅当在论域中至少有一个 x_0,$Q(x_0)$ 为真时方为真.这就是存在量词的定义.

从而 $(\exists x)Q(x)=\mathrm{F}$,当且仅当对所有的 $x\in D$ 都有 $Q(x)=\mathrm{F}$.

4.2.3　约束变元和自由变元

在一个含有量词的命题形式里,区分个体词受量词的约束还是不受量词的约束是重要

的. 无论在定义合式公式以及对个体变元作代入时都需区分这两种情形.

若 $P(x)$ 表 x 是有理数,这时的变元 x 不受任何量词约束,便称是自由的. 而

$$(\forall \dot{x})P(\dot{x})$$

中的两处出现的变元 $\dot{x}$ 都受量词 ∀ 的约束,便称作约束变元,受约束的变元也称被量词量化了的变元.

命题形式 $(\forall x)P(x) \vee Q(y)$ 中,变元 x 是约束的,而变元 y 是自由的.

就命题形式 $(\forall x)P(x) \vee Q(x)$(如果允许这样书写的话)而言,其中 $(\forall x)\ P(x)$ 中的 x 是约束变元,而 $Q(x)$ 中的 x 是自由变元.

量词所约束的范围称为量词的辖域. 如

$(\forall x)R(x,y)$ 中, $R(x,y)$ 是 $(\forall x)$ 的辖域.

$(\exists x)((\forall y)P(x,y))$ 中, $P(x,y)$ 是 $(\forall y)$ 的辖域.

$(\forall y)P(x,y)$ 是 $(\exists x)$ 的辖域.

对命题形式 $P(x)$ 来说,若 $P(x)$ 的含义已确定,即 $P(x)$ 已是谓词常项时,如何化为命题呢? 一种办法是将变元 x 确定为某个常项. 另一办法是将 x 量化. 这时 $(\forall x)P(x)$, $(\exists x)P(x)$ 都是命题了. 如 $P(x)$ 表 x 是有理数,那么 $(\forall x)\ P(x)$ 说的是论域 D 上任一 x, x 都是有理数,这话不真,从而 $(\forall x)\ P(x)=\mathrm{F}$. 而 $(\exists x)\ P(x)$ 取值为真,因为 D 域中含有有理数.

还指出一点, $(\forall x)\ P(x)$ 和 $(\forall y)\ P(y)$ 含义是一样的,或说不管 $P(x)$ 如何,都有

$$(\forall x)P(x)=(\forall y)P(y)$$

这是不难理解的,因为在同一论域 D 上,对一切 x, x 具有性质 P,同对一切 y, y 具有性质 P,除变元 x 和 y 的区别外并无差异,从而 $(\forall x)P(x)$ 与 $(\forall y)P(y)$ 有相同的真值. 这个关系可称作变元易名规则.

4.3 合式公式

像命题逻辑一样,需限定所讨论的命题形式的范围,由于谓词逻辑里引入了个体词、量词,从而带来了复杂性.

首先应明确我们所讨论的谓词逻辑,限定在量词仅作用于个体变元,不允许量词作用于命题变项和谓词变项. 不出现

$$(\exists p)(Q(x)\rightarrow p)$$

$$(\exists Q)(Q(x)\vee\neg P(x))$$

这种形式的符号,也不讨论谓词的谓词. 这样限定的范围就称作一阶谓词逻辑. 这是相对高阶谓词逻辑而言的.

还需说明一下所使用的符号:

命题变项以 $p,q,r,\cdots$ 表示(小写).

个体变项以 $x,y,z,\cdots$ 表示(小写),个体常项则以大写英文单词表示,有时也以 $a,b,c,\cdots$ 等小写字母表示.

谓词变项以 $P,Q,R,\cdots$ 表示(大写),谓词常项则以大写英文字母表示,如 GREAT, ON 等.

函数以 $f,g,\cdots$表示(小写)

五个联结词仍延用命题逻辑的符号.

量词有 $\forall$和 $\exists$.

还有小括号( ).

这些符号所代表的内容看来有些混乱,但对一个给定的谓词公式来说,容易分辨并不致于出现混淆.

现在的问题是,由上述这些符号可形成哪些我们所关心的符号串,需作约定.

合式公式定义:

(1) 命题常项、命题变项和原子谓词公式(不含联结词的谓词)都是合式公式.

(2) 如果 A 是合式公式,则$\neg A$ 也是合式公式.

(3) 如果 A,B 是合式公式,而无变元 x 在 A,B 的一个中是约束的而在另一个中是自由的,则$(A\wedge B)$,$(A\vee B)$,$(A\rightarrow B)$,$(A\leftrightarrow B)$也是合式公式(最外层括号可省略).

(4) 如果 A 是合式公式,而 x 在 A 中是自由变元,则$(\forall x)A$,$(\exists x)A$ 也是合式公式.

(5) 只有适合以上 4 条的才是合式公式.

依定义

$\neg p$,$\neg P(x,y)\vee Q(y)$,$(\forall x)(A(x)\rightarrow B(x))$,$(\exists x)(A(x)\rightarrow(\forall y)B(x,y))$都是合式公式.

然而 $(\forall x)F(x)\wedge G(x)$,$(\exists x)((\forall x)F(x))$,$(\forall x)P(y)$都不是合式公式.

并不是说上述形成合式公式的方式是唯一的.这里给出的是限制较强的.但不管哪种合式公式的定义,都要求所形成的公式语义上是有意义的,含义是唯一的.

4.4 自然语句的形式化

使用计算机来处理由自然语句或非形式化陈述的问题,首要的工作是问题本身的形式描述.

命题逻辑的表达问题的能力,仅限于联结词的使用.而谓词逻辑由于变元、谓词、量词和函数的引入具有强得多的表达问题的能力,已成为描述计算机所处理的知识的有力工具.人工智能学科将谓词逻辑看作是一种基本的知识表示方法和推理方法.

使用谓词逻辑描述以自然语句表达的问题,首先要将问题分解成一些原子谓词,引入谓词符号,进而使用量词、函数、联结词来构成合式公式.

4.4.1 “所有的有理数都是实数”的形式化

所有的有理数都是实数,其意思是说,对任一事物而言,如果它是有理数,那么它是实数.即对任一 x 而言,如果 x 是有理数,那么 x 是实数.若以 $P(x)$表示 x 是有理数,$Q(x)$表示 x 是实数,这句话的形式描述应为

$$(\forall x)(P(x)\rightarrow Q(x))$$

因为 x 的论域是一切事物的集合,所以 x 是有理数是一个条件.

需注意的是这句话不能形式化为

$$(\forall x)(P(x) \wedge Q(x))$$

这公式的意思是说,对所有的 x,x 是有理数而且又是实数.

"所有的……都是……",这类语句的形式描述只能使用→而不能使用∧.

所有的有理数都是实数,这句话按人们通常的认识肯定是成立的,取值为真,而且其真值与论域是无关的.设论域

$$D_1=\left\{\frac{1}{2},\pi,\text{张三},\text{桌子}\right\}$$

含有有理数也含有非有理数.使用

$$(\forall x)(P(x) \rightarrow Q(x))$$

来描述这句话是对的.因为对所有的 $x \in D_1$ 都有 $P(x) \rightarrow Q(x)=\mathrm{T}$,从而$(\forall x)(P(x) \rightarrow Q(x))=\mathrm{T}$.如果 D_1 只含有理数或不含任一有理数,仍有$(\forall x)(P(x) \rightarrow Q(x))=\mathrm{T}$.从而使用→来描述"所有的……都是……"是符合人们的常规理解的.

然而以$(\forall x)(P(x) \wedge Q(x))$来描述,就有问题了,因为仅当 D_1 中只含有理数时,$(\forall x)(P(x) \wedge Q(x))$才为真.即$(\forall x)(P(x) \wedge Q(x))$的取值与论域是有关的,"所有的有理数都是实数",这句话有时对有时不对,所以这种描述是不合适的.

再者$(\forall x)(P(x) \wedge Q(x))$这种形式的公式,在包含万物的广义的论域上是常取假的,使用得很少.

4.4.2 "有的实数是有理数"的形式化

这句话的意思是说,存在一事物它是实数,而且是有理数.即有一个 x,x 是实数并且是有理数.仍以 $P(x)$表 x 是有理数,$Q(x)$表示 x 是实数,这句话的形式描述应为

$$(\exists x)(Q(x) \wedge P(x))$$

需注意的是不能使用

$$(\exists x)(Q(x) \rightarrow P(x))$$

"有的……是……"这类语句,按人们通常的认识,它的取值是真是假应与个体域有关.设论域 $D_1=\{\mathrm{e},\pi,\text{张三},\text{桌子}\}$,其中没有有理数,所以在 D_1 上不存在是有理数的实数,故在 D_1 上这句话真值应为假,$(\exists x)(Q(x) \wedge P(x))$也确为假.仅当 D_1 中有有理数时$(\exists x)(Q(x) \wedge P(x))$方为真.从而这种形式描述是正确的.

若以$(\exists x)(Q(x) \rightarrow P(x))$来描述,就不符合人们的常规理解了.因为凡在不含实数的论域上都有$(\exists x)(Q(x) \rightarrow P(x))=\mathrm{T}$,这是不对的.

再者$(\exists x)(Q(x) \rightarrow P(x))$这种形式的公式,在包含万物的广义的论域上常为真,很少使用.

4.4.3 "没有无理数是有理数"的形式化

这句话有否定词,意思是对任一 x 而言,如果 x 是无理数,那么 x 不是有理数.若以 $A(x)$表示 x 是无理数,$B(x)$表示 x 是有理数,这句话的形式描述为

$$\neg(\exists x)(A(x) \wedge B(x))$$

也可以逻辑上等价的

$$(\forall x)(A(x)\rightarrow\neg B(x))$$

$$(\forall x)(B(x)\rightarrow\neg A(x))$$

来描述.

4.4.4 "有的实数不是有理数"的形式化

这句话的意思是有的 x,它是实数而且不是有理数.若以 $A(x)$表示 x 是实数,$B(x)$表示 x 是有理数,那么这句话可形式描述为

$$(\exists x)(A(x)\wedge\neg B(x))$$

4.4.5 自然数集的形式描述

论域是自然数集,来形式化语句.

(1) 对每个数,有且仅有一个相继后元.

(2) 没有这样的数,0 是其相继后元.

(3) 对除 0 而外的数,有且仅有一个相继前元(可将这三句话作为建立自然数集合的公理).

引入谓词 $E(x,y)$表示 $x=y$,函数 $f(x)$表示个体 x 的相继后元,即 $f(x)=x+1$. 函数 $g(x)$表示个体 x 的相继前元,即 $g(x)=x-1$.

对语句 1 需注意唯一性的描述,常用的办法是如果有两个则它们必相等. 即若对每个 x 都存在 y,y 是 x 的相继后元,且对任一 z,如果它也是 x 的相继后元,那么 y,z 必相等. 于是对语句 1 存在唯一性的描述为

$$(\forall x)(\exists y)(E(y,f(x))\wedge(\forall z)(E(z,f(x))\rightarrow E(y,z)))$$

对语句 3 需注意的是对"除 0 而外"的描述,可理解为如果 $x\neq 0$. 则……的形式,于是语句 3 可描述为

$$(\forall x)(\neg E(x,0)\rightarrow(\exists y)(E(y,g(x))\wedge(\forall z)(E(z,g(x))\rightarrow E(y,z))))$$

语句 2 的描述是简单的,可写成

$$\neg(\exists x)E(0,f(x))$$

4.4.6 "至少有一偶数是素数"与"至少有一偶数并且至少有一素数"的形式化

需注意两者的区别,分别形式描述为

$$(\exists x)(A(x)\wedge B(x))\text{与}(\exists x)A(x)\wedge(\exists x)B(x)$$

这两个逻辑公式并不等值.

同样,"一切事物它或是生物或是非生物"与"或者一切事物都是生物,或者一切事物都是非生物"的形式化也是不同的,可分别形式描述为

$(\forall x)(A(x)\vee B(x))$与$(\forall x)A(x)\vee(\forall x)B(x)$,这两个逻辑公式也不等值.

再有“一切素数都是奇数”与“若一切事物都是素数，那么一切事物都是奇数”的形式化分别是

$(\forall x)(A(x)\rightarrow B(x))$与$(\forall x)A(x)\rightarrow(\forall x)B(x)$

两者也不等值.

4.4.7 积木世界的形式描述

如图 4.4.1 所示三块积木 A,B,C 放在桌子上，相对位置可如下描述：

ON (C,A)　　表示 C 在 A 上.

ONTABLE (A)　　表示 A 在桌子上.

ONTABLE (B)　　表示 B 在桌子上.

CLEAR (C)　　表示 C 上无积木块.

CLEAR (B)　　表示 B 上无积木块.

$$(\forall x)(\mathrm{CLEAR}(x)\rightarrow\neg(\exists y)\mathrm{ON}(y,x))$$

表示，对任一 x，如果 x 上无积木，那么没有 y 在 x 上. 这表明了谓词 CLEAR，ON 的关系.

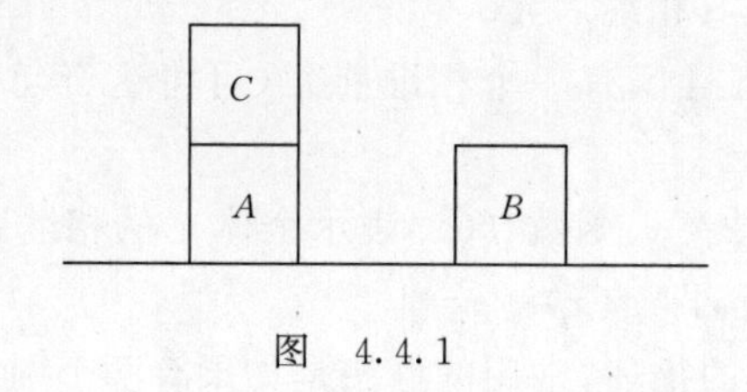

图 4.4.1

4.4.8 一段话的形式描述

“张三在计算机系工作，李四是计算机系的领导人员. 如果 y 在计算机系工作，而 z 是计算机系的领导，那么 z 是 y 的上级”这段话的形式描述为

WORKS-IN (计算机系，张三)

MANAGER (计算机系，李四)

WORKS-IN (计算机系，y)

$\wedge$ MANAGER (计算机系，z)$\rightarrow$BOSS-OF(y,z).

4.4.9 “函数 $f(x)$ 在$[a,b]$上的点 x_0 处连续”的形式描述

应为$(\forall\varepsilon)(\varepsilon>0\rightarrow(\exists\delta)(\delta>0\wedge(\forall x)(|x-x_0|<\delta\rightarrow|f(x)-f(x_0)|<\varepsilon)))$

4.4.10 对谓词变元多次量化的分析

设 $P(x,y)$ 是二元谓词，对两个变元的量化可得 4 种形式.

(1) $(\forall x)(\forall y)P(x,y)=(\forall x)((\forall y)P(x,y))$

理解为对一切 x 和一切 y 都有关系 P，或说对一切 x 一切 y，$P(x,y)$都成立. 当且仅当对一切的 $x\in D, y\in D, P(x,y)$均为真时，$(\forall x)(\forall y)P(x,y)$值为真. 显然，

$$(\forall x)(\forall y)P(x,y)=(\forall y)(\forall x)P(x,y)$$

(2) $(\forall x)(\exists y)P(x,y)=(\forall x)((\exists y)P(x,y))$

理解为对一切 x，都有 y 具有关系 P，或说对一切 x 都可找到 y 使 $P(x,y)$成立. 需注意的是$(\forall x)(\exists y)$的次序是不可交换的.

如 $P(x,y)$表 $x+y=0$，论域 D_1 为实数. 这时：

对 $x_1\in D_1$，有 $y_1\in D_1$ 使 $x_1+y_1=0$.

对 $x_2\in D_1$，有 $y_2\in D_1$ 使 $x_2+y_2=0$.

……

从而$(\forall x)(\exists y)P(x,y)=\mathrm{T}$. 这里对 x_1 有 y_1，对 x_2 有 y_2，…. 并不要求 $y_1=y_2=\cdots$.

(3) $(\exists x)(\forall y)P(x,y)=(\exists x)((\forall y)P(x,y))$

理解为有一个 x，对所有的 y 有关系 P. 显然这与$(\forall y)(\exists x)P(x,y)$是不同的.

如 $P(x,y)$表 $x\cdot y=0$，论域为实数. 取 $x=0$ 时，对所有的 y 均有 $x\cdot y=0$ 成立，从而有$(\exists x)(\forall y)P(x,y)=\mathrm{T}$.

(4) $(\exists x)(\exists y)P(x,y)=(\exists x)((\exists y)P(x,y))$

理解为有一个 x，有一个 y 具有关系 P. 显然$(\exists x)(\exists y)P(x,y)=(\exists y)(\exists x)P(x,y)$.

对更多个量词的情形可同样分析.

这一节介绍了一些具体语句的形式化，都具有一般性，特别是对"所有的……都是……"、"有的……是……"的形式描述是最基本的格式.

通过这些例子，也可看出谓词逻辑的广泛的表达能力.

4.5 有限域下公式$(\forall x)P(x)$，$(\exists x)P(x)$的表示法

我们曾约定个体变元的论域是包含一切事物的集合，由于论域的无限性，给公式真值的讨论带来了复杂性，今将论域限定为有限集，为方便又不失一般性，用$\{1,2,\cdots,k\}$来代表，这时来重新认识一下全称量词和存在量词.

4.5.1 论域为有限域时的公式表示法

$(\forall x)P(x)=P(1)\land P(2)\land\cdots\land P(k)$

$(\exists x)P(x)=P(1)\lor P(2)\lor\cdots\lor P(k)$

按定义$(\forall x)P(x)$就是一切 x 都具有性质 P，或说对一切 x，$P(x)$都成立. 论域

$$D_1=\{1,2,\cdots,k\}$$

时，就是说 $P(1),P(2),\cdots,P(k)$都成立，自然有

$$(\forall x)P(x)=P(1)\land P(2)\land\cdots\land P(k)$$

也就是说，全称量词 $\forall$ 乃是合取词 $\land$ 的推广. 有限域下，$(\forall x)P(x)$就化成了由合取词描述的命题逻辑的公式. 在任意域下，全称量词的作用"相当于"无限个合取词的作用.

按定义$(\exists x)P(x)$就是至少有一个 x 具有性质 P，或说有一个 x，使 $P(x)$成立. 在论域

为 D_1 时，就是说 $P(1)$，或 $P(2)$，或……，或 $P(k)$成立，自然有

$$(\exists x)\ P(x)=P(1)\vee P(2)\vee\cdots\vee P(k)$$

也就是说，存在量词 ∃乃是析取词∨的推广. 有限域下，$(\exists x)P(x)$就化成了由析取词描述的命题逻辑的公式. 在任意域下，存在量词的作用"相当于"无限个析取词的作用.

严格地说，在无穷集$\{1,2,\cdots,k,\cdots\}$上

$$P(1)\wedge P(2)\wedge\cdots\wedge P(k)\wedge\cdots$$

$$P(1)\vee P(2)\vee\cdots\vee P(k)\vee\cdots$$

都是没有定义的，不是合式公式. 一般地说，谓词逻辑的公式不能转换为命题逻辑公式.

4.5.2 在域{1,2}上多次量化公式

$$\begin{aligned}(\forall x)(\forall y)P(x,y)&=(\forall y)P(1,y)\wedge(\forall y)P(2,y)\\&=P(1,1)\wedge P(1,2)\wedge P(2,1)\wedge P(2,2)\end{aligned}$$

$$\begin{aligned}(\exists x)(\forall y)P(x,y)&=(\forall y)P(1,y)\vee(\forall y)P(2,y)\\&=(P(1,1)\wedge P(1,2))\vee(P(2,1)\wedge P(2,2))\end{aligned}$$

$$\begin{aligned}(\forall y)(\exists x)P(x,y)&=(\exists x)P(x,1)\wedge(\exists x)P(x,2)\\&=(P(1,1)\vee P(2,1))\wedge(P(1,2)\vee P(2,2))\end{aligned}$$

$$\begin{aligned}(\exists x)(\exists y)P(x,y)&=(\exists y)P(1,y)\vee(\exists y)P(2,y)\\&=(P(1,1)\vee P(1,2))\vee(P(2,1)\vee P(2,2))\end{aligned}$$

从这里可明显地看出$(\exists x)(\forall y)P(x,y)$与$(\forall y)(\exists x)P(x,y)$的不同. 若将$(\forall y)(\exists x)P(x,y)$写成析取范式，便知

$$\begin{aligned}(\forall y)(\exists x)P(x,y)&=(P(1,1)\wedge P(1,2))\vee(P(2,1)\wedge P(2,2))\vee(P(1,1)\\&\quad\wedge P(2,2))\vee(P(2,1)\wedge P(1,2))\\&=(\exists x)(\forall y)P(x,y)\vee(P(1,1)\wedge P(2,2))\vee(P(2,1)\wedge P(1,2))\end{aligned}$$

从而有

$$(\exists x)(\forall y)P(x,y)\Rightarrow(\forall y)(\exists x)P(x,y)$$

对有的谓词公式难于理解时，可在有限域$\{1,2\}$上转换成命题逻辑公式做些分析，常会帮助理解.

4.5.3 {1,2}域上谓词公式的解释

谓词逻辑里公式的一个解释，比命题逻辑要复杂得多. 在已知的论域下，需对公式中所含的命题变项、自由个体变项、谓词变项以及函数给出一个具体的设定才构成该公式的一个解释 I，在 I 下该公式有确定的真值. 下面在论域$\{1,2\}$上讨论.

对公式　$(\forall x)P(x)$的一个解释：

I：$P(1)=\mathrm{T}$，$P(2)=\mathrm{F}$

在这解释下，$(\forall x)P(x)=\mathrm{F}$.

对公式$(\forall x)(\exists y)P(x,y)$的一个解释：

I：$P(1,1)=\mathrm{T}$，$P(1,2)=\mathrm{F}$，

$P(2,1)=\mathrm{F}, P(2,2)=\mathrm{T}.$

在这解释下，$(\forall x)(\exists y)P(x,y)=\mathrm{T}$. 因为对 $x=1$ 有 $P(1,1)=\mathrm{T}$，对 $x=2$ 有 $P(2,2)=\mathrm{T}$.

对公式 $(\forall x)(P(x)\to Q(f(x),a))$ 的一个解释：

I：$f(1)=2,\ f(2)=1,\ a=1$

$P(1)=\mathrm{F},\ P(2)=\mathrm{T}$

$Q(1,1)=\mathrm{T},Q(1,2)=\mathrm{T},Q(2,1)=\mathrm{F},Q(2,2)=\mathrm{T}$

在这解释下，$(\forall x)(P(x)\to Q(f(x),a))=\mathrm{T}$. 因为

$x=1$ 时，$P(1)\to Q(f(1),1)=\mathrm{T}$

$x=2$ 时，$P(2)\to Q(f(2),1)=\mathrm{T}$

不难看出，在一般的论域 D 上，一个谓词公式解释的个数是无限的，而且每个解释本身需设定的内容也可理解为是无限的，包括对 $P(1),P(2),\cdots,f(1),f(2),\cdots$ 的设定.

4.6 公式的普遍有效性和判定问题

谓词逻辑公式也可分为三类，一是普遍有效公式、一是可满足公式、一是不可满足公式. 它们的定义依赖于谓词公式的解释.

在论域确定之后，一个谓词公式的解释，包括对谓词变项、命题变项、函数和自由个体的具体设定.

判别一个公式的普遍有效性问题就是判定问题.

4.6.1 普遍有效的公式

对一个谓词公式来说，如果在它的任一解释 I 下真值都为真，便称作普遍有效的.

如 $(\forall x)(P(x)\vee\neg P(x))$

$(\forall x)P(x)\to P(y)$ （y 是 x 个体域中的一个元素）.

$(\forall x)P(x)\vee(\forall x)Q(x)\to(\forall x)(P(x)\vee Q(x))$

都是普遍有效的公式.

前两个公式的普遍有效性容易看出，仅就第三个作些说明. 不难看出，在该公式的任一解释（对 $P(x),Q(x)$ 的设定）下，若

$$(\forall x)P(x)\vee(\forall x)Q(x)=\mathrm{T}$$

必有

$$(\forall x)(P(x)\vee Q(x))=\mathrm{T}$$

从而 $(\forall x)P(x)\vee(\forall x)Q(x)\to(\forall x)(P(x)\vee Q(x))$ 必总为真.

对一个谓词公式来说，如果在它的某个解释 I 下真值为真，便称作可满足的.

如 $(\forall x)P(x)$，$(\exists x)P(x)$ 都是可满足的. 当取 $P(x)$ 表"x 是运动的"（一个解释）时，便有 $(\forall x)P(x)=\mathrm{T}$. 当取 $P(x)$ 表"x 是学生"（一个解释）时，便有 $(\exists x)P(x)=\mathrm{T}$. 从而它们都是可满足的公式.

对一个谓词公式来说，如果在它的任一解释 I 下真值均为假，便称作不可满足的.

如

$$(\exists x)(P(x)\wedge\neg P(x))$$

$$(\forall x)P(x)\wedge(\exists y)\neg P(y)$$

都是不可满足的.

若一个公式是普遍有效的,那么这公式的否定就是不可满足的,反过来也成立.

有限域上一个公式的可满足性和普遍有效性依赖于个体域个体的个数且仅依赖于个体域个体的数目.即在某个含 k 个元素的 k 个体域上普遍有效(或可满足),则在任一 k 个体域上也普遍有效(或可满足).

如果某公式在 k 个体域上普遍有效,则在 $k-1$ 个体域上也普遍有效.

如果某公式在 k 个体域上可满足,则在 $k+1$ 个体域上也可满足.

4.6.2 判定问题

谓词逻辑的判定问题,指的是任一公式的普遍有效性.若说谓词逻辑是可判定的,就要求给出一个能行的方法,使得对任一谓词公式都能判断是否是普遍有效的.所谓能行的方法乃是一个机械方法,可一步一步做下去,并在有穷步内实现判断.一般地说,像数学定理的证明不是能行的,因为没有一个机械方法实现对任一数学定理的证明,而是针对不同问题靠人的智慧技巧去解决.当然像线性方程组的求解,是有能行方法的.能行可判定问题关系着找出能行的方法,从而推进有关方法的研究.普遍有效性的判定,关系着推理形式的正确与否,关系着公理系统的一致性等,所以是个重要课题.

(1) 谓词逻辑是不可判定的.

对任一谓词公式而言,没有能行方法判明它是否是普遍有效的.

然而这并不排除谓词公式有子类是可判定的.像命题逻辑就可用真值表法判明任一命题公式的永真性.判定问题的困难在于个体域是个无穷集以及对谓词设定的任意性.

(2) 只含有一元谓词变项的公式是可判定的.

(3)

$$(\forall x_1)\cdots(\forall x_n)P(x_1,\cdots,x_n)$$

和

$$(\exists x_1)\cdots(\exists x_n)P(x_1,\cdots,x_n)$$

型公式,若 P 中无量词和其他自由变项时也是可判定的.

(4) 个体域有穷时的谓词公式是可判定的.

习 题 4

1. 判断下列各式是否合式公式.

(1) $P(x)\vee(\forall x)Q(x)$

(2) $(\forall x)(P(x)\wedge Q(x))$

(3) $(\exists x)(\forall x)P(x)$

(4) $(\exists x)P(y,z)$

(5) $(\forall x)(P(x)\rightarrow(\exists y)Q(x,y))$

(6) $(\forall x)(P(x)\wedge R(x))\rightarrow((\forall x)P(x)\wedge Q(x))$

(7) $(\forall x)(P(x)\leftrightarrow Q(x))\wedge(\exists x)R(x)\wedge S(x)$

(8) $(\exists x)((\forall y)P(y)\to Q(x,y))$

(9) $(\exists x)(\exists y)(P(x,y,z)\to S(u,v))$

(10) $(\forall x)P(x,y)\land Q(z)$

2. 作如何的具体设定下列公式方为命题

(1) $(\forall x)(P(x)\lor Q(x))\land r$

(2) $(\forall x)P(x)\land(\exists x)Q(x)$

(3) $(\forall x)(\exists y)P(x,f(y,a))\land Q(z)$

3. 指出下列公式中的自由变元和约束变元,并指出各量词的辖域

(1) $(\forall x)(P(x)\land Q(x))\to((\forall x)R(x)\land Q(z))$

(2) $(\forall x)(P(x)\land(\exists y)Q(y))\lor((\forall x)P(x)\to Q(z))$

(3) $(\forall x)(P(x)\leftrightarrow Q(x))\land(\exists y)R(y)\land S(z)$

4. 求下列各式的真值

(1) $(\forall x)(P(x)\lor Q(x))$. 论域为$\{1,2\}$,$P(x)$表 $x=1$,$Q(x)$表 $x=2$.

(2) $(\forall x)(P\to Q(x))\lor R(a)$. 论域为$\{-2,1,2,3,5,6\}$,$P$ 表 $2>1$,$Q(x)$表 $x\leqslant 3$,
$R(x)$表 $x>5$,$a=3$.

(3) $(\exists x)(P(x)\to Q(x))$. 论域为$\{0,1,2\}$,$P(x)$表 $x>2$,$Q(x)$表 $x=0$.

5. 将下列语句符号化

(1) 一切事物都是发展的.

(2) 凡有理数都可写成分数.

(3) 所有的油脂都不溶于水.

(4) 存在着会说话的机器人.

(5) 过平面上两个点,有且仅有一条直线通过.

(6) 凡实数都能比较大小.

(7) 在北京工作的人未必都是北京人.

(8) 只有一个北京.

(9) 任何金属都可溶解在某种液体里.

(10) 如果明天天气好,有些学生将去香山.

6. 设 $P(x)$表示 x 是有理数,$Q(x)$表示 x 是实数,$R(x)$表示 x 是无理数,$L(x)$表示 x 是正整数,$S(x)$表示 x 是偶数,$W(x)$表示 x 是奇数,试将下列公式翻译成自然语句.

(1) $(\forall x)(P(x)\to Q(x))$

(2) $(\exists x)(P(x)\land Q(x))$

(3) $\neg(\forall x)(Q(x)\to P(x))$

(4) $(\forall x)(Q(x)\to(P(x)\overline{\lor}R(x)))$

(5) $(\forall x)(L(x)\to(P(x)\land Q(x)))$

(6) $(\forall x)(L(x)\to(S(x)\overline{\lor}W(x)))$

(7) $\neg(\exists x)(L(x)\land S(x)\land W(x))$

(8) $\neg(\exists x)(L(x)\land\neg S(x)\land\neg W(x))$

(9) $(\forall x)(L(x)\to P(x))\land\neg(\forall x)(P(x)\to I(x))$

(10) $R(\pi) \wedge R(\mathrm{e})$

7. 设个体域为$\{a,b,c\}$,试将下列公式写成命题逻辑公式

(1) $(\forall x)\ P(x)$

(2) $(\forall x)P(x) \wedge (\forall x)Q(x)$

(3) $(\forall x)P(x) \wedge (\exists x)Q(x)$

(4) $(\forall x)(P(x) \rightarrow Q(x))$

(5) $(\forall x)\neg P(x) \vee (\forall x)P(x)$

(6) $(\exists x)(\forall y)P(x,y)$

(7) $(\forall x)(\exists y)(P(x,y) \rightarrow Q(x,y))$

(8) $(\forall x)P(x) \rightarrow (\exists y)Q(y)$

(9) $(\exists x)(\exists y)P(x,y)$

(10) $(\forall y)((\exists x)P(x,y) \rightarrow (\forall x)Q(x,y))$

8. 判断下列公式是普遍有效的,不可满足的还是可满足的?

(1) $(\forall x)P(x) \rightarrow P(y)$

(2) $(\exists x)(P(x) \wedge Q(x)) \rightarrow ((\exists x)P(x) \wedge (\exists x)Q(x))$

(3) $(\forall x)P(x)$

(4) $(\exists x)(P(x) \wedge \neg P(x))$

(5) $(\forall x)(P(x) \rightarrow Q(x))$

(6) $(\forall x)(P(x) \vee \neg P(x))$

(7) $((\exists x)P(x) \wedge (\exists x)Q(x)) \rightarrow (\exists x)(P(x) \wedge Q(x))$

9. 给出一个公式,使其在$\{1,2\}$域上是可满足的,而在$\{1\}$域上是不可满足的.

10. 设个体域为$\{a,b\}$,并对$P\{x,y\}$设定为$P(a,a)=\mathrm{T}, P(a,b)=\mathrm{F}, P(b,a)=\mathrm{F}$, $P(b,b)=\mathrm{T}$计算下列公式的真值.

(1) $(\forall x)(\exists y)P(x,y)$

(2) $(\exists x)(\forall y)P(x,y)$

(3) $(\forall x)(\forall y)P(x,y)$

(4) $(\exists x)(\exists y)P(x,y)$

(5) $(\exists y)\neg P(a,y)$

(6) $(\forall x)P(x,x)$

(7) $(\forall x)(\forall y)(P(x,y) \rightarrow P(y,x))$

(8) $(\exists y)(\forall x)P(x,y)$

第 5 章 谓词逻辑的等值和推理演算

谓词逻辑研究的对象是重要的逻辑规律，普遍有效式是最重要的逻辑规律，而等值式、推理式都是普遍有效的谓词公式，因此等值和推理演算就成了谓词逻辑的基本内容.

同命题逻辑相比，由于量词谓词的引入，使谓词演算有着广泛的应用. 特别是计算机科学、人工智能等领域，是把谓词逻辑当作表示知识、实现推理的有力工具来看待的.

这章的讨论，主要是以语义的观点进行的非形式的描述，而严格的形式化的讨论见第 6 章所建立的公理系统.

5.1 否定型等值式

若给定了两个谓词公式 A,B，说 A 和 B 是等值的，如果在公式 A,B 的任一解释下，A 和 B 都有相同的真值. 等价的说法是 A,B 等值当且仅当 $A\leftrightarrow B$ 是普遍有效的公式. A 和 B 等值，就记作 $A=B$ 或 $A\Leftrightarrow B$.

5.1.1 由命题公式移植来的等值式

若将命题公式的等值式，直接以谓词公式代入命题变项便可得谓词等值式.

如由

$$\neg\neg p=p$$

$$p\rightarrow q=\neg p\vee q$$

$$(p\wedge q)\vee r=(p\vee r)\wedge(q\vee r)$$

可得

$$\neg\neg P(x)=P(x)$$

$$\neg\neg(\forall x)P(x)=(\forall x)P(x)$$

$$P(x)\rightarrow Q(x)=\neg P(x)\vee Q(x)$$

$$(\forall x)P(x)\rightarrow(\exists x)Q(x)=\neg(\forall x)P(x)\vee(\exists x)Q(x)$$

$$(P(x)\wedge Q(x))\vee R(x)=(P(x)\vee R(x))\wedge(Q(x)\vee R(x))$$

$$((\forall x)P(x)\wedge Q(y))\vee(\exists z)R(z)=((\forall x)P(x)\vee(\exists z)R(z))\wedge(Q(y)\vee(\exists z)R(z))$$

这样的直接移植，便得一类谓词等值式.

5.1.2 否定型等值式

$$\neg(\forall x)P(x)=(\exists x)\neg P(x)$$

$$\neg(\exists x)P(x)=(\forall x)\neg P(x)$$

形式上看这对公式，是说否定词“$\neg$”可越过量词深入到量词的辖域内，但要把所越过的量词 $\forall$ 转换为 $\exists$，$\exists$ 转换为 $\forall$.

(1) 从语义上说明

$\neg(\forall x)P(x)$语义上表示的是，并非所有的 x 都具有性质 P. 这相当于，有一个 x 不具有性质 P，这正是$(\exists x)\neg P(x)$的含义. 从而由语义分析知$\neg(\forall x)P(x)$与$(\exists x)\neg P(x)$表示的是同一命题，自然有

$$\neg(\forall x)P(x)=(\exists x)\neg P(x)$$

或写成

$$(\forall x)P(x)=\neg(\exists x)\neg P(x).$$

$\neg(\exists x)P(x)$语义上表示的是. 没有一个 x 具有性质 P. 这相当于，所有的 x 都不具有性质 P，这正是$(\forall x)\neg P(x)$的含义. 从而知$\neg(\exists x)P(x)$与$(\forall x)\neg P(x)$表示的是同一命题，有

$$\neg(\exists x)P(x)=(\forall x)\neg P(x)$$

或写成

$$(\exists x)P(x)=\neg(\forall x)\neg P(x).$$

然而$\neg(\forall x)P(x)$与$(\forall x)\neg P(x)$并不等值. 如 $P(x)$表示 x 是有理数，那么$\neg(\forall x)P(x)$的语义是并非所有的 x 都是有理数. 而$(\forall x)\neg P(x)$的语义是说所有的 x 都不是有理数. 这两句话是不同的.

同样，$\neg(\exists x)P(x)$与$(\exists x)\neg P(x)$也不等值.

(2) 在$\{1,2\}$域上分析

$$\neg(\forall x)P(x)=\neg(P(1)\wedge P(2))=\neg P(1)\vee\neg P(2)=(\exists x)\neg P(x)$$

$$\neg(\exists x)P(x)=\neg(P(1)\vee P(2))=\neg P(1)\wedge\neg P(2)=(\forall x)\neg P(x)$$

这样看来，否定词越过量词的内移规律，就是摩根律的推广.

(3) 语义上的证明

依等值式定义，$A=B$ 如果在任一解释 I 下 A 真 B 就真，而且 B 真 A 就真.

若证明 $\neg(\forall x)P(x)=(\exists x)\neg P(x)$

设任一解释 I 下有

$$\neg(\forall x)P(x)=\mathrm{T}$$

从而$(\forall x)P(x)=\mathrm{F}$，即有一个 $x_0\in D$，使 $P(x_0)=\mathrm{F}$

于是

$$\neg P(x_0)=\mathrm{T}$$

故在 I 下

$$(\exists x)\neg P(x)=\mathrm{T}$$

反过来，设任一解释 I 下有

$$(\exists x)\neg P(x)=\mathrm{T}$$

即有一个 $x_0\in D$，使 $\neg P(x_0)=\mathrm{T}$. 从而

$$P(x_0)=\mathrm{F}$$

于是

$$(\forall x)P(x)=\mathrm{F}$$

即

$$\neg(\forall x)P(x)=\mathrm{T}$$

(4) 举例

例 1 “并非所有的动物都是猫”的表示

设 $A(x)$：x 是动物

$B(x)$：x 是猫

原语句可表示成

$$\neg(\forall x)(A(x)\rightarrow B(x))$$

依否定型公式得

$$
\begin{aligned}
&\neg(\forall x)(A(x)\rightarrow B(x))\\
=&(\exists x)\neg(A(x)\rightarrow B(x))\\
=&(\exists x)\neg(\neg A(x)\vee B(x))\\
=&(\exists x)(A(x)\wedge\neg B(x))
\end{aligned}
$$

而$(\exists x)(A(x)\wedge\neg B(x))$的含义是有一个动物不是猫，显然这句话与原语句等同.

例 2 “天下乌鸦一般黑”的表示

设 $F(x)$：x 是乌鸦

$G(x,y)$：x 与 y 是一般黑

原语句可表示成

$$(\forall x)(\forall y)(F(x)\wedge F(y)\rightarrow G(x,y))$$

不难知道与之等值的公式是

$$\neg(\exists x)(\exists y)(F(x)\wedge F(y)\wedge\neg G(x,y))$$

即不存在 x,y 是乌鸦但不一般黑.这两句话含义是相同的.经计算有

$$
\begin{aligned}
&\neg(\exists x)(\exists y)(F(x)\wedge F(y)\wedge\neg G(x,y))\\
=&(\forall x)\neg((\exists y)(F(x)\wedge F(y)\wedge\neg G(x,y)))\\
=&(\forall x)(\forall y)\neg(F(x)\wedge F(y)\wedge\neg G(x,y))\\
=&(\forall x)(\forall y)(\neg(F(x)\wedge F(y))\vee G(x,y))\\
=&(\forall x)(\forall y)(F(x)\wedge F(y)\rightarrow G(x,y))
\end{aligned}
$$

5.2 量词分配等值式

5.2.1 量词对∨、∧的分配律

$$
\begin{aligned}
(\forall x)(P(x)\vee q)&=(\forall x)P(x)\vee q\\
(\exists x)(P(x)\vee q)&=(\exists x)P(x)\vee q\\
(\forall x)(P(x)\wedge q)&=(\forall x)P(x)\wedge q\\
(\exists x)(P(x)\wedge q)&=(\exists x)P(x)\wedge q
\end{aligned}
$$

这是一组量词对∨、∧的分配律，其中 q 是命题变项，与个体变元 x 无关，这是很重要的条件.

我们仅对第一个等式给出证明，其余三个同样可证.

设在一解释 I 下，$(\forall x)(P(x)\vee q)=\mathrm{T}$，从而对任一 $x\in D$，有

$$P(x)\vee q=\mathrm{T}$$

又设 $q=\mathrm{T}$，则$(\forall x)P(x)\vee q=\mathrm{T}$

若 $q=\mathrm{F}$，从而对任一 $x\in D$ 有 $P(x)=\mathrm{T}$.即有$(\forall x)P(x)=\mathrm{T}$，故仍有$(\forall x)P(x)\vee q=\mathrm{T}$.

反过来，设在一解释 I 下，$(\forall x)P(x)\vee q=\mathrm{T}$，又设 $q=\mathrm{T}$，则

$$(\forall x)(P(x)\vee q)=\mathrm{T}$$

若 $q=\mathrm{F}$，必有$(\forall x)P(x)=\mathrm{T}$，从而对任一 $x\in D$ 有 $P(x)=\mathrm{T}$，于是对任一 $x\in D$ 有 $P(x)\vee q=\mathrm{T}$，故$(\forall x)(P(x)\vee q)=\mathrm{T}$.

5.2.2 量词对→的分配律

$$(\forall x)(P(x)\to q)=(\exists x)P(x)\to q$$
$$(\exists x)(P(x)\to q)=(\forall x)P(x)\to q$$
$$(\forall x)(p\to Q(x))=p\to(\forall x)Q(x)$$
$$(\exists x)(p\to Q(x))=p\to(\exists x)Q(x)$$

这是一组量词对→的分配律，其中 p,q 是命题变项，与个体变元 x 无关，这是很重要的条件.

先证明其中的第一个等式.

$(\forall x)(P(x)\to q)$

$=(\forall x)(\neg P(x)\vee q)$

$=(\forall x)\neg P(x)\vee q$　　依 5.2.1 的等值式

$=\neg(\exists x)P(x)\vee q$　　依 5.1.2 的等值式

$=(\exists x)P(x)\to q$

再证明其中的第三个等式

$(\forall x)(p\to Q(x))$

$=(\forall x)(\neg p\vee Q(x))$

$=\neg p\vee(\forall x)Q(x)$　　依 5.2.1 的等值式

$=p\to(\forall x)Q(x)$

其余两个等值式同样可证.

5.2.3 量词∀对∧、量词∃对∨的分配律

$$(\forall x)(P(x)\wedge Q(x))=(\forall x)P(x)\wedge(\forall x)Q(x)$$
$$(\exists x)(P(x)\vee Q(x))=(\exists x)P(x)\vee(\exists x)Q(x)$$

这是当 $P(x)$，$Q(x)$ 都含有个体变元 x 时，量词 ∀对 ∧，量词 ∃对 ∨ 所遵从的分配律. 然而∀对 ∨，∃对 ∧ 的分配律一般并不成立.

(1) 先证明 ∀ 对 ∧ 的分配律

设在一解释 I 下，$(\forall x)(P(x)\wedge Q(x))=\mathrm{T}$. 于是对任一 $x\in D$ 有

$$P(x)\wedge Q(x)=\mathrm{T}$$

即
$$P(x)=Q(x)=\mathrm{T}$$

从而有　$(\forall x)P(x)=(\forall x)Q(x)=\mathrm{T}$

故有　$(\forall x)P(x)\wedge(\forall x)Q(x)=\mathrm{T}$

反推回去，易知在一解释 I 下，只要

$$(\forall x)P(x)\wedge(\forall x)Q(x)=\mathrm{T}$$

必有　$(\forall x)(P(x)\wedge Q(x))=\mathrm{T}$.

再证明 ∃ 对 ∨ 的分配律

设在一解释 I 下，$(\exists x)(P(x)\vee Q(x))=\mathrm{T}$. 于是有 $x_0\in D$，使

$$P(x_0) \lor Q(x_0) = \mathrm{T}$$

从而有　$P(x_0)=\mathrm{T}$ 或 $Q(x_0)=\mathrm{T}$. 也即

$(\exists x)P(x)$ 或 $(\exists x)Q(x)$ 为 T

故有　$(\exists x)P(x) \lor (\exists x)Q(x)=\mathrm{T}$.

反推回去，易知在一解释 I 下，只要 $(\exists x)P(x) \lor (\exists x)Q(x)=\mathrm{T}$

必有　$(\exists x)(P(x) \lor Q(x))=\mathrm{T}$

(2) 分析一下，$\forall$ 对 $\lor$，$\exists$ 对 $\land$ 分配律不成立的原因.

先从 $\{1,2\}$ 域上看. 有

$$\begin{aligned}&(\forall x)(P(x) \lor Q(x))\\&=(P(1) \lor Q(1)) \land (P(2) \lor Q(2))\\&=(P(1) \land P(2)) \lor (Q(1) \land Q(2)) \lor (P(1) \land Q(2)) \lor (Q(1) \land P(2))\end{aligned}$$

而　$(\forall x)P(x) \lor (\forall x)Q(x)=(P(1) \land P(2)) \lor (Q(1) \land Q(2))$

于是有

$$(\forall x)(P(x) \lor Q(x))=(\forall x)P(x) \lor (\forall x)Q(x) \lor (P(1) \land Q(2)) \lor (Q(1) \land P(2))$$

然而　$(\forall x)(P(x) \land Q(x))=(P(1) \land Q(1)) \land (P(2) \land Q(2))$

$=(P(1) \land P(2)) \land (Q(1) \land Q(2))=(\forall x)P(x) \land (\forall x)Q(x)$

可看出 $\forall$ 对 $\land$ 的分配律，只涉及 $\land$ 和交换律，这是没有问题的. $\forall$ 对 $\lor$ 的分配律，涉及 $\land$ 和 $\lor$，这是 $\forall$ 对 $\lor$ 分配律不成立的原因. 从 $\{1,2\}$ 域上的观察，可知

$$(\forall x)P(x) \lor (\forall x)Q(x) \Rightarrow (\forall x)(P(x) \lor Q(x))$$

是成立的. 将会看到在任意论域 D 上也是成立的.

再看

$$(\exists x)(P(x) \land Q(x))=(P(1) \land Q(1)) \lor (P(2) \land Q(2))$$

而　$(\exists x)P(x) \land (\exists x)Q(x)$

$$\begin{aligned}&=(P(1) \lor P(2)) \land (Q(1) \lor Q(2))\\&=(P(1) \land Q(1)) \lor (P(2) \land Q(2)) \lor (P(1) \land Q(2)) \lor (P(2) \land Q(1))\\&=(\exists x)(P(x) \land Q(x)) \lor (P(1) \land Q(2)) \lor (P(2) \land Q(1))\end{aligned}$$

然而　$(\exists x)(P(x) \lor Q(x))$

$$\begin{aligned}&=(P(1) \lor Q(1)) \lor (P(2) \lor Q(2))\\&=(P(1) \lor P(2)) \lor (Q(1) \lor Q(2))\\&=(\exists x)P(x) \lor (\exists x)Q(x)\end{aligned}$$

同样可看出 $\exists$ 对 $\lor$ 的分配律，只涉及 $\lor$ 和交换律，仍然是没问题的. $\exists$ 对 $\land$ 的分配律，涉及 $\lor$ 和 $\land$，这是 $\exists$ 对 $\land$ 分配律不成立的原因. 从 $\{1,2\}$ 域上的观察，可知

$$(\exists x)(P(x) \land Q(x)) \Rightarrow (\exists x)P(x) \land (\exists x)Q(x)$$

是成立的. 将会看到在任意论域 D 上也是成立的.

还可解释性的说明.

由 $(\forall x)(P(x) \lor Q(x))=\mathrm{T}$，导不出 $(\forall x)P(x) \lor (\forall x)Q(x)=\mathrm{T}$ 若如下规定解释 I：

x_1 时，$P(x_1)=\mathrm{T}$ 而 $Q(x_1)=\mathrm{F}$.

x_2 时，$P(x_2)=\mathrm{F}$ 而 $Q(x_2)=\mathrm{T}$.

对其他 $x \in D$，只要求 $P(x)$，$Q(x)$ 中只有一为 T. 在这个 I 下，显然有 $(\forall x)(P(x) \lor$

$Q(x))=\mathrm{T}$，而没有$(\forall x)P(x)\lor(\forall x)Q(x)=\mathrm{T}$.

同样在这个 I 下，有$(\exists x)P(x)\land(\exists x)Q(x)=\mathrm{T}$，而没有$(\exists x)(P(x)\land Q(x))=\mathrm{T}$.

5.2.4 变元易名后的分配律

$$(\forall x)(\forall y)(P(x)\lor Q(y))=(\forall x)P(x)\lor(\forall x)Q(x)$$

$$(\exists x)(\exists y)(P(x)\land Q(y))=(\exists x)P(x)\land(\exists x)Q(x)$$

这两个等值式，说明了通过变元的易名，仍可实现$\forall$对$\lor$，$\exists$对$\land$的分配律.

证明是容易的. 首先有变元易名等值式

$$(\forall x)P(x)=(\forall y)P(y)$$

$$(\exists x)P(x)=(\exists y)P(y)$$

于是

$$(\forall x)P(x)\lor(\forall x)Q(x)=(\forall x)P(x)\lor(\forall y)Q(y)$$

对 x 而言，$(\forall y)Q(y)$相当于命题变项，与 x 无关，可推得

$$(\forall x)P(x)\lor(\forall y)Q(y)=(\forall x)(P(x)\lor(\forall y)Q(y))$$

对 y 而言，$P(x)$相当于命题变项与 y 无关，又可推得

$$(\forall x)(P(x)\lor(\forall y)Q(y))=(\forall x)(\forall y)(P(x)\lor Q(y))$$

同理可得

$$(\exists x)(\exists y)(P(x)\land Q(y))=(\exists x)P(x)\land(\exists x)Q(x)$$

然而，$(\forall x)(\forall y)(P(x)\lor Q(y))$与$(\forall x)(P(x)\lor Q(x))$是不等值的. $(\exists x)(\exists y)(P(x)\land Q(y))$与$(\exists x)(P(x)\land Q(x))$也是不等值的.

谓词逻辑等值式就介绍这些.

5.3 范　　式

在命题逻辑里，每一公式都有与之等值的范式，范式是一种统一的表达形式. 当研究一个公式的特点(如永真、永假)时，范式起着重要的作用. 对谓词逻辑的公式来说也有范式，其中前束范式与原公式是等值的，而其他范式与原公式只有较弱的关系.

5.3.1 前束范式

定义 5.3.1　说公式 A 是一个前束范式，如果 A 中的一切量词都位于该公式的最左边(不含否定词)且这些量词的辖域都延伸到公式的末端.

前束范式 A 的一般形式为

$$(Q_1x_1)\cdots(Q_nx_n)M(x_1,\cdots,x_n)$$

其中 Q_i 为量词$\forall$或$\exists(i=1,\cdots,n)$，M 称作公式 A 的母式(基式)，M 中不再有量词.

定理 5.3.1　谓词逻辑的任一公式都可化为与之等值的前束范式，但其前束范式并不唯一.

我们并不一般性地证明这个定理(只是为了避免叙述上的不便)，而是通过例子给出化前束范式的过程.

例 1 求$\neg((\forall x)(\exists y)P(a,x,y)\rightarrow(\exists x)(\neg(\forall y)Q(y,b)\rightarrow R(x)))$的前束范式.

可按下述步骤实现：

(1) 消去联结词$\rightarrow,\leftrightarrow$.

得 $\neg(\neg(\forall x)(\exists y)P(a,x,y)\vee(\exists x)(\neg\neg(\forall y)Q(y,b)\vee R(x)))$

(2) $\neg$内移(反复使用摩根律)

得 $(\forall x)(\exists y)P(a,x,y)\wedge\neg(\exists x)((\forall y)Q(y,b)\vee R(x))$

$=(\forall x)(\exists y)P(a,x,y)\wedge(\forall x)((\exists y)\neg Q(y,b)\wedge\neg R(x))$

(3) 量词左移(使用分配等值式)

得 $(\forall x)((\exists y)P(a,x,y)\wedge(\exists y)\neg Q(y,b)\wedge\neg R(x))$

(4) 变元易名.(使用变元易名分配等值式)

$(\forall x)((\exists y)P(a,x,y)\wedge(\exists z)\neg Q(z,b)\wedge\neg R(x))$

$=(\forall x)(\exists y)(\exists z)(P(a,x,y)\wedge\neg Q(z,b)\wedge\neg R(x))$

$=(\forall x)(\exists y)(\exists z)S(a,b,x,y,z)$

经过这几步，便可求得任一公式的前束范式. 由于每一步变换都保持着等值性，所以，所得到的前束形与原公式是等值的.

这里的

$$S(a,b,x,y,z)$$

便是原公式的母式.

由于前束中量词的次序排列，如$(\exists y)(\exists z)$可写成$(\exists z)(\exists y)$，以及对母式都没有明确的限制，自然前束范式不是唯一的，如例 1 的前束范式也可以是

$$(\forall x)(\exists z)(\exists y)(S(a,b,x,y,z)\wedge P)$$

其中 P 可以是任一不含量词的普遍有效的公式.

5.3.2 Skolem 标准形

前束范式对前束量词没有次序要求，也没有其他要求. 如果对前束范式进而要求所有存在量词都在全称量词之左，或是只保留全称量词而消去存在量词，便得 Skolem 标准形. 不难想像，仍保持与原公式的等值性就不可能了，只能保持在某种意义下的等值关系.

(1) $\exists$前束范式

一个公式的$\exists$前束范式或说 Skolem 标准形为

$$(\exists x_1)\cdots(\exists x_i)(\forall x_{i+1})\cdots(\forall x_n)M(x_1,\cdots,x_n)$$

即存在量词都在全称量词的左边，且可保持至少有一个存在量词($i\geqslant 1$)，其中 $M(x_1,\cdots,x_n)$中不再含有量词也无自由个体变项.

定理 5.3.2 谓词逻辑的任一公式 A，都可化成相应的$\exists$前束范式，并且 A 是普遍有效的当且仅当其$\exists$前束范式是普遍有效的.

这定理是说对普遍有效的公式，它与其$\exists$前束范式是等值的，而一般的公式与其$\exists$前束范式并不是等值的. 自然仅当 A 是普遍有效的，方使用$\exists$前束范式.

例 2 求$(\exists x)(\forall y)(\exists u)P(x,y,u)$的$\exists$前束范式($P$ 中无量词).

将一公式化成$\exists$前束形，首先要求出前束形，再做$\exists$前束. 这个例子已是前束形了，便可

直接求 ∃前束形.

首先将全称量词$(\forall y)$改写成存在量词$(\exists y)$，其次是引入谓词 S 和一个变元 z，得 $S(x,z)$，建立公式

$$(\exists x)((\exists y)(\exists u)(P(x,y,u)\land\neg S(x,y))\lor(\forall z)S(x,z))$$

其中$\neg S(x,y)$的变元，是$(\forall y)$的变元 y 和$(\forall y)$左边存在量词$(\exists x)$的变元 x. 附加的$(\forall z)S(x,z)$中的变元 z 是新引入的未在原公式中出现过的个体，S 也是不曾在 M 中出现过的谓词.

进而将$(\forall z)$左移(等值演算)，便得 ∃前束范式

$$(\exists x)(\exists y)(\exists u)(\forall z)((P(x,y,u)\land\neg S(x,y))\lor S(x,z)).$$

当原公式中，有多个全称量词在存在量词的左边，可按这办法将全称量词逐一地右移.

∃前束范式仅在普遍有效的意义下与原公式等值. ∃前束形对谓词逻辑完备性的证明是重要的.

(2) Skolem 标准形

另一种 Skolem 标准形是仅保留全称量词的前束形.

定理 5.3.3 谓词逻辑的任一公式 A，都可化成相应的 Skolem 标准形(只保留全称量词的前束形)，并且 A 是不可满足的当且仅当其 Skolem 标准形是不可满足的.

这定理是说对不可满足的公式，它与其 Skolem 标准形是等值的，而一般的公式与其 Skolem 标准形并不是等值的. 自然仅当 A 是不可满足的方使用 Skolem 标准形.

例 3 求公式$(\exists x)(\forall y)(\forall z)(\exists u)(\forall v)(\exists w)P(x,y,z,u,v,w)$的 Skolem 标准形.

将一公式化成 Skolem 标准形，首先也要求出前束形. 这个例子已是前束形了，便可直接求 Skolem 标准形了.

首先将最左边的$(\exists x)$消去，而将谓词 P 中出现的所有变元 x 均以论域中的某个常项 a(未在 P 中出现过)代入. 进而消去从左边数第二个存在量词$(\exists u)$，因$(\exists u)$的左边有全称量词$(\forall y)(\forall z)$，需将谓词 P 中出现的所有变元 u 均以 y,z 的某个二元函数 $f(y,z)$(未在 P 中出现过)代入. 最后按同样的方法消去存在量词$(\exists w)$，因$(\exists w)$的左边有全称量词$(\forall y)(\forall z)$和$(\forall v)$，需将谓词 P 中出现的所有变元 w 均以 y,z,v 的某个三元函数 $g(y,z,v)$(未在 P中出现过也不同于 $f(y,z)$)代入. 这样便得消去全部存在量词的 Skolem 标准形

$$(\forall y)(\forall z)(\forall v)P(a,y,z,f(y,z),v,g(y,z,v)).$$

消存在量词是将相应变元以函数代入，可这样来理解，如$(\forall x)(\exists y)P(x,y)$的 Skolem 标准形是$(\forall x)P(x,f(x))$. 因为$(\forall x)(\exists y)P(x,y)$的意思是对任一 x，都有一个 y 使 $P(x,y)$成立，那么这个 y 通常是依赖于x 的，可视作 x 的某个函数 $f(x)$. 从而有 Skolem 标准形$(\forall x)P(x,f(x))$，然而所能找到的 y 不必然是 x 的函数 f，于是$(\forall x)(\exists y)P(x,y)$与$(\forall x)P(x,f(x))$并不等值.

在$\{1,2\}$域上

$$(\forall x)(\exists y)P(x,y)=(P(1,1)\lor P(1,2))\land(P(2,1)\lor P(2,2))$$

$$(\forall x)P(x,f(x))=P(1,f(1))\land P(2,f(2))$$

两者明显的不等值，但在不可满足的意义下两者是一致的.

这种标准形，对使用归结法的定理证明来说是重要的.

还可讨论∀前束形(∀在所有的∃的左边)，而且一个公式与它的∀前束形在可满足意

义下是一致的.

5.4 基本的推理公式

命题逻辑中有关推理形式、重言蕴涵以及基本的推理公式的讨论和所用的术语,都可引入到谓词逻辑中.并可把命题逻辑的推理作为谓词逻辑推理的一个部分来看待.

这里所介绍的是谓词逻辑所特有的,在命题逻辑里不能讨论的推理形式和基本的推理公式.

5.4.1 推理形式举例

例 1 所有的整数都是有理数,所有的有理数都是实数,所以所有的整数都是实数.

引入谓词将这三句话形式化,可得如下推理形式:

$$(\forall x)(P(x)\rightarrow Q(x))\wedge(\forall x)(Q(x)\rightarrow R(x))\rightarrow(\forall x)(P(x)\rightarrow R(x))$$

例 2 所有的人都是要死的,孔子是人,所以孔子是要死的.

引入谓词将这三句话形式化,可得如下推理形式:

$(\forall x)(A(x)\rightarrow B(x))\wedge A(\text{孔子})\rightarrow B(\text{孔子})$.

例 3 有一个又高又胖的人,必有一个高个子而且有一个胖子.

引入谓词将这两句话形式化,可得如下推理形式:

$$(\exists x)(C(x)\wedge D(x))\rightarrow(\exists x)C(x)\wedge(\exists x)D(x).$$

例 4 若某一个体 a 具有性质 E,那么所有的个体 x 都具有性质 E.

这两句话形式化,可得如下推理形式:

$$E(a)\rightarrow(\forall x)E(x)$$

不难看出,由例 1,例 2,例 3 所建立的推理形式是正确的,而例 4 的推理形式是不正确的,从而有

$$(\forall x)(P(x)\rightarrow Q(x))\wedge(\forall x)(Q(x)\rightarrow R(x))\Rightarrow(\forall x)(P(x)\rightarrow R(x))$$

$$(\forall x)(A(x)\rightarrow B(x))\wedge A(\text{孔子})\Rightarrow B(\text{孔子})$$

$$(\exists x)(C(x)\wedge D(x))\Rightarrow(\exists x)C(x)\wedge(\exists x)D(x)$$

这样的推理形式是命题逻辑所不能处理的,或说这些推理关系,仅使用命题逻辑的工具是无法描述的.需使用谓词逻辑的工具.如例 1 所讨论的推理,在命题逻辑里只能形式化成三个独立命题 p,q,r 间的推理形式

$$p\wedge q\rightarrow r$$

这显然不是正确的推理形式.

5.4.2 基本的推理公式

(1) $(\forall x)P(x)\vee(\forall x)Q(x)\Rightarrow(\forall x)(P(x)\vee Q(x))$

(2) $(\exists x)(P(x)\wedge Q(x))\Rightarrow(\exists x)P(x)\wedge(\exists x)Q(x)$

(3) $(\forall x)(P(x)\rightarrow Q(x))\Rightarrow(\forall x)P(x)\rightarrow(\forall x)Q(x)$

(4) $(\forall x)(P(x)\rightarrow Q(x))\Rightarrow(\exists x)P(x)\rightarrow(\exists x)Q(x)$

(5) $(\forall x)(P(x)\leftrightarrow Q(x))\Rightarrow(\forall x)P(x)\leftrightarrow(\forall x)Q(x)$

(6) $(\forall x)(P(x)\leftrightarrow Q(x))\Rightarrow(\exists x)P(x)\leftrightarrow(\exists x)Q(x)$

(7) $(\forall x)(P(x)\rightarrow Q(x))\land(\forall x)(Q(x)\rightarrow R(x))\Rightarrow(\forall x)(P(x)\rightarrow R(x))$

(8) $(\forall x)(P(x)\rightarrow Q(x))\land P(a)\Rightarrow Q(a)$

(9) $(\forall x)(\forall y)P(x,y)\Rightarrow(\exists x)(\forall y)P(x,y)$

(10) $(\exists x)(\forall y)P(x,y)\Rightarrow(\forall y)(\exists x)P(x,y)$

这些推理公式或称推理定理的逆一般是不成立的，所以正确地理解这些定理的前提与结论的不同是重要的.

5.4.3 基本推理公式的说明

对这些基本推理公式的直观说明以及解释性的证明仅就其中的2,3和10来讨论.

(1) $(\exists x)(P(x)\land Q(x))\Rightarrow(\exists x)P(x)\land(\exists x)Q(x)$

这定理在{1,2}域上是成立的，已在5.2.3节作了说明.

再从语义上讨论. 如果个体域是某班学生，$P(x)$表x是高材生，$Q(x)$表x是运动健将. 那么$(\exists x)(P(x)\land Q(x))$表这个班上有一个学生既是高材生又是运动健将. 而$(\exists x)P(x)\land(\exists x)Q(x)$只是说这个班上有一个高材生而且有一个运动健将，但不要求高材生和运动健将是同一个学生. 显然推理式是成立的. 其结论比前提明显地要求弱了，从而这推理式的逆是不成立的.

不难给出解释性的证明.

设解释I下有$(\exists x)(P(x)\land Q(x))=\mathrm{T}$，即有$x_0\in D$使$P(x_0)\land Q(x_0)=\mathrm{T}$，从而有$P(x_0)=\mathrm{T}$，$Q(x_0)=\mathrm{T}$.

也即
$$(\exists x)P(x)=\mathrm{T},(\exists x)Q(x)=\mathrm{T}$$
从而有
$$(\exists x)P(x)\land(\exists x)Q(x)=\mathrm{T}.$$

(2) $(\forall x)(P(x)\rightarrow Q(x))\Rightarrow(\forall x)P(x)\rightarrow(\forall x)Q(x)$

从语义上讨论. 论域仍是某班的学生，为使$(\forall x)(P(x)\rightarrow Q(x))=\mathrm{T}$，论域内学生分布只有两种可能，一是班上所有学生都是高材生又都是运动健将. 一是班上有的学生不是高材生，但凡高材生必是运动健将. 这两种情况下都有$(\forall x)P(x)\rightarrow(\forall x)Q(x)=\mathrm{T}$.

然而这推理式的逆是不成立的，仅当班上有的高材生不是运动健将，而且又有的学生不是高材生时，有$(\forall x)P(x)\rightarrow(\forall x)Q(x)=\mathrm{T}$，而$(\forall x)(P(x)\rightarrow Q(x))=\mathrm{F}$.

解释性的证明.

设在一解释I下，有$(\forall x)(P(x)\rightarrow Q(x))=\mathrm{T}$. 从而对任一$x\in D$，$P(x)\rightarrow Q(x)=\mathrm{T}$. 这必能保证$(\forall x)p(x)=\mathrm{T}$时有$(\forall x)Q(x)=\mathrm{T}$. 从而有
$$(\forall x)P(x)\rightarrow(\forall x)Q(x)=\mathrm{T}.$$

(3) $(\exists x)(\forall y)P(x,y)\Rightarrow(\forall y)(\exists x)P(x,y)$

这定理在{1,2}域上是成立的，已在4.5.2节作了说明.

从语义上讨论. 如论域为实数域上的区间$[-1,1]$，而$P(x,y)$表$x\cdot y=0$. 这时$(\exists x)(\forall y)P(x,y)=\mathrm{T}$，因为取$x=0$，对所有的$y$都有$x\cdot y=0$. 自然有$(\forall y)(\exists x)P(x,y)=\mathrm{T}$，因对所有的$y$，均取$x=0$便有$x\cdot y=0$成立.

这定理的逆也是不成立的,如取 $P(x,y)$ 表 $x+y=0$,这时 $(\forall y)(\exists x)P(x,y)=\mathrm{T}$,而 $(\exists x)(\forall y)P(x,y)=\mathrm{F}$.

解释性的证明.

设一解释 I 下,有 $(\exists x)(\forall y)P(x,y)=\mathrm{T}$,于是有 $x_0\in D$,使对一切的 $y\in D$ 都有 $P(x_0,y)=\mathrm{T}$. 从而对一切的 $y\in D$,都有一个 x(均选为 x_0)使 $P(x,y)=\mathrm{T}$,即 $(\forall y)(\exists x)P(x,y)=\mathrm{T}$.

5.5 推理演算

命题逻辑中引入推理规则的推理演算,可推广到谓词逻辑,有关的推理规则(代入规则需补充说明)都可直接移入到谓词逻辑,除此之外还需介绍4条有关量词的消去和引入规则.

5.5.1 推理规则

(1) 全称量词消去规则

$$(\forall x)P(x)\Rightarrow P(y)$$

其中 y 是论域中一个体.

意指如果所有的 $x\in D$ 都具有性质 P,那么 D 中任一个体 y 必具有性质 P. 当 $P(x)$ 中不再含有量词和其他变项时,这条规则明显成立.

而当允许 $P(x)$ 中可出现量词和变项时,需限制 y 不在 $P(x)$ 中约束出现,以避免发生错误.

如 $(\forall x)P(x)=(\forall x)((\exists z)(x<z))$ 在实数上成立,

$$P(y)=(\exists z)(y<z)$$

但当 y 取为 z,便有 $(\exists z)(z<z)$,这是矛盾式,这时 z 在 $P(x)$ 中是约束出现了.

(2) 全称量词引入规则

$$P(y)\Rightarrow(\forall x)P(x)$$

其中 y 是论域中任一个体.

意指如果任一个体 y(自由变项)都具有性质 P,那么所有个体 x 都具有性质 P.

仍需限制 x 不在 $P(y)$ 中约束出现. 如 $P(y)=(\exists z)(z>y)$ 在实数域上成立.

$$(\forall x)P(x)=(\forall x)((\exists z)(z>x))$$

但当 z 取为 x,这时 x 在 $P(y)$ 中约束出现,$(\forall x)(\exists x)(x>x)$ 是不成立的.

(3) 存在量词消去规则

$$(\exists x)P(x)\Rightarrow P(c)$$

其中 c 是论域中的一个个体常项.

意指如果论域中存在有个体具有性质 P,那么必有某个个体 c 具有性质 P.

需限制 $(\exists x)P(x)$ 中没有自由个体出现. 如实数域上 $(\exists x)P(x)=(\exists x)(x>y)$ 是成立的,y 是自由个体,这时不能推导出 $c>y$.

还需限制 $P(x)$ 中不含有 c. 如在实数域上 $(\exists x)P(x)=(\exists x)(c<x)$ 是成立的,但 $c<c$

不能成立.

(4) 存在量词引入规则

$$P(c) \Rightarrow (\exists x)P(x)$$

其中 c 是论域中一个个体常项.

意指如果有个体常项 c 具有性质 P，那么 $(\exists x)P(x)$ 必真.

需限制 x 不出现在 $P(c)$ 中. 如实数域上，$P(0) = (\exists x)(x>0)$ 成立，但 $(\exists x)(\exists x)(x>x)$ 是不成立的.

这 4 条推理规则是基本的，对多个量词下的量词消去与引入规则的使用也已谈到. 再明确说明一下.

$$(\forall x)(\exists y)P(x,y) \Rightarrow (\exists y)P(x,y)$$

的右端，不允许写成 $(\exists y)P(y,y)$，而

$$(\forall x)P(x,c) \Rightarrow (\exists y)(\forall x)P(x,y)$$

的右端不允许写成 $(\exists x)(\forall x)P(x,x)$.

$$(\forall x)(\exists y)P(x,y) \Rightarrow (\exists y)P(x,y) \Rightarrow P(x,a)$$

但不允许再推演出 $(\forall x)P(x,a)$ 和 $(\exists y)(\forall x)P(x,y)$. 原因是 $(\forall x)(\exists y)P(x,y)$ 成立时，所找到的 y 是依赖于 x 的，从而 $P(x,y)$ 的成立是有条件的，不是对所有的 x 对同一个 y 都有 $P(x,y)$ 成立，于是不能再推演出 $(\forall x)P(x,y)$.

5.5.2 使用推理规则的推理演算举例

和命题逻辑相比，在谓词逻辑里使用推理规则进行推理演算同样是方便的. 然而在谓词逻辑里，真值表法不能使用，又不存在判明 $A \rightarrow B$ 是普遍有效的一般方法，从而使用推理规则的推理方法已是谓词逻辑的基本推理演算方法.

推理演算过程. 首先是将以自然语句表示的推理问题引入谓词形式化，若不能直接使用基本的推理公式便消去量词，在无量词下使用规则和公式推理，最后再引入量词以求得结论.

例 1 前提 $(\forall x)(P(x) \rightarrow Q(x))$，$(\forall x)(Q(x) \rightarrow R(x))$

结论 $(\forall x)(P(x) \rightarrow R(x))$

证明

(1) $(\forall x)(P(x) \rightarrow Q(x))$ 前提

(2) $P(x) \rightarrow Q(x)$ 全称量词消去

(3) $(\forall x)(Q(x) \rightarrow R(x))$ 前提

(4) $Q(x) \rightarrow R(x)$ 全称量词消去

(5) $P(x) \rightarrow R(x)$ (2),(4) 三段论

(6) $(\forall x)(P(x) \rightarrow R(x))$ 全称量词引入

例 2 所有的人都是要死的，苏格拉底是人，所以苏格拉底是要死的.

首先引入谓词形式化. 令 $P(x)$ 表 x 是人，$Q(x)$ 表 x 是要死的，于是问题可描述为

$$(\forall x)(P(x) \rightarrow Q(x)) \wedge P(\text{苏格拉底}) \rightarrow Q(\text{苏格拉底})$$

证明

(1) $(\forall x)(P(x)\to Q(x))$ 前提

(2) P(苏格拉底)$\to Q$(苏格拉底) 全称量词消去

(3) P(苏格拉底) 前提

(4) Q(苏格拉底) (2),(3) 分离

例 3 前提$(\exists x)P(x)\to(\forall x)((P(x)\vee Q(x))\to R(x))$,$(\exists x)P(x)$

结论$(\exists x)(\exists y)(R(x)\wedge R(y))$

证明

(1) $(\exists x)P(x)\to(\forall x)((P(x)\vee Q(x))\to R(x))$ 前提

(2) $(\exists x)P(x)$ 前提

(3) $(\forall x)((P(x)\vee Q(x))\to R(x))$ (1),(2) 分离

(4) $P(c)$ (2) 存在量词消去

(5) $P(c)\vee Q(c)\to R(c)$ (3) 全称量词消去

(6) $P(c)\vee Q(c)$ (4)

(7) $R(c)$ (5),(6) 分离

(8) $(\exists x)R(x)$ (7) 存在量词引入

(9) $(\exists y)R(y)$ (7) 存在量词引入

(10) $(\exists x)R(x)\wedge(\exists y)R(y)$ (8),(9)

(11) $(\exists x)(\exists y)(R(x)\wedge R(y))$ (10) 置换

例 4 分析下述推理的正确性

(1) $(\forall x)(\exists y)(x>y)$ 前提

(2) $(\exists y)(z>y)$ 全称量词消去

(3) $z>b$ 存在量词消去

(4) $(\forall z)(z>b)$ 全称量词引入

(5) $b>b$ 全称量词消去

(6) $(\forall x)(x>x)$ 全称量词引入

推理(1)到(2),应明确指出 y 是依赖于 x 的,即(2)中 y 和 z 有关.(2)到(3),其中的 b 是依赖于 z 的.从而(3)到(4)是不成立的.又由于 b 是常项,(5)到(6)也是不允许的,因个体常项不能用全称量词量化.

例 5 有的病人喜欢所有的医生,没有一个病人喜欢某一庸医,所以没有医生是庸医.

先形式化.令

$P(x)$表 x 是病人,$Q(x)$表 x 是庸医.

$D(x)$表 x 是医生,$L(x,y)$表 x 喜欢 y.

第一句话可描述为

$(\exists x)(P(x)\wedge(\forall y)(D(y)\to L(x,y)))$

第二句话可描述为

$(\forall x)(P(x)\to(\forall y)(Q(y)\to\neg L(x,y)))$

或写成

$\neg(\exists x)(P(x)\wedge(\exists y)(Q(y)\wedge L(x,y)))$

结论可描述为

$(\forall x)(D(x)\rightarrow\neg Q(x))$

或写成

$\neg(\exists x)(D(x)\wedge Q(x))$

证明

(1) $(\exists x)(P(x)\wedge(\forall y)(D(y)\rightarrow L(x,y)))$	前提
(2) $P(c)\wedge(\forall y)(D(y)\rightarrow L(c,y))$	存在量词消去
(3) $(\forall x)(P(x)\rightarrow(\forall y)(Q(y)\rightarrow\neg L(x,y)))$	前提
(4) $P(c)\rightarrow(\forall y)(Q(y)\rightarrow\neg L(c,y))$	全称量词消去
(5) $P(c)$	(2)
(6) $(\forall y)(D(y)\rightarrow L(c,y))$	(2)
(7) $D(y)\rightarrow L(c,y)$	全称量词消去
(8) $(\forall y)(Q(y)\rightarrow\neg L(c,y))$	(4),(5) 分离
(9) $Q(y)\rightarrow\neg L(c,y)$	全称量词消去
(10) $L(c,y)\rightarrow\neg Q(y)$	(9) 置换
(11) $D(y)\rightarrow\neg Q(y)$	(7),(10) 三段论
(12) $(\forall y)(D(y)\rightarrow\neg Q(y))$	全称量词引入
(13) $(\forall x)(D(x)\rightarrow\neg Q(x))$	(12) 置换

5.6 谓词逻辑的归结推理法

归结方法可推广到谓词逻辑,困难在于出现了量词,变元.证明过程同命题逻辑,只不过每一步骤都要考虑到有变元,从而带来复杂性.

使用推理规则的推理演算过于灵活,技巧性强,而归结法较为机械,容易使用计算机来实现.

5.6.1 归结证明过程

(1) 为证明 $A\rightarrow B$ 是定理(A,B 为谓词公式),等价的是证明 $A\wedge\neg B=G$ 是矛盾式,这是归结法的出发点.

(2) 建立子句集 S.

如何消去 G 中的量词,特别是存在量词,是建立子句集 S 的关键.

办法是先将 G 化成等值的前束范式,进而将这前束形化成 Skolem 标准形(消去存在量词),得仅含全称量词的公式 G^*,曾指出 G 与 G^* 在不可满足的意义下是一致的,从而对 G 的不可满足性,可由 G^* 的不可满足性来求得.

再将 G^* 中的全称量词省略,G^* 母式(已合取范式化)中的合取词 $\wedge$ 以","表示,便得 G 的子句集 S.而 S 与 G 是同时不可满足的,S 中的变元视作有全称量词作用着.

(3) 对 S 作归结.

设 C_1,C_2 是两个无共同变元的子句,L_1,L_2 分别是 C_1,C_2 中的文字,如果 L_1 和$\neg L_2$ 有

合一置换 σ，则

$$(C_1\sigma-\{L_1\sigma\})\cup(C_2\sigma-\{L_2\sigma\})$$

称作子句 C_1,C_2 的归结式.

如 $C_1=P(x)\vee Q(x)$

$C_2=\neg P(a)\vee R(y)$

$P(x)$与$\neg P(a)$，在合一置换$\{x/a\}$下将变元 x 换成 a，便为互补对可作归结了，有归结式

$$R(C_1,C_2)=Q(a)\vee R(y)$$

对子句集 S 的任两子句作归结(如果可作归结). 并将归结式仍放入 S 中. 重复这过程.

(4) 直至归结出空子句□，证明结束.

5.6.2 归结法证明举例

例 1 $(\forall x)(P(x)\rightarrow Q(x))\wedge(\forall x)(Q(x)\rightarrow R(x))\Rightarrow(\forall x)(P(x)\rightarrow R(x))$

首先写出公式 G

$$G=(\forall x)(P(x)\rightarrow Q(x))\wedge(\forall x)(Q(x)\rightarrow R(x))\wedge\neg(\forall x)(P(x)\rightarrow R(x))$$

为求 G 的子句集 S，可分别对$(\forall x)(P(x)\rightarrow Q(x))$，$(\forall x)(Q(x)\rightarrow R(x))$，$\neg(\forall x)(P(x)\rightarrow R(x))$作子句集，然后求并集来作为 G 的"子句集"(这个"子句集"不一定是 S，但与 S 同时是不可满足的，而且较 S 来得简单，于是为方便可将这个"子句集"视作 S).

$(\forall x)(P(x)\rightarrow Q(x))$的子句集为$\{\neg P(x)\vee Q(x)\}$

$(\forall x)(Q(x)\rightarrow R(x))$的子句集为$\{\neg Q(x)\vee R(x)\}$

$\neg(\forall x)(P(x)\rightarrow R(x))=(\exists x)\neg(\neg P(x)\vee R(x))=(\exists x)(P(x)\wedge\neg R(x))$

Skolem 化，得子句集$\{P(a),\neg R(a)\}$

于是 G 的子句集

$$S=\{\neg P(x)\vee Q(x),\neg Q(x)\vee R(x),P(a),\neg R(a)\}$$

证明 S 是不可满足的，有归结过程：

(1) $\neg P(x)\vee Q(x)$

(2) $\neg Q(x)\vee R(x)$

(3) $P(a)$

(4) $\neg R(a)$

(5) $Q(a)$ (1) (3) 归结

(6) $R(a)$ (2) (5) 归结

(7) □ (4) (6) 归结

例 2 $A_1=(\exists x)(P(x)\wedge(\forall y)(D(y)\rightarrow L(x,y)))$

$A_2=(\forall x)(P(x)\rightarrow(\forall y)(Q(y)\rightarrow\neg L(x,y)))$

$B=(\forall x)(D(x)\rightarrow\neg Q(x))$

求证 $A_1\wedge A_2\Rightarrow B$.

证明 不难建立 A_1 的子句集为$\{P(a),\neg D(y)\vee L(a,y)\}$，$A_2$ 的子句集为$\{\neg P(x)\vee\neg Q(y)\vee\neg L(x,y)\}$，$\neg B$ 的子句集为$\{D(b),Q(b)\}$. 求并集得子句集 S，进而建立归结过程：

(1) $P(a)$

(2) $\neg D(y) \vee L(a,y)$

(3) $\neg P(x) \vee \neg Q(y) \vee \neg L(x,y)$

(4) $D(b)$

(5) $Q(b)$

(6) $L(a,b)$　　(2)(4) 归结

(7) $\neg Q(y) \vee \neg L(a,y)$　　(1)(3) 归结

(8) $\neg L(a,b)$　　(5)(7) 归结

(9) $\square$　　(6)(8) 归结

习 题 5

1. 证明下列等值式和蕴涵式

(1) $\neg(\exists x)(\exists y)(P(x) \wedge P(y) \wedge Q(x) \wedge Q(y) \wedge R(x,y))$
$= (\forall x)(\forall y)((P(x) \wedge P(y) \wedge Q(x) \wedge Q(y)) \rightarrow \neg R(x,y))$

(2) $\neg(\forall x)(\exists y)((P(x,y) \vee Q(x,y)) \wedge (R(x,y) \vee S(x,y)))$
$= (\exists x)(\forall y)((P(x,y) \vee Q(x,y)) \rightarrow (\neg R(x,y) \wedge \neg S(x,y)))$

(3) $(\forall x)(P(x) \vee q) \rightarrow (\exists x)(P(x) \wedge q) = ((\exists x)\neg P(x) \wedge \neg q) \vee ((\exists x)P(x) \wedge q)$

(4) $(\forall y)(\exists x)((P(x) \rightarrow q) \vee S(y)) = ((\forall x)P(x) \rightarrow q) \vee (\forall y)S(y)$

(5) $(\forall x)P(x) \rightarrow q = (\exists x)(P(x) \rightarrow q)$

(6) $(\exists x)(P(x) \rightarrow Q(x)) = (\forall x)P(x) \rightarrow (\exists x)Q(x)$

(7) $(\exists x)P(x) \rightarrow (\forall x)Q(x) \Rightarrow (\forall x)(P(x) \rightarrow Q(x))$

(8) $(\exists x)P(x) \wedge (\forall x)Q(x) \Rightarrow (\exists x)(P(x) \wedge Q(x))$

(9) $((\forall x)P(x) \wedge (\forall x)Q(x) \wedge (\exists x)R(x))$
$\vee ((\forall x)P(x) \wedge (\forall x)Q(x) \wedge (\exists x)S(x))$
$= (\forall x)(P(x) \wedge Q(x)) \wedge (\exists x)(R(x) \vee S(x))$

(10) $(\exists z)(\exists y)(\exists x)((P(x,z) \rightarrow Q(x,z)) \vee (R(y,z) \rightarrow S(y,z)))$
$= ((\forall z)(\forall x)P(x,z) \rightarrow (\exists z)(\exists x)Q(x,z)) \vee ((\forall z)(\forall y)R(y,z)$
$\rightarrow (\exists z)(\exists y)S(y,z))$

2. 判断下列各公式哪些是普遍有效的并给出证明,不是普遍有效的举出反例.

(1) $(\exists x)(P(x) \leftrightarrow Q(x)) \rightarrow ((\exists x)P(x) \leftrightarrow (\exists x)Q(x))$

(2) $((\exists x)P(x) \leftrightarrow (\exists x)Q(x)) \rightarrow (\exists x)(P(x) \leftrightarrow Q(x))$

(3) $((\exists x)P(x) \rightarrow (\forall x)Q(x)) \rightarrow (\forall x)(P(x) \rightarrow Q(x))$

(4) $(\forall x)(P(x) \rightarrow Q(x)) \rightarrow ((\exists x)P(x) \rightarrow (\forall x)Q(x))$

(5) $((\exists x)P(x) \rightarrow (\exists x)Q(x)) \rightarrow (\exists x)(P(x) \rightarrow Q(x))$

(6) $(\forall x)(P(x) \vee Q(x)) \rightarrow ((\forall x)P(x) \vee (\forall x)Q(x))$

(7) $(\exists x)P(x) \wedge (\exists x)Q(x) \rightarrow (\exists x)(P(x) \wedge Q(x))$

(8) $(\forall x)(\exists y)P(x,y) \rightarrow (\exists y)(\forall x)P(x,y)$

3. 指出下列各推演中的错误,并改正之.

(1) $(\forall x)(P(x) \rightarrow Q(x)) = \mathrm{T}$ 当且仅当对任一 $x \in D$ 有

$$P(x)=\mathrm{T}, Q(x)=\mathrm{T}$$

(2) $(\exists x)(P(x)\wedge Q(x))=\mathrm{F}$ 当且仅当有一个 $x_0\in D$ 使得

$$P(x)=\mathrm{F}, Q(x)=\mathrm{F}$$

(3) $(\forall x)P(x)=\mathrm{F}$ 当且仅当对任一 $x\in D$ 有

$$P(x)=\mathrm{F}$$

(4) $(\forall x)P(x)=\mathrm{F}$，$(\forall x)P(x)\Rightarrow(\exists x)P(x)$ 必有 $(\exists x)P(x)=\mathrm{F}$.

(5) $(\forall x)P(x)\rightarrow Q(x)$ 有 $P(x)\rightarrow Q(x)$.

(6) $(\forall x)(P(x)\vee Q(x))$ 有 $P(a)\vee Q(b)$.

(7) $P(x)\rightarrow Q(x)$ 有 $(\exists x)P(x)\rightarrow Q(x)$.

(8) $P(a)\rightarrow Q(b)$ 有 $(\exists x)(P(x)\rightarrow Q(x))$.

(9) 由 $(\forall x)(\exists y)P(x,y)$ 有 $(\exists y)P(a,y)$ 有

$P(a,b)$

$(\forall x)P(x,b)$

$P(b,b)$

$(\forall x)P(x,x)$.

(10) $(\forall x)(P(x)\vee Q(x))$

$=\neg(\exists x)\neg(P(x)\vee Q(x))$

$=\neg(\exists x)(\neg P(x)\wedge\neg Q(x))$

$\Rightarrow\neg((\exists x)\neg P(x)\wedge(\exists x)\neg Q(x))$

$=\neg(\exists x)\neg P(x)\vee\neg(\exists x)\neg Q(x)$

$=(\forall x)P(x)\vee(\forall x)Q(x)$

(11)	$(\forall x)(P(x)\rightarrow Q(x))$	前提
有	$P(c)\rightarrow Q(c)$	
	$(\exists x)P(x)$	前提
有	$P(c)$	
	$Q(c)$	分离
	$(\exists x)Q(x)$	

(12) $P(x)\rightarrow Q(x)$ 有 $\neg P(x)\rightarrow\neg Q(x)$.

4. 求下列(1)到(5)的前束范式，(6)，(7)，(8)的 $\exists$前束范式，(9)，(10)的 Skolem 范式(只含 $\forall$)

(1) $(\forall x)(P(x)\rightarrow(\exists y)Q(x,y))$

(2) $(\forall x)(\forall y)(\forall z)(P(x,y,z)\wedge((\exists u)Q(x,u)\rightarrow(\exists w)Q(y,w)))$

(3) $(\exists x)P(x,y)\leftrightarrow(\forall z)Q(z)$

(4) $(\neg(\exists x)P(x)\vee(\forall y)Q(y))\rightarrow(\forall z)R(z)$

(5) $(\forall x)(P(x)\rightarrow(\forall y)((P(y)\rightarrow(Q(x)\rightarrow Q(y)))\vee(\forall z)P(z)))$

(6) $(\exists x)(\forall y)P(x,y)\rightarrow(\forall y)(\exists x)P(x,y)$

(7) $(\exists x)(\exists y)P(x,y)\rightarrow(\exists y)(\exists x)P(x,y)$

(8) $(\forall x)(P(x)\rightarrow Q(x))\rightarrow((\exists x)P(x)\rightarrow(\exists x)Q(x))$

(9) $(\forall x)(P(x)\rightarrow(\exists y)Q(x,y))\vee(\forall z)R(z)$

(10) $(\exists y)(\forall x)(\forall z)(\exists u)(\forall v)P(x,y,z,u,v)$

5. 使用推理规则和归结法作推理演算

(1) $(\forall x)(P(x)\vee Q(x))\wedge(\forall x)(Q(x)\rightarrow\neg R(x))\Rightarrow(\exists x)(R(x)\rightarrow P(x))$

(2) $(\forall x)(\neg P(x)\rightarrow Q(x))\wedge(\forall x)\neg Q(x)\Rightarrow P(a)$

(3) $(\forall x)(P(x)\vee Q(x))\wedge(\forall x)(Q(x)\rightarrow\neg R(x))\wedge(\forall x)R(x)\Rightarrow(\forall x)P(x)$

(4) 大学里的学生不是本科生就是研究生,有的学生是高材生,John 不是研究生但是高材生,从而如果 John 是学生必是本科生.

第 6 章　谓词逻辑的公理化

谓词逻辑是以讨论等值和推理演算为中心课题的，如果从普遍有效式的观点来理解它们就更加统一化了，而普遍有效的公式是基本的逻辑规律.

谓词逻辑的公理系统是从几条公理(普遍有效式)出发，使用推理规则，建立起一系列定理(普遍有效式)的完整体系，建立起公理系统的谓词逻辑，是完全形式化的理论体系，较重语义的解释性论述更加严谨，也为解释性论述提供了理论基础.

这章建立了公理系统，并对自然演绎系统以及递归函数概念作了讨论.

6.1　谓词逻辑的公理系统

6.1.1　公理系统的构成

(1) 初始符号

命题变项：以小写字母 $p,q,\cdots$ 表示，

个体变项：以小写字母 $x,y,\cdots$ 表示，

谓词变项：以大写字母 $P,Q,\cdots$ 表示，

命题联结词：$\neg$，$\vee$

量词：$\forall$，$\exists$

括号和逗点：(　)，

(2) 形成规则

① 命题变项是合式公式，如 p,q.

② 谓词变项如 $P(x),Q(x,y),\cdots$ 是合式公式.

③ 若 X 是合式公式，则$\neg X$ 是合式公式.

④ 如 X,Y 是合式公式，且无一个体变项在二者之一中是约束的但在另一个中是自由的，则$(X\vee Y)$是合式公式.

⑤ 若 X 是合式公式，且 Δ 是 X 中的自由个体变项，则$(\forall\Delta)X$，$(\exists\Delta)X$ 是合式公式.

⑥ 只有满足以上 5 条的方是合式公式.

(3) 定义

① $(A\wedge B)$定义为 $\neg(\neg A\vee\neg B)$

② $(A\rightarrow B)$定义为$(\neg A\vee B)$

③ $(A\leftrightarrow B)$定义为$((A\rightarrow B)\wedge(B\rightarrow A))$

(4) 公理

① $\vdash((p\vee p)\rightarrow p)$

② $\vdash(p\rightarrow(p\vee q))$

③ $\vdash((p\vee q)\rightarrow(q\vee p))$

④ $\vdash((q\to r)\to((p\vee q)\to(p\vee r)))$

⑤ $\vdash((\forall x)P(x)\to P(y))$

⑥ $\vdash(P(y)\to(\exists x)P(x))$

(5) 变形规则

① 代入规则

包括命题变项、自由个体变项和谓词变项的代入(要求保持合式公式和普遍有效性不被破坏).

② 分离规则

如果$\vdash A$和$\vdash(A\to B)$可得$\vdash B$.

③ 置换规则

定义的左右两方可相互置换.

④ 约束个体易名规则

公式A中的一个约束个体变项Δ_1,可由另一个体变项Δ_2替换.

⑤ 后件概括规则

如果$\vdash(A\to B(\Delta))$且Δ在A中不出现,则

$$\vdash(A\to(\forall\Delta)B(\Delta))$$

⑥ 前件存在规则

如果$\vdash(A(\Delta)\to B)$且Δ在B中不出现,则

$$\vdash(\exists\Delta)A(\Delta)\to B$$

(6) 定理

从公理出发,使用推理规则,建立所有的定理.

这个公理系统,是建立在第3章介绍的命题逻辑公理系统之上的,如形成规则增加了$(\forall\Delta)X$,$(\exists\Delta)X$为合式公式,公理和推理规则增加了量词的引入和消去.

这公理系统是一致的,即不会出现逻辑矛盾,这是对公理系统的基本要求.

这公理系统是语义上完备的,即一切普遍有效的公式都是可证明的.

6.1.2 定理的推演

证明过程中凡命题逻辑公理系统的定理均可使用,因所建立的命题逻辑系统是该公理系统的子系统.

定理 6.1.1 $\vdash(\forall x)(P(x)\vee\neg P(x))$

证明

(1) $\vdash p\vee\neg p$ (命题逻辑定理)

(2) $\vdash P(x)\vee\neg P(x)$ $\left(代入\dfrac{p}{P(x)}\right)$

(3) $\vdash q\to(p\to q)$ (命题逻辑定理)

(4) $\vdash(P(x)\vee\neg P(x))\to((p\vee\neg p)\to(P(x)\vee\neg P(x)))$

$$\left(代入\frac{q}{P(x)\vee\neg P(x)},\frac{p}{p\vee\neg p}\right)$$

(5) $\vdash (p \vee \neg p) \to (P(x) \vee \neg P(x))$ ((2),(4)分离)

(6) $\vdash (p \vee \neg p) \to (\forall x)(P(x) \vee \neg P(x))$ (后项概括)

(7) $\vdash (\forall x)(P(x) \vee \neg P(x))$ ((1),(6)分离)

定理 6.1.2 $\vdash (\forall x)P(x) \to (\exists x)P(x)$

证明

(1) $\vdash (\forall x)P(x) \to P(y)$ (公理)

(2) $\vdash P(y) \to (\exists x)P(x)$ (公理)

(3) $\vdash (\forall x)P(x) \to (\exists x)P(x)$ ((1),(2)三段论)

定理 6.1.3 $\vdash (\forall x)(P(x) \wedge Q(x)) \to ((\forall x)P(x) \wedge (\forall x)Q(x))$

证明

(1) $\vdash (\forall x)P(x) \to P(y)$ (公理)

(2) $\vdash (\forall x)(P(x) \wedge Q(x)) \to (P(y) \wedge Q(y))$ $\left(\text{代入}\dfrac{P(\Delta)}{P(\Delta) \wedge Q(\Delta)}\right)$

(3) $\vdash (P(y) \wedge Q(y)) \to P(y)$ $(\vdash p \wedge q \to p)$

(4) $\vdash (\forall x)(P(x) \wedge Q(x)) \to P(y)$ ((2),(3)三段论)

(5) $\vdash (\forall x)(P(x) \wedge Q(x)) \to (\forall y)P(y)$ (后件概括)

(6) $\vdash (\forall x)(P(x) \wedge Q(x)) \to (\forall x)P(x)$ (变项易名)

(7) $\vdash (P(y) \wedge Q(y)) \to Q(y)$ $(\vdash p \wedge q \to q)$

(8) $\vdash (\forall x)(P(x) \wedge Q(x)) \to Q(y)$ ((2),(7)三段论)

(9) $\vdash (\forall x)(P(x) \wedge Q(x)) \to (\forall y)Q(y)$ (后件概括)

(10) $\vdash (\forall x)(P(x) \wedge Q(x)) \to (\forall x)Q(x)$ (变项易名)

(11) $\vdash (\forall x)(P(x) \wedge Q(x)) \to$

$((\forall x)P(x) \wedge (\forall x)Q(x))$ $(\vdash (p \to q) \wedge (p \to r) \to (p \to q \wedge r))$

定理 6.1.4 $\vdash ((\forall x)P(x) \wedge (\forall x)Q(x)) \to (\forall x)(P(x) \wedge Q(x))$

证明

(1) $\vdash (\forall x)P(x) \to P(y)$ (公理)

(2) $\vdash (\forall x)Q(x) \to Q(y)$ (公理)

(3) $\vdash ((\forall x)P(x) \wedge (\forall x)Q(x)) \to (P(y) \wedge Q(y))$

$(\vdash ((p \to q) \wedge (r \to s)) \to ((p \wedge r) \to (q \wedge s)))$

(4) $\vdash ((\forall x)P(x) \wedge (\forall x)Q(x)) \to (\forall y)(P(y) \wedge Q(y)))$ (后件概括)

(5) $\vdash ((\forall x)P(x) \wedge (\forall x)Q(x)) \to (\forall x)(P(x) \wedge Q(x))$ (变项易名)

定理 6.1.5 $\vdash (\forall x)(P(x) \wedge Q(x)) \leftrightarrow ((\forall x)P(x) \wedge (\forall x)Q(x))$

这是定理 6.1.4、定理 6.1.5 的结果.

按习惯该定理可写成

$$(\forall x)(P(x) \wedge Q(x)) = (\forall x)P(x) \wedge (\forall x)Q(x)$$

定理 6.1.6 $\vdash (\forall x)(P(x) \to Q(x)) \to ((\forall x)P(x) \to (\forall x)Q(x))$

证明

(1) $\vdash (\forall x)P(x) \to P(y)$ (公理)

(2) $\vdash (\forall x)(P(x) \to Q(x)) \to (P(y) \to Q(y))$ $\left(\text{代入}\dfrac{P(\Delta)}{P(\Delta) \to Q(\Delta)}\right)$

(3) $\vdash P(y)\to((\forall x)P(x)\to Q(x))\to Q(y))$ ((2)条件互易)

(4) $\vdash(\forall x)P(x)\to((\forall x)(P(x)\to Q(x))\to Q(y))$ ((1),(3)三段论)

(5) $\vdash(\forall x)P(x)\wedge(\forall x)(P(x)\to Q(x))\to Q(y)$ (条件合取)

(6) $\vdash(\forall x)P(x)\wedge(\forall x)(P(x)\to Q(x))\to(\forall y)Q(y)$ (后件概括)

(7) $\vdash(\forall x)P(x)\wedge(\forall x)(P(x)\to Q(x))\to(\forall x)Q(x)$ (变项易名)

(8) $\vdash(\forall x)(P(x)\to Q(x))\to((\forall x)P(x)\to(\forall x)Q(x))$

$(\vdash((p\wedge q)\to r)\to(q\to(p\to r)))$

定理 6.1.7 $\vdash(\exists x)P(x)\leftrightarrow\neg(\forall x)\neg P(x)$

证明 先证→

(1) $\vdash(\forall x)P(x)\to P(y)$ (公理)

(2) $\vdash(\forall x)\neg P(x)\to\neg P(y)$ $\left(代入\dfrac{P(\Delta)}{\neg P(\Delta)}\right)$

(3) $\vdash\neg\neg P(y)\to\neg(\forall x)\neg P(x)$ (假言易位)

(4) $\vdash P(y)\to\neg\neg P(y)$ $(\vdash p\to\neg\neg p)$

(5) $\vdash P(y)\to\neg(\forall x)\neg P(x)$ ((4),(3)三段论)

(6) $\vdash(\exists y)P(y)\to\neg(\forall x)\neg P(x)$ (前件存在)

(7) $\vdash(\exists x)P(x)\to\neg(\forall x)\neg P(x)$ (变项易名)

再证←

(1) $\vdash P(y)\to(\exists x)P(x)$ (公理)

(2) $\vdash\neg(\exists x)P(x)\to\neg P(y)$ (假言易位)

(3) $\vdash\neg(\exists x)P(x)\to(\forall y)\neg P(y)$ (后件概括)

(4) $\vdash\neg(\exists x)P(x)\to(\forall x)\neg P(x)$ (变项易名)

(5) $\vdash\neg(\forall x)\neg P(x)\to\neg\neg(\exists x)P(x)$ (假言易位)

(6) $\vdash\neg(\forall x)\neg P(x)\to(\exists x)P(x)$ (双重否定)

谓词逻辑中所有普遍有效的公式都是定理,都可证明,这里只列举几个定理,以便了解在公理体系中定理的证明过程.

6.1.3 谓词逻辑完备性定理和演绎定理

(1) 完备性指的是,任一普遍有效的谓词公式,在该公理系统里是否都可得到证明.一般说来各种完备性的证明常是较为困难的,谓词逻辑的完备性较命题逻辑完备性证明复杂得多,1929 年首先由 Gödel 给出了谓词逻辑完备性的证明,随后又有一些不同的证明方法.

完备性定理:谓词逻辑任一普遍有效的公式都是可以证明的.

这个定理相当于谓词逻辑中,任一公式 A 或是可以证明的,或是 $\neg A$ 是可满足的.下面就按这种理解来给出证明完备性定理的大意.

① 对公式 A,有 $\exists$ 前束范式

$$A_0=(\exists x_1)\cdots(\exists x_K)(\forall y_1)\cdots(\forall y_l)M(x_1,\cdots,x_K,y_1,\cdots,y_l)$$

(可使 $k,l>0$).

由于 A,A_0 经使用推理规则可互推,又推理规则保持了普遍有效性,所以 A 普遍有效

当且仅当A_0普遍有效. 于是完备性问题,可仅限于讨论A_0,即或者A_0可证或者$\neg A_0$可满足.

② 构造一个个体变项序列来建立与公式M有关的公式C_n.

设有一无穷序列$x_0, x_1, \cdots, x_n, \cdots$.

对它先做k元组(按下标大小为序,有可数多个),接在k元组之后再作l元组,构成$k+l$元组(第n个$k+l$元组对应着公式M的变元). 如$k=2, l=2$有

$$x_0, x_0;\ x_1, x_2$$

$$x_0, x_1;\ x_3, x_4$$

$$x_0, x_0;\ x_5, x_6$$

$$x_0, x_2;\ x_7, x_8$$

$$\cdots\cdots$$

第n个$k+l$元组为

$$x_{n1}, \cdots, x_{nk}; x_{(n-1)l+1}, \cdots, x_{nl}$$

从A_0和$k+l$元组可建立公式

$$M_1: M(x_0, \cdots, x_0, x_0, x_1, \cdots, x_l)$$

$$M_2: M(x_0, \cdots, x_0, x_1, x_{l+1}, \cdots, x_{2l})$$

$$\cdots\cdots$$

$$M_n: M(x_{n1}, \cdots, x_{nk}, x_{(n-1)l+1}, \cdots, x_{nl})$$

令$C_n = M_1 \vee M_2 \vee \cdots \vee M_n$,$C_n$中无量词,可视作命题公式.

③ C_n作为命题公式,可考虑是否为重言式.

对$C_1, \cdots, C_n$,而言,只可能发生两种情形.

存在一个n,使C_n为重言式,希望由此推出A_0可证. 不然,没有n使C_n为重言式,希望由此可得$\neg A_0$可满足.

④ 若有C_n是重言式,来说明A_0可证明.

令$D_n = (\forall x_0)(\forall x_1)\cdots(\forall x_{nl})C_n$,可证对任一$n$,都有$\vdash D_n \to A_0$,从而有$\vdash A_0$. 这可由公理系统,使用归纳法来证明.

若不存在n使C_n为重言式,来说明$\neg A_0$是可满足的.

这时对任一n,C_n都有时为假。从而对任一n,$\neg C_n$都有时为真。首先证明存在一个解释使所有的$\neg C_n$同时为真(使用归纳法,注意到$\neg C_n = \neg C_n \wedge \neg M_{n+1}$),进而对这个特殊的解释在论域$\{1, 2, \cdots, k, \cdots\}$上可使$A_0$为假,即$\neg A_0$为真,从而$\neg A_0$是可满足的.

(2) 演绎定理

公理系统都是从作为公理的普遍有效的公式出发,使用推理规则导出新的定理(仍是普遍有效的公式)的. 问题是,如果A不是普遍有效的公式,对A仍使用推理规则得B,那么$\vdash A \to B$还成立吗? 这就是演绎定理回答的问题.

和命题逻辑相比,在谓词逻辑里除代入规则外,前件存在和后件概括规则也会导致$A \to B$的不成立,如果A不是普遍有效的.

演绎定理　在谓词逻辑系统中,如果从前提A经使用推理规则得B,而在推理过程中不使用代入规则、前件存在和后件概括规则时,只要$A \to B$是合式公式必有$\vdash A \to B$成立.

6.2 谓词逻辑的自然演绎系统

自然演绎系统是由已给的前提(而不是公理)出发,使用变形规则来推导出所要求的结论的.从而自然演绎系统不设立公理,是有前提的推理体系.

所建立的自然演绎系统同6.1节的公理系统是等价的,凡自然演绎系统的定理都可由公理系统来证明,反过来公理系统的定理也可由自然演绎系统来证明.

6.2.1 自然演绎系统的构成

(1) 初始符号

除6.1公理系统的符号外,引入

$$\Gamma=\{A_1,\cdots,A_n\}=A_1,\cdots,A_n \text{ 表示有限个公式的集合.}$$

$\Gamma\vdash A$ 表示 Γ,A 间的推理关系,Γ 为形式前提,A 为形式结论,或说使用推理规则可由 Γ 得 A.

(2) 形成规则

同6.1公理系统形成规则和定义.

(3) 变形规则

① $A_1,\cdots,A_n\vdash A_i \qquad (i=1,\cdots,n)$

② 如果 $\Gamma\vdash A,A\vdash B$ 则 $\Gamma\vdash B$

③ 如果 $\Gamma,\neg A\vdash B$ 且 $\Gamma,\neg A\vdash\neg B$ 则 $\Gamma\vdash A$

④ $A\wedge B\vdash A$ 且 $A\wedge B\vdash B$

⑤ $A,B\vdash A\wedge B$

⑥ 如果 $A\vdash C,B\vdash C$,则 $A\vee B\vdash C$

⑦ $A\vdash A\vee B$ 且 $A\vdash B\vee A$

⑧ $A\rightarrow B,A\vdash B$

⑨ 如果 $\Gamma,A\vdash B$,则 $\Gamma\vdash A\rightarrow B$

⑩ $A\leftrightarrow B,A\vdash B;A\leftrightarrow B,B\vdash A$

⑪ 如果 $\Gamma,A\vdash B;\Gamma,B\vdash A$ 则 $\Gamma\vdash A\leftrightarrow B$

⑫ $(\forall x)A(x)\vdash A(a)$

⑬ 如果 $\Gamma\vdash A(a)$ (a 不在 Γ 中出现)

则 $\Gamma\vdash(\forall x)A(x)$

⑭ 如果 $A(a)\vdash B$(a 不在 B 中出现)

则 $(\exists x)A(x)\vdash B$

⑮ $A(a)\vdash(\exists x)A(x)$($A(x)$是由 $A(a)$把其中 a 的某些出现替换为 x 而得)

(4) 定理

这个系统可推演出6.1公理系统的所有定理.

6.2.2 定理的推演

由于公理系统仅由极少数的几条公理出发来证明定理，证明过程过于拘谨，较为困难，而自然演绎系统是附有前提的，每条规则是个模式，代表着很多的推理关系，所以给定理的证明上带来了方便.

在下列定理证明的书写上，注意了各行公式同上下左右公式的位置关系.每行的“公式”若不是引入的前提(另注明)，便可由上面一些行中该“公式”左侧或同位置上的那些公式推导出来，这样的约定，会使推理的因果关系更明了.

定理 6.2.1 $(\forall x)A(x)\vdash(\forall y)A(y)$

$(\forall y)A(y)\vdash(\forall x)A(x)$

证明

(1) $(\forall x)A(x)$ (前提)

(2) $A(a)$ (由(1)依规则(12)，取 a 不在 $A(x)$ 中出现)

(3) $(\forall y)A(y)$ ((2)和规则(13))

而$(\forall y)A(y)\vdash(\forall x)A(x)$ 可同样证明.

定理 6.2.2 $(\exists x)(\forall y)A(x,y)\vdash(\forall y)(\exists x)A(x,y)$

证明

(1) $(\forall y)A(a,y)$ (取 a 不在 $A(x,y)$ 中出现)

(2) $A(a,b)$ (由(1)依规则(12)，取 $b\neq a$ b 也不在 $A(x,y)$ 中出现)

(3) $(\exists x)A(x,b)$ (由(2)依规则(15))

(4) $(\forall y)(\exists x)A(x,y)$ (由(3)依规则(13))

(5) $(\exists x)(\forall y)A(x,y)$ (前提)

(6) $(\forall y)(\exists x)A(x,y)$ (因(1)$\vdash$(4)，依规则(14)便有(5)$\vdash$(6))

定理 6.2.3 $(\forall x)A(x)\vdash\neg(\exists x)\neg A(x)$ $\neg(\exists x)\neg A(x)\vdash(\forall x)A(x)$

证明

(1) $(\forall x)A(x)$ (前提)

(2) $\neg A(a)$ (取 a 不在 $A(x)$ 中出现)

(3) $A(a)$ (由(1)依规则(12))

(4) $\neg(\exists x)\neg A(x)$ (由(2)，(3)和 $A,\neg A\vdash B$)

(5) $(\exists x)\neg A(x)$

(6) $\neg(\exists x)\neg A(x)$ (因(2)$\vdash$(4)，依规则(14)有(5)$\vdash$(6))

(7) $\neg(\exists x)\neg A(x)$ (由(1)，(5)$\vdash$(5)，(6)依规则(3)有(1)$\vdash$(7))

反过来有

(1) $\neg(\exists x)\neg A(x)$ (前提)

(2) $\neg A(a)$ (取 a 不在 $A(x)$ 中出现)

(3) $(\exists x)\neg A(x)$ (由(2)依规则(15))

(4) $A(a)$ (由(1)，(2)$\vdash$(1)，(3)依规则(3)有(1)$\vdash$(4))

(5) $(\forall x)A(x)$ (由(4)依规则(13))

6.3 递归函数

递归函数论是30年代发展起来的,是数理逻辑的一个分支,广泛应用于计算机科学的可计算性、计算复杂性和程序理论等方面.

6.3.1 递归函数与可计算性

可以说递归函数和可计算性是同一概念.

(1) 可计算性

什么是计算?计算机可干些什么?这是计算机科学的基本问题.可通过建立可计算性的模型来讨论这个问题,而不是从一个具体的计算机入手.

选定英国数学家Turing 1936年提出的Turing机为可计算的模型,Turing机是一个非常简单但功能十分强的理想计算机,在一定程度上反映了人类最基本的原始的计算能力.

这个机器以一条无限长的带(可读写)为存储器,有几条指令,相当于运算器控制器,处理的符号以二值逻辑表示.指令共六条,写1、写0、右移、左移、遇1转移和遇0转移.这个计算机可实现当今计算机的功能,是计算机的模型.与今日机器相比主要区别是有无限的存储能力,但效率十分之低.正是Turing机推动了1946年第一台电子计算机的诞生.

Church论题规定,凡Turing机可作的都是计算,凡Turing可计算的就叫可计算的.

可计算的与直觉的实际上的可计算是有区别的,然而Turing不可计算的必为实际不可计算;而一个Turing可计算的计算过程需多少世纪才能完成的,自然是实际不可计算的.

(2) 可计算性与递归函数

Turing可计算的函数必是递归函数,反过来递归函数必是Turing可计算的,它们是等同的概念.

递归函数是数论函数,即以自然数为研究对象,定义域和值域均是自然数.递归函数的一些主要方法直接关系着自然数,然而数论函数讨论的范围是相当广泛的.如整数-5可用(1,5)表示,有理数$-\frac{2}{5}$可用(1,2,5)表示,实数可用自然数序列表示,复数可由一对自然数序列表示,符号$A,B,\cdots$也可用自然数来编码.一般地说有Gödel编码定理:一个非数字系统与自然数间可建立一一对应关系.从而非数字系统的研究可归结为自然数间函数关系的研究.从可计算性角度限于递归函数的讨论并没有局限性.

递归函数是一种构造性函数,不只限于存在性(非构造性)的讨论,给了一个递归函数,相当于给该函数一个计算的算法.如说任一偶数可表示成两素数之和的问题,一种解决办法是对偶数$2n$给一算法来找出素数a,b使$2n=a+b$,这是构造性证明法.另一种解法是证明有a,b存在使$2n=a+b$,而a,b如何求并不指明,这是属于存在性证明,要真的求出a,b尚需另想办法.递归函数本身是构造性定义的,它的每个变元下的函数值都给了办法来计算.从这里便可想象递归函数直觉上是可计算的.

几个可计算的与不可计算的函数:

例1 $f(n)=n^2$

$f(n)$自然是可计算的.

例 2 $g(n)=\lceil\sqrt{n}\rceil$

将 n 依次与 $1^2,2^2,\cdots$作比较总可求得 $g(n)$,所以是可计算的($\lceil x\rceil$表示不超过 x 的最大自然数).

例 3 $r(n)=$第 n 个素数

可逐一检查 n,能否被比 n 小的 2,3,…除得尽来确定数 n 是否为素数,n 一确定就是个有限过程,于是 $r(n)$是可计算的.

例 4

$$p(n)=\begin{cases}1, & \text{当}\ \pi\ \text{的展开式中有}\ n\ \text{个}\ 5\\ 0, & \text{其他}\end{cases}$$

因 π 的展开式是个无穷序列,所以一般不可计算.如 $p(4)$的计算,需在 π 的展开式中找 4 个 5,这可能是个无限过程.

例 5

$$S(n)=\begin{cases}1, & \text{当}\ n\geqslant 3, x^n+y^n=z^n\ \text{有整数解}\\ 0, & \text{其他}\end{cases}$$

由于 $x^n+y^n=z^n(n\geqslant 3)$有无整数解还没有解决,所以 $S(n)$不可计算.

6.3.2 递归函数的建立

我们可写出一系列大家所熟悉的简单数论函数,如 $x+y, x\cdot y\lceil x/y\rceil$, $\max(x,y)$, ….这是由定义直接得到的.然而要求写出更多的数论函数时,这种一一列写并不是好办法,而方便可行的办法应是由一些已知函数按一定的规则来生成新的函数,这与合式公式的定义方法一样,而不是也不可能将所有的合式公式都列举出来.

递归函数就是由几个初始函数出发,通过代入和递归规则(变换)来建立的

(1) 初始(本原)函数

$$0(x)=0 \qquad \text{零函数}$$

$$I_{mn}(x_1,\cdots,x_n,\cdots,x_m)=x_n \qquad \text{射影函数}$$

$$S(x)=x+1 \qquad \text{后继函数}$$

(2) 代入和递归规则

代入(迭置)规则:

如 $z=xy^2$, $y=u+v$,经代入$\dfrac{y}{u+v}$得

$$z=x(u+v)^2$$

又如 $z=f(y)$,而 $y=g(x)$,经代入$\dfrac{y}{g(x)}$得

$$z=f(g(x))$$

一般的代入规则:

设有函数 $f(x_1,\cdots,x_m)$,而将 x_i 用 $g_i(x_1,\cdots,x_n)$, $i=1,\cdots,m$ 来代入得

$$f(g_1(x_1,\cdots,x_n),\cdots,g_m(x_1,\cdots,x_n))=h(x_1,\cdots,x_n)$$

便说函数 h 是对 f 作 $g_1,\cdots,g_m$ 代入而得的. 并记为 (m,n) 代入,其中 m 是 f 的变元个数,n 是 g_i 的变元个数. 这种代入要求有 g_i 必须是 m 个,而 $g_1,\cdots,g_m$ 的变元均为 n 个.

递归规则:

递归的概念多次提到,回顾

$$n! = \begin{cases} 1, & \text{当 } n = 0 \\ n \cdot (n-1)!, & \text{当 } n \geqslant 1 \end{cases}$$

这是递归定义的阶乘. 特点一是有初始情形 $0!=1$,二是定义体中又出现了要定义的函数符号"!"和变元 n.

一般地说,可由函数

$$\alpha(t_1,\cdots,t_n)$$
$$\beta(t_1,\cdots,t_n,t_{n+1},t_{n+2})$$

来构造新函数 $f(t_1,\cdots,t_n,x)$.

规定

$$\begin{cases} f(t_1,\cdots,t_n,0) = \alpha(t_1,\cdots,t_n) \\ f(t_1,\cdots,t_n,s(x)) = \beta(t_1,\cdots,t_n,x,f(t_1,\cdots,t_n,x)) \end{cases}$$

这时,称函数 f 是由 α,β 经原始递归规则而得到的. 其中 f 的递归变元依次取值为 0,1,2,…,从而 $f(t_1,\cdots,t_n,s(x))$ 是依赖于 $f(t_1,\cdots,t_n,x)$ 的,$t_1,\cdots,t_n$ 是参数. 其中 $s(x)=x+1$.

如果递归变元 x 的大小不按自然数顺序排列时,便称为一般递归规则.

如 f 的计算次序是

$$f(t_1,\cdots,t_n,0)$$
$$f(t_1,\cdots,t_n,3)$$
$$f(t_1,\cdots,t_n,2)$$
$$f(t_1,\cdots,t_n,6)$$
$$\cdots\cdots$$

这时要引入函数 $g(x)$,用以确定递归变元 x 的前一个的值. 如例中的 $g(6)=2$,$g(2)=3$,…,但要求有一个 m 存在使得 $g^m(x)=0$,也即递归变元初始的值仍为 0.

由函数

$$\alpha(t_1,\cdots,t_n)$$
$$\beta(t_1,\cdots,t_n,x,y)$$
$$g(t_1,\cdots,t_n,x)$$

其中对任一 x,有 m 使 $g^m(t_1,\cdots,t_n,x)=0$. 来构造新函数 $f(t_1,\cdots,t_n,x)$. 规定

$$\begin{cases} f(t_1,\cdots,t_n,0) = \alpha(t_1,\cdots,t_n) \\ f(t_1,\cdots,t_n,s(x)) = \beta(t_1,\cdots,t_n,x,f(t_1,\cdots,t_n,g(t_1,\cdots,t_n,s(x))) \end{cases}$$

这时称 f 是由 α,β,g 经一般递归规则而得到的. 如果不满足 $g^m(t_1,\cdots,t_n,x)=0$ 条件,便称为部分递归规则或半递归规则.

(3) 递归函数定义

由初始函数,经有限次代入和原始(一般)递归规则所得到的函数叫作原始(一般)递归函数.

德国数学家 Ackermann 给出一个函数

$$\begin{cases} f(0,y) = y+1 \\ f(x+1,0) = f(x,1) \\ f(x+1,y+1) = f(x,f(x+1,y)) \end{cases}$$

是一般递归而非原始递归函数.

直观地说,每定义一个递归函数 f,就相应给出了一个计算 f 的值的算法,依次可求得

$$f(t_1,\cdots,t_n,0)$$
$$f(t_1,\cdots,t_n,1)$$
$$f(t_1,\cdots,t_n,2)$$
$$\cdots\cdots$$

(或按非自然数序列排列)

6.3.3 原始递归函数举例

通过这些例子可熟悉一下原始递归函数.

(1) $a_k(x)=x+k$　　　　k 为自然数

(2) $c_k(x)=k$

(3) $d_k(x_1,\cdots,x_n)=k$

(4) $f(x,y)=x+y$

可写成

$$\begin{cases} f(x,0) = x \\ f(x,y+1) = f(x,y)+1 \end{cases}$$

(5) $f(x,y)=x\cdot y$

可写成

$$\begin{cases} f(x,0) = 0 \\ f(x,y+1) = f(x,y)+x \end{cases}$$

(6) $f(x,y)=x^y$

可写成

$$\begin{cases} f(x,0) = 1 \\ f(x,y+1) = f(x,y)\cdot x \end{cases}$$

(7) $f(x)=x\dot{-}1=\begin{cases} 0, & 当\ x=0 \\ x-1, & 当\ x\geqslant 1 \end{cases}$

可写成

$$\begin{cases} f(0) = 0 \\ f(x+1) = x \end{cases}$$

(8) $f(x,y)=x\dot{-}y=\begin{cases} 0, & 当\ x\leqslant y \\ x-y, & 当\ x>y \end{cases}$

可写成

$$\begin{cases} f(x,0) = x \\ f(x,y+1) = x \dot{-} (y+1) = (x \dot{-} y) \dot{-} 1 = f(x,y) \dot{-} 1 \end{cases}$$

(9) $\min(x,y)=x\dot{-}(x\dot{-}y)$

(10) $\max(x,y)=(x+y)\dot{-}\min(x,y)=x+(y\dot{-}x)$

(11) $s_g(x)=\begin{cases}0, & 当\ x=0\\ 1, & 当\ x\geqslant 1\end{cases}$

可写成

$$\begin{cases} s_g(0) = 0 \\ s_g(x+1) = 1 \end{cases}$$

(12) $\bar{s}_g(x)=\begin{cases}1, & 当\ x=0\\ 0, & 当\ x\geqslant 1,\end{cases}$ $\quad \bar{s}_g(x)=1\dot{-}s_g(x)$

(13) $p_r(x)=\begin{cases}0, & 当\ x\ 为偶数\\ 1, & 当\ x\ 为奇数\end{cases}$

可写成

$$\begin{cases} p_r(0) = 0 \\ p_r(x+1) = \bar{s}_g(p_r(x)) \end{cases}$$

(14) $f(x,y)=\begin{cases}0, & 当\ x=0\\ \left\lceil \dfrac{y}{x} \right\rceil, & 当\ x\geqslant 1\end{cases}$

可写成

$$\begin{cases} f(x,0) = 0 \\ f(x,y+1) = f(x,y) + \bar{s}_g(x(f(x,y)+1) \dot{-} (y+1))s_g(x) \end{cases}$$

(15) $r_s(x,y)$. y/x 的余数($x=0$ 时为 y)

$$r_s(x,y) = y \dot{-} x\left\lceil \frac{y}{x} \right\rceil$$

6.3.4 原始递归函数运算定理

(1) **定理 6.3.1** 若 $\alpha(t_1,\cdots,t_n,i)$是原始递归的,则

$$f_1(t_1,\cdots,t_n,x) = \sum_{i=0}^{x} \alpha(t_1,\cdots,t_n,i)$$

$$f_2(t_1,\cdots,t_n,x) = \prod_{i=0}^{x} \alpha(t_1,\cdots,t_n,i)$$

$$f_3(t_1,\cdots,t_n,x) = \max_{0\leqslant i\leqslant x} \alpha(t_1,\cdots,t_n,i)$$

$$f_4(t_1,\cdots,t_n,x) = \min_{0\leqslant i\leqslant x} \alpha(t_1,\cdots,t_n,i)$$

也是原始递归的.

证明

$$\begin{cases} f_1(t_1,\cdots,t_n,0) = \alpha(t_1,\cdots,t_n,0) \\ f_1(t_1,\cdots,t_n,x+1) = f_1(t_1,\cdots,t_n,x) + \alpha(t_1,\cdots,t_n,x+1) \end{cases}$$

$$\begin{cases} f_2(t_1,\cdots,t_n,0) = \alpha(t_1,\cdots,t_n,0) \\ f_2(t_1,\cdots,t_n,x+1) = f_2(t_1,\cdots,t_n,x)\cdot\alpha(t_1,\cdots,t_n,x+1) \end{cases}$$

$$\begin{cases} f_3(t_1,\cdots,t_n,0) = \alpha(t_1,\cdots,t_n,0) \\ f_3(t_1,\cdots,t_n,x+1) = \max(f_3(t_1,\cdots,t_n,x),\alpha(t_1,\cdots,t_n,x+1)) \end{cases}$$

$$\begin{cases} f_4(t_1,\cdots,t_n,0) = \alpha(t_1,\cdots,t_n,0) \\ f_4(t_1,\cdots,t_n,x+1) = \min(f_4(t_1,\cdots,t_n,x),\alpha(t_1,\cdots,t_n,x+1)) \end{cases}$$

(2) 数论谓词

以自然数为论域的谓词称数论谓词.如

$x>y$

x 是素数

均为数论谓词.

对数论谓词 $F(x_1,\cdots,x_n)$ 可定义一个函数 $f(x_1,\cdots,x_n)$ 使得

$$F(x_1,\cdots,x_n) = \mathrm{T},\qquad \text{当 } f(x_1,\cdots,x_n) = 0$$

$$F(x_1,\cdots,x_n) = \mathrm{F},\qquad \text{当 } f(x_1,\cdots,x_n) = 1$$

这时称 $f(x_1,\cdots,x_n)$ 为 $F(x_1,\cdots,x_n)$ 的特征函数.并记为 $ctF(x_1,\cdots,x_n)$.

当 $ctF(x_1,\cdots,x_n)$ 为原始递归函数时,就说 $F(x_1,\cdots,x_n)$ 为原始递归谓词.

如 $P(x)$:表示 $x=0$

$$ctP(x) = \bar{s}(x)$$

$P(x,y)$:表示 $x<y$

$$ctP(x,y) = s_g((x+1)\dot{-}y)$$

$P(x)$:表示 x 是偶数

$$ctP(x) = p_r(x)$$

从而这三个谓词都是原始递归的谓词.

定理 6.3.2 若 F,G 是原始递归谓词,则

$$\neg F, F\wedge G, F\vee G$$

也是原始递归谓词.

若 F,G 的特征函数分别为 f,g,则

	特征函数为
$\neg F$	$s_g(f)$
$F\wedge G$	$\max(f,g)$
$F\vee G$	$\min(f,g)$
$F\rightarrow G$	$(\bar{s}_g(f))\cdot g$
$F\leftrightarrow G$	$(f\dot{-}g)+(g\dot{-}f)$.

6.4 相等词和摹状词

(1) 相等词

可将相等词视为二元谓词,记作 $x=y$.引入了相等谓词便可讨论等号的逻辑演算了.

如"北京是中国的首都"可记作

北京＝中国的首都

“世界最高峰是珠穆朗玛峰”也可记作

世界最高峰＝珠穆朗玛峰.

常用“是”这个词表示相等,但也不尽然,如雪是白的,就不能说雪＝白的.

相等词具有如下性质:

① $\vdash x=x$

② $\vdash (x=y)\leftrightarrow(y=x)$

③ $\vdash (x=y)\wedge(y=z)\rightarrow(x=z)$

④ $\vdash (x=y)\wedge P(x)\rightarrow P(y)$

⑤ $\vdash P(x)\wedge\neg P(y)\rightarrow(x\neq y)$

⑥ $\vdash P(y)\leftrightarrow(\forall x)((x=y)\rightarrow P(x))$

⑦ $\vdash P(y)\leftrightarrow(\exists x)((x=y)\wedge P(x))$

可用相等谓词来描述数量.

① 至少有 n 个个体

至少有一个

$$(\exists x)(x=x)$$

至少有两个

$$(\exists x_1)(\exists x_2)(x_1\neq x_2)$$

至少有三个

$$(\exists x_1)(\exists x_2)(\exists x_3)(x_1\neq x_2\wedge x_2\neq x_3\wedge x_1\neq x_3)$$

……

② 至多有 n 个个体

至多有一个

$$(\forall x_1)(\forall x_2)(x_1=x_2)$$

至多有两个

$$(\forall x_1)(\forall x_2)(\forall x_3)(x_1=x_2\vee x_2=x_3\vee x_1=x_3)$$

……

③ 恰有 n 个个体

恰有一个

$$(\exists x_1)(x_1=x_1)\wedge(\forall x_1)(\forall x_2)(x_1=x_2)$$

恰有两个

$$(\exists x_1)(\exists x_2)(x_1\neq x_2)\wedge(\forall x_1)(\forall x_2)(\forall x_3)(x_1=x_2\vee x_2=x_3\vee x_1=x_3)$$

……

④ 至少有 n 个个体具有性质 P

至少有一个

$$(\exists x)P(x)$$

至少有两个

$$(\exists x_1)(\exists x_2)(P(x_1)\wedge P(x_2)\wedge x_1\neq x_2)$$

……

⑤ 至多有 n 个个体具有性质 P

至多有一个

$$(\forall x_1)(\forall x_2)(P(x_1) \wedge P(x_2) \rightarrow x_1 = x_2)$$

至多有两个

$$(\forall x_1)(\forall x_2)(\forall x_3)(P(x_1) \wedge P(x_2) \wedge P(x_3) \rightarrow (x_1 = x_2 \vee x_2 = x_3 \vee x_1 = x_3))$$

……

⑥ 恰有 n 个个体具有性质 P

恰有一个

$$(\exists x)P(x) \wedge (\forall x_1)(\forall x_2)(P(x_1) \wedge P(x_2) \rightarrow x_1 = x_2)$$

恰有两个

$$(\exists x_1)(\exists x_2)(P(x_1) \wedge P(x_2) \wedge x_1 \neq x_2) \wedge (\forall x_1)(\forall x_2)(\forall x_3)(P(x_1) \wedge P(x_2) \wedge P(x_3) \rightarrow (x_1 = x_2 \vee x_2 = x_3 \vee x_1 = x_3))$$

……

(2) 摹状词

日常用语常使用 15 和 27 的最大公约数,三国演义的作者,来描述特定的个体.这种描述一个特定个体的短语是摹状词.而摹状词所描述的个体与专用名词不同,能给出更多的信息.

谓词 $P(x)$,指个体 x 具有性质 P,而摹状词是反问题,知 $P(x)$问 x 是哪个个体.

符号 $\gamma x P(x)$表示摹状词,其值是唯一的个体,它具有性质 P.

如 $P(x)$表示大于 7 的最小素数,可表示为

$$\gamma x P(x) = 11$$

还可写成

$$Q(\gamma x P(x)).$$

需要考虑 $\gamma x P(x)$是否存在,若存在是否只有一个,若细分 γ 叫摹状词,x 叫摹状变元,$P(x)$是摹状词的辖域.

形式化自然语句,并非读书最多的人最有知识,令

$$A(x)\text{: } x \text{ 是人}$$

$$B(x,y)\text{: } x \text{ 比 } y \text{ 读书多}$$

$$C(x,y)\text{: } x \text{ 比 } y \text{ 知识多}$$

于是有

$$\neg(\forall y)(A(y) \wedge y \neq u \rightarrow C(u,y))$$

其中

$$\begin{aligned} u &= \gamma x(A(x) \wedge (\forall z)(A(z) \wedge z \neq x) \rightarrow B(x,z)) \\ &= \gamma x P(x) \end{aligned}$$

当摹状词不具有唯一性时可作不同的处理,如可视该命题为假,或规定为无意义或任指一个个体.

习 题 6

1. 依公理系统证明

   (1) $\vdash (\exists x)\neg P(x) \leftrightarrow \neg(\forall x)P(x)$

   (2) $\vdash \neg(\exists x)\neg P(x) \leftrightarrow (\forall x)P(x)$

   (3) $\vdash (\forall x)(P(x) \rightarrow Q(x)) \rightarrow ((\exists x)P(x) \rightarrow (\exists x)Q(x))$

   (4) $\vdash (\forall x)(p \vee P(x)) \leftrightarrow p \vee (\forall x)P(x)$

2. 依自然演绎系统证明

   (1) $(\exists x)A(x) \vdash (\exists y)A(y)$

   (2) $(\exists x)A(x) \vdash \neg(\forall x)\neg A(x)$

   (3) $(\forall x)\neg A(x) \vdash \neg(\exists x)A(x)$

   (4) $(\forall x)(A(x) \rightarrow B(x)), (\forall x)A(x) \vdash (\forall x)B(x)$

第 7 章　一阶形式理论及模型

本章将介绍关于一阶形式理论及其模型的基本概念，几个重要结果. 在阅读本章时，要了解形式理论的"语法"、"语义"及它们之间的关系. 这将使我们从理论上对计算机科学、人工智能的对象、方法有一个比较清晰的理解.

7.1　一阶语言及一阶理论

一阶语言的理论是 19 世纪末 20 世纪初数学形式化的产物，对计算机的发明有重要的影响. 一个一阶语言由字符表、形成规则、公式(既按形成规则构成的字符串)组成. 从形式主义的角度来看，它们没有任何含义，就像一部按给定的规则来摆弄、拼凑字符的机器一样.

以 L 表示一个一阶语言，L 将由以下的各部分组成：

(1) 字符表

① 个体变元　$x,y,z,\cdots$ 或者 $x_1, x_2, x_3,\cdots$

② 常项变元　$a,b,c,\cdots$ 或者 $c_1, c_2, c_3,\cdots$

③ 函词符号　$F_1, F_2,\cdots, F_n$　　(函词符号集可以是一个无穷的集合)

④ 谓词符号　$P_1,P_2,\cdots,P_m$　　(谓词符号集也可以是一个无穷的集合)

说明　每一个函词符号，或者谓词符号都带一个预先设置好的整数 $k>0$，称为该函词(谓词)的变目个数. 比如，若 F 的预设整数 $k=2$，则 F 是一个二元函词. 若 P 的预设整数 $k=1$，则 P 是一个一元谓词. 有些一阶语言不带函词.

⑤ 特殊谓词　$=$ (等号)

⑥ 逻辑联结词　$\neg, \wedge, \vee, \rightarrow, \leftrightarrow$

⑦ 量词　$\forall, \exists$

⑧ 括号　(,)

(2) 形成规则

① 项的形成规则

(i) 任一个体变元 x，任一常项 c 都是一个项.

(ii) 若 F 是一个带 k 个变目的函词，$t_1,t_2,\cdots,t_k$ 是项，则 $F(t_1,t_2,\cdots,t_k)$ 是一个项.

(iii) 只有由定义 (i),(ii) 归纳定义得到的字符串是项.

② 公式的形成规则

(i) F 是一个 k 目函词，$t_1,t_2,\cdots,t_k$, t_{k+1} 是项，则 $F(t_1,t_2,\cdots,t_k) = t_{k+1}$ 是一公式.

(ii) P 是一个 k 目谓词，$t_1,t_2,\cdots,t_k$ 是项，则 $P(t_1,t_2,\cdots,t_k)$ 是一公式.

(iii) A, B 是公式，则 $\neg A$, $A\wedge B$, $A\vee B$, $A\rightarrow B$, $A\leftrightarrow B$ 是公式.

(iv) A 是公式，x 是一变元，则 $\exists xA$, $\forall xA$ 是公式.

(v) 仅由 (i)～(iv) 归纳定义得到的字符串是公式.

(3) 语句的定义　公式 A 是一个语句，如果 A 中不含任何变元的自由出现(见 4.2.3).

(4) 给定一阶语言 L, T 是一个一阶理论,如果它包括:

① 谓词演算的所有公理.

② 一个 L 中的语句组成的集合,有穷或者无穷.它们称为非逻辑公理.

③ 谓词演算的所有推理规则.

(5) 定理的定义

L 中的一个语句 A 是理论 T 的一个定理,如果 A 是(4)中①或②语句,或者是以逻辑公理或非逻辑公理为前提,使用 T 的推理规则得到的语句.

7.2 结构、赋值及模型

7.2.1 定义

给定一阶语言 L,其中的函词及谓词分别为 $F_1, F_2, \cdots, F_n$; $P_1, P_2, \cdots, P_m$, L 的结构是一个数学结构 $M = \langle U, f_1, f_2, \cdots, f_n; R_1, R_2, \cdots, R_m \rangle$,满足:

(1) U 是一个非空集合,有穷或者无穷.

(2) 对应于 L 的每一个函词符号 F_j, F_j 是 k 目函词,则 f_j 是 A 上的一个 k 元函数.

(3) 对应于 L 的每一个谓词符号 P_j, P_j 是 k 目谓词,则 R_j 是 A 上的一个 k 元关系.

L 在结构 M 上的一个赋值 I 由以下个映射组成:

(1) L 的常项符号集合 C 到集合 A 的一个影射 $r: C \to A$.如果对所有常项 $c \in C$, c 在 A 中出现,我们以 $r(c)$ 置换 c 在 A 中的所有出现,这个置换称为 r-置换. A_r 将表示由 A 通过 r-置换所得到的以 A 为论域的公式.

(2) L 的语句到 $\{0,1\}$ 集合的一个映射(记为 I)归纳定义如下:

① $I(F_j(c_1, c_2, \cdots, c_k) = c_{k+1}) = 1$ 当且仅当 $f_j(r(c_1), r(c_2), \cdots, r(c_k)) = r(c_{k+1})$ 在 M 中成立.

② $I(P_j(c_1, c_2, \cdots, c_k)) = 1$ 当且仅当 $\langle r(c_1), r(c_2), \cdots, r(c_k) \rangle \in R_k$ 在 M 中成立.

③ $I(\neg A) = 1$ 当且仅当 $I(A) = 0$.

④ $I(A \vee B) = 1$ 当且仅当 $I(A) = 1$ 或者 $I(B) = 1$.对 $A \wedge B$, $A \to B$, $A \leftrightarrow B$ 的定义类似.

⑤ $I(\exists x A) = 1$ 当且仅当存在 A 中的元素 c,使 $A_r(c)$ 在 M 中成立.

⑥ $I(\forall x A) = 1$ 当且仅当对所有 A 中的元素 a,使 $A_r(a)$ 在 M 中皆成立.

对阶理论 T, L 是 T 的语言, L 的一个结构 M,一个赋值 I 组成的序对 $\langle M, I \rangle$ 是 T 的一个模型,如果对所有的 T 的非逻辑公理 A, $I(A) = 1$,通常记为 $M \models A$.为表示 M 在某一赋值下是 T 的模型,我们也写成 $M \models T$.

7.1 节介绍的一阶形式理论,属于语法的范畴,7.2 节介绍的一阶理论 T 的模型是属于语义的范畴.

之所以称 L 为一阶语言,称 T 为一阶理论,是因为 在 L 中个体变元 x 及个体常项 c 等,都是代表同一层次的个体对象,而该语言只有一个单一的对象层次.如果在 L 中引入代表个体对象集合的变元及常项,而个体对象集合正好对应于一阶函词和一阶谓词,如 X, Y, Z, $\cdots$ 等等,那么 L 就称为一个二阶语言.基于一阶语言的理论 T 自然就称为一阶理论.

7.2.2 举例

数学中群论的形式语言 L_G的函词是 $F_1(x) = x^{-1}$,$F_2(x,y) = x \cdot y$,或写得简单些,是 · 及 -1, 常项集合只含一个元素 1 ,谓词符号集合只含特殊谓词符号=. 而它的形式一阶理论 T_G 含如下的非逻辑公理:

(1) $\forall x,y,z\ (\ x(yz) = (xy)z\ )$

(2) $\forall x\ (x \cdot 1 = 1 \cdot x = x)$

(3) $\forall x\ (x \cdot x^{-1} = x^{-1} \cdot x = 1)$

T_G 的模型就是通常数学中研究的各种各样的群结构.

7.3 理论与模型的基本关系——完全性定理

关于形式推理的定义,请参见第 5 章. 一个语句 A 是理论 T 的逻辑推理的结果,即 A 是 T 的一个定理,记为 $T \vdash A$.

定义 7.3.1(语法定义) 一个理论 T 是协调的,如果对任一语句 A, $T \vdash A$ 及 $T \vdash \neg A$ 不可能同时成立.

定理 7.3.1(紧致性定理) T 是协调的,当且仅当 T 的任一有穷子集合是协调的.

证明 如果 T 的某一有穷子集合 T' 是不协调的,将有 $T' \vdash A$ 及 $T' \vdash \neg A$, A 是某一语句. 根据形式推理的定义,当然有 $T \vdash A \wedge T \vdash \neg A$,则 T 是不协调的.

如果 T 本身是不协调的,$T \vdash A \wedge T \vdash \neg A$. 又根据形式推理的定义,在两个推理中,只用了有穷个 T 中的语句作为推理前提,记为 T'. 显然 有 $T' \vdash A$ 及 $T' \vdash \neg A$,因而 T'是不协调的. T'是 T 的一个有穷子集合.

定义 7.3.2 (语义定义) 一个理论 T 是协调的,如果它有一个模型 M,$M \models T$.

这两个定义是等价的.

定理 7.3.2 一阶理论 T 在语法上是协调的,当且仅当 T 有一个模型.

证明 ⇐令 M 是 T 的一个模型,注意到定义中 M 是一个非空集合. T 的所有逻辑公理及非逻辑公理在 M 中都成立. 即是在赋值 I 下,它们都取值为真. 读者可自行检验本书前面罗列的各条逻辑推理规则:如果推理规则的前提都取值为真,则推理结果一定也取值为真. 如果 T 不协调,有 A, 使 $T \vdash A$ 及 $T \vdash \neg A$ 都成立. 那么, A 及 $\neg A$ 在 M 中都取真值,这是不可能的.

⇒该证明是一阶理论发展史上的一个里程碑. 它的证明思想为以后几十年计算机程序理论的形式语义学奠定了基础. 由于证明十分复杂,我们只能简单地叙述它的思路. 证明的主要思想是所谓的"项模型"方法:在 T(语法上的)协调的前提下,通过语法运作,将语句集合本身看作模型,或者引入新的常项变元代替语句,由所有的常项变元(原有的及新引入的)组成论域,定义论域上的相应函数及关系,从而得到 T 的一个模型. 证明过程需要建立几个引理.

引理 7.3.1 如果 T 是协调的, A 是任一语句,$T \cup \{A\}$ 或者 $T \cup \{\neg A\}$, 其中至少有

一个是协调的.

证明 如果 $T\cup\{A\}$ 不协调,则有某些 $B_j\in T$,使 $A\wedge B_1\wedge B_2\wedge\cdots\wedge B_k\rightarrow C\wedge\neg C$ 成立.此时若 $T\cup\{\neg A\}$ 也不协调,则有某些 $D_j\in T$,使 $\neg A\wedge D_1\wedge D_2\wedge\cdots\wedge D_m\rightarrow C\wedge\neg C$ 成立.由命题演算的规则 $B_1\wedge B_2\wedge\cdots\wedge B_k\wedge D_1\wedge D_2\wedge\cdots\wedge D_m\rightarrow C\wedge\neg C$ 成立,因而 T 是不协调的,矛盾.

引理 7.3.2 如果 T 是协调的,T 中的任一语句都不含量词符号,则 T 有一个模型.

证明 注意到任一变元符号,任一量词符号都不在 T 中出现,T 可能是有穷的,也可能是无穷的.将 T 的语句排成一个良序集合.由此良序,可以自然地导出所有在 T 中出现的常项的集合及所有在 T 中出现的谓词符号及函词符号的集合的一个良序.更进一步,我们得到所有形为 $c_s=c_t$, $R_j(c_1,c_2,\cdots,c_k)$, $F_j(c_1,c_2,\cdots,c_h)=c_{h+1}$ 的语句的一个良序.这里 c_j, R_j, F_j 等都是在 T 中出现的常项、谓词、函词.以 F_α 记这样的语句.施归纳于序数 α,定义语句集合 $\{G_\alpha\}$.假设 $T\cup\{G_\beta|\beta<\alpha\}$ 已是协调的,如果 F_α 与 $T\cup\{G_\beta|\beta<\alpha\}$ 是协调的,则令 $G_\alpha=F_\alpha$,若不是,由引理 7.3.1,$\neg F_\alpha$ 与 $T\cup\{G_\beta|\beta<\alpha\}$ 是协调的,此时令 $G_\alpha=\neg F_\alpha$.令 $H=T\cup\{$所有的 $G_\alpha\}$,由紧致性定理,H 一定是协调的.

由 H 来定义 T 的一个模型 M,其论域 U 由这样的 $\{c_\beta'\}$ 组成:对每一个 c_β, c_β' 即是使 $(c_\beta=c_\delta)\in H$ 的最小的 c_δ(注意到对每一个常项 c_β, $(c_\beta=c_\delta)\in H$,因而 c_δ 一定存在).对每一在 T 中出现的谓词 P, U 上对应的关系定义为 $R=\{\langle c_1', c_2', \cdots, c_k'\rangle\}$,如果 $P(c_1,c_2,\cdots,c_k)\in H$.对每一在 T 中出现的函词 F, U 上对应的函数定义为 $f(c_1',c_2',\cdots,c_h')=c_{h+1}'$,如果 $(F(c_1,c_2,\cdots,c_h)=c_{h+1})\in H$.

仔细、严密的验证将说明我们的定义是合理的(验证本身并不困难).而且 M 一定是 T 的模型.

回到一般的情形:T 可以含有量词、变元符号.由 5.3 节知,每一带量词的谓词语句都可以写成前束范式.若形为 $\forall xA(x)$ 的语句在 T 中,对每一在 T 中出现的常项符号 c,将语句 $A(c)$ 放入 T 中.如果形为 $\exists xA(x)$ 的语句在 T 中,引入一个新的常项符号 e, e 在 T 中没有出现过.如果需要,甚至要创造原来 L 没有的新常项.同时将 $A(e)$ 放入 T 中,这样得到的语句集合记为 T^*,同时将 T^* 中的语句都写成前束范式.

引理 7.3.3 若 T 是协调的,则 T^* 也是协调的.

证明 按谓词演算推理规则,容易验证.

令 $T_0=T, T_{n+1}=T_n^*$,然后令 $T'=\bigcup T_n$, n 遍历所有的整数.T' 显然是协调的.令 H 是 T' 中所有的无量词出现的语句组成的集合.按引理 7.3.2 证明中的办法,构成 H 的一个模型 M,可以证明,M 同时也是 T 的模型(实际上,M 是 T' 的模型,从而一定是 T 的模型).证明也不是十分困难,施归纳于 T' 中的语句的量词个数,考虑量词个数仅为 1 的情形,若语句是 $\exists xA(x)$, $\exists xA(x)\in T'$,按 T' 的定义,则存在一个最小的 n,使 $\exists xA(x)\in T_n$.由上所述,此时引入一个新的常项 e,又将 $A(e)$ 放入 T_{n+1} 中,注意到 $A(e)\in H$, $M\models A(e')$,从而有 $M\models\exists xA(x)$.若语句是 $\forall xA(x)$,同样,容易证明对所有在 T' 中出现的常项 c, $A(c)$ 都在 H 中,$M\models A(c')$,对所有 M 中的元素都成立.所以有 $M\models\forall xA(x)$.对一般的情形,用归纳法证明.从而可以完成定理 7.3.2 的证明.

说明这里的证明方法是 Henkin 创造的.

定理 7.3.3 Gödel 完全性定理

T 是一阶理论,A 是任一语句,$T\vdash A$ 当且仅当 A 在所有 T 的模型中都成立.

证明 ⇒检验形式推理的每一条规则知道,如果前提在模型 M 中成立,则规则产生的结论在 M 中也成立,因而 A 在所有 T 的模型中成立.

⇐假定 A 在所有 T 的模型中都成立,但 A 不是 T 的逻辑结论,由此导出矛盾.考虑 $T\cup\{\neg A\}$,如果 $T\cup\{\neg A\}$ 是协调的,根据定理 7.3.2,存在 $T\cup\{\neg A\}$ 的一个模型,它当然是 T 的模型,而在该模型中,A 不成立,这与定理的条件矛盾.所以 $T\cup\{\neg A\}$ 是不协调的.由协调性定义 ,有 $T\cup\{\neg A\}\vdash A$. 这意味着$(T\wedge\neg A)\rightarrow A$, 由推理规则,应有 $\neg T\vee A\vee A$,是 $\neg T\vee A$, 即 $T\rightarrow A$. 所以 $T\vdash A$.

注　证明中 T 表示 $A_1\wedge A_2\wedge\cdots\wedge A_n$, 这里 A_j遍历 T 中所有的语句,证毕.

紧致性定理的语义形式　任一一阶理论 T,如果它的任意有穷子集合有模型,则 T 有一个模型.

7.4 Lowenheim-Skolem 定理及 Herbrand 方法

Lowenheim-Skolem 定理加深了人们对一阶理论的语法及语义之间关系的认识,也为计算机及人工智能中的所谓“半可判定性”或“非确定算法”研究奠定了思想基础——在许多具体的计算机科学、人工智能甚至工程计算中,非确定算法往往十分有效,而确定算法却无能为力.

一阶语言 L 的基数定义为 L 的符号集合的基数,记为 $|L|$,令 T 是语言 L 上的一阶理论.本节仅限于讨论 $|L|\leqslant\aleph$ 的情形,关于基数的内容详见 12.4 节.

定理 7.4.1(Lowenheim-Skolem 定理) 如果 T 有一个无穷模型,则 T 有一个基数小于等于$\aleph$的模型,即该模型或者是有穷的,或者是可数无穷的.

证明 令 M 是 T 的一个无穷模型,C 是在 T 中出现的所有常项集合,$|C|\leqslant\aleph$.令 N 是M 的一个子集合,$N=\{r(c)|c\in C\}$,显然 N 的基数小于或者等于$\aleph$.将把 N 扩张成为 T 的一个可数模型.

任给一个形为 $A(y,x_1,x_2,\cdots,x_n)$ 的公式,任意元素序列 $\langle c_1,c_2,\cdots,c_n\rangle$, $c_j\in N$. 如果在 M 中有 c, 使 $A(c,c_1,c_2,\cdots,c_n)$ 在 M 中成立,则将 一个这样的 c 放入 N. 对所有的$\langle c_1,c_2,\cdots,c_n\rangle$ 及所有的公式 $A(y,x_1,x_2,\cdots,x_n)$ 都这样做,并收入一个这样的元素 $c\in M$,N 将扩充成为 M 的一个子集合 N^*. 令 $N_0=N,N_{k+1}=N_k^*$, 然后令 $H=\bigcup N_k$,k 遍历所有的整数.容易证明$|H|\leqslant\aleph$.现在要证 H 是 T 的一个模型,令 $A\in T$.

若 A 不含任何量词,A 是由原子语句通过命题演算的逻辑联结词 $\neg$, $\wedge$, $\vee$, $\rightarrow$, $\leftrightarrow$ 归纳定义得到的公式.由于对所有的常项 $c\in C$, c 的解释已含在 N 中,$N\subseteq H\subseteq M$.一个简单的归纳证明过程将揭示,任一这样的 A,$M\models A$, 则有 $H\models A$.

若 A 只含一个量词,假设 A 是 $\forall xB(x)$,我们证 $\forall h\in H$, $H\models B(h)$. 由上面的分析,$B(h)$ 中不含任何的量词,不含任何的变元,$B(h)$中的常项的解释早已在 H 中.$M\models\forall xB(x)$ 蕴涵 $M\models B(h)$, 由此又可得 $H\models B(h)$.若 A 是 $\exists xB(x)$,有 $M\models\forall xB(x)$,所以在 M 中应有元素 c, $M\models B(c)$. $B(x)$ 只含一个变元 x,可能含常项 $c_1,c_2,\cdots,c_n$,但也可能不含任何常项.在任一情况下,构造 N^* 时,都收入了一个 $c\in M$, 使 $M\models B(c)$. $c_1,c_2,\cdots,c_n$的解释都在 N 中,c 在 N^* 中, $B(c)$ 不含任何的变元,所以 $N^*\models B(c)$, 更有 $H\models B(c)$,

从而 $H \models \exists x B(x)$.

当 A 是一般的情形,施归纳于 A 中量词的个数. 假定 A 的量词个数是 $k+1$. 同样,若 A 是 $\forall x B(x)$,$B(x)$ 有 k 个量词. 要证 $\forall h \in H$, $H \models B(h)$. 但我们知道 $M \models B(h)$, 由归纳假设, $H \models B(h)$,所以 $H \models \forall x B(x)$. 若 A 是 $\exists x B(x)$, $M \models B(c)$, 对某一 $c \in M$. 由于 H 的构造,对任一序列 $\langle c_1, c_2, \cdots, c_n \rangle$, $c_j \in H$, 若在 M 中有 c 使 $M \models B(c, c_1, c_2, \cdots, c_n)$, 我们早已选择了这样的一个 c 放入 H 中,所以, $\exists h \in H$, 使 $M \models B(h)$,由归纳假设, $H \models B(h)$, 从而 $H \models \exists x B(x)$.

在计算机科学、人工智能研究中著名的 Herbrand 域的构成及 Herbrand 定理(给出了一个半可判定的方法)的给出,基本上源于 Lowenheim-Skolem 定理及其证明方法. 不同的仅仅是表达的形式而已. 这里我们从理论的观点来叙述 Herbrand 域并证明 Herbrand 定理.

谓词演算的一个公式 A 是不可满足的,如果它没有任何模型,或者说它是矛盾的. Herbrand 方法就是判定一个公式 A 是否不协调的、非确定性的算法.

令 A 是一阶语言的任一公式,而且具有前束范式 $Q_1 x_1 Q_2 x_2 \cdots Q_n x_n B(x_1, x_2, \cdots, x_n)$, 各个 Q_j 是量词 $\forall$ 或者 $\exists$. 先将 $Q_1 x_1 Q_2 x_2 \cdots Q_n x_n B(x_1, x_2, \cdots, x_n)$ 逐步改写成一个无 $\exists$量词的公式:

假定公式 A 左边第一个量词 Q_1既是 $\exists$. 去掉 $\exists x$, 找到或者创造一个新的常项 c,在 A 中没有出现过的,并以 c 替换 A 中所有 x_1的出现.

假定在左起第一个 $\exists$ 的左边有量词 $\forall x_1 \forall x_2 \cdots \forall x_k$,去掉 $\exists x_{k+1}$,找到或者创造一个新的 k 元函词 $F(x_1, x_2, \cdots, x_k)$, 删除 $\exists x_{k+1}$,以 $F(x_1, x_2, \cdots, x_k)$ 替换 x_k 在 $B(x_1, x_2, \cdots, x_n)$ 中的所有出现.

注意 (1) F 必须在 A 中没有出现过. (2) $F(x_1, x_2, \cdots, x_k)$ 的变元组与 $\forall x_1 \forall x_2 \cdots \forall x_k$ 中的变元组是一样的. 这样得到一个公式 A_1,对 A_1重复该过程,最后得到一个无 $\exists$ 的公式 A'. A'具有形式 $\forall x_1 \forall x_2 \cdots \forall x_m B(x_1, x_2, \cdots, F_1, x_{k+1}, \cdots, F_2, \cdots, x_m)$. A 与 A'在逻辑上说,不一定是完全等价的. 但在不可满足性上,它们是等价的.

如果不产生误解,A' 中的 $B(x_1, x_2, \cdots, F_1, x_{k+1}, \cdots, F_2, \cdots, x_m)$ 部分仍可以写为$B(x_1, x_2, \cdots, x_m)$, 它称为无 $\exists$前束范式的母式.

读者可以将这里删除 $\exists x_s$并引入一个新的函词符号的做法与 Lowenheim-Skolem 定理证明中引入新的元素的做法做一比较. 在 Lowenheim-Skolem 定理的证明中,对每一公式 $A(x, c_1, c_2, \cdots, c_n)$,如果有 $c \in M$, 使 $A(c, c_1, c_2, \cdots, c_n)$ 在 M 中成立,则将一个这样的元素引入 N 中,并对所有 N 中元素的序列 $\langle c_1, c_2, \cdots, c_n \rangle$ 做同样的操作. 这实际上隐含了一个 N 上 n 元函数的形成. 注意,x, $c_1, c_2, \cdots, c_n$的顺序的写法在这里是无关紧要的. 同样, Herbrand 域的构成方法,与 Lowenheim-Skolem 定理的证明中的 H 的构成方法是相同的.

定义 7.4.1 (Herbrand 域) 设 A 是 L 的一个无 $\exists$ 前束范式,定义 A 的 Herbrand 域 H 为$\{t' \mid t$ 是由在 A 中出现的个体常项符号,自由变元符号和函词符号生成的项.(如果在 A 中不出现个体常项符号或自由变元符号,则取任何一个新的常项符号.)$\}$

令 $B(x_1, x_2, \cdots, x_m)$是 A' 的母式. H 中任意的元素组 $t_1, t_2, \cdots, t_m$(实际上是形式项)带入 $B(x_1, x_2, \cdots, x_m)$ 中,得到一个无量词、无变元的语句 $B(t_1, t_2, \cdots, t_m)$,因为此时 H 已经成为一个符号集合,相当于新的常项集合. 这样的语句称为母式 $B(x_1, x_2, \cdots, x_m)$ 在

Herbrand 域上的特例,以 S 记所有特例组成的集合.

定理 7.4.2(Herbrand 定理) 任一一阶公式 A 是不可满足的,当且仅当存在 S 中的有穷子集合 S',S' 是不可满足的.

说明(1) S 并不是 A 的母式的特例集合,而是 A 的无 $\exists$前束范式 A' 的母式的特例集合.

(2) S 不含任何量词、变元.令 $B(t_1,t_2,\cdots,t_m)\in S$, $B(t_1,t_2,\cdots,t_m)$ 可以写成 CNF,其中的每一文字是 L 中的原子公式或原子公式的否定.所谓 L 的原子公式是 $P(t_1,t_2,\cdots,t_k)$ 或者 $F(t_1,t_2,\cdots,t_k) = t_{k+1}$.

(3) H 可以归纳地定义为

$H_0=\{t'\mid t$ 是在 A' 中出现的常项符号及自由变元符号,如果二者都不在 A' 中出现,引入一个新的常项符号 c, H_0由 c 组成 $\}$

$H_{n+1}=H_n\cup\{F(t_1,t_2,\cdots, t_m)\mid t_1,t_2,\cdots, t_m\in H_n$, F 在 A' 中出现$\}$

$H=\bigcup H_n$,n 遍历所有的整数.

注意到 A'是 L 的一个给定的公式,它的符号集合是有穷的,因而 H_0是有穷的.同时,在 A' 中也只出现有穷个函词符号,因而每一个 H_n都是有穷的.按 H 的这个分层,可以在一个有效的可数过程中逐个检查 S 的每一个有穷子集合 S'.由 (2) 及关于命题演算公式的归结方法,对每一 S' 的归结,不管 S' 是否可满足,一定终止,然后对下一个 S 的有穷子集合进行命题演算的归结过程.由 Herbrand 定理,如果 A 是不可满足的,则在有穷步内,一定能找到一个不可满足的有穷子集合,从而过程终止.但如果 A 是可满足的,则过程永远不停止,就永远不能肯定 A 是否可满足.所以这个判定方法是"半可判定"算法,也叫做"非确定性算法".

相当一部分的国内外计算机科学和人工智能专家都认为,在大部分计算复杂性很高的计算问题中,非确定性算法往往比确定性算法有效得多、实用得多.应该指出,非确定性算法仍然有待进一步深入的研究.

Herbrand 定理的证明 $\Rightarrow$用反证法.假定 A 是可满足的,由定理 7.3.2, A 有一个模型 M,而且 M 的论域非空.如果 A 有常项符号、自由变元符号出现,令 N 为它们在 M 中的解释.如果二者在 A 中皆不出现,则任取 $c\in M$,令 $N=\{c\}$,显然 $N\subseteq M$.

(这里要说明的是:一个带自由变元的公式 $A(y_1,y_2,\cdots,y_k)$ 在 M 中是可满足的, y_1, $y_2,\cdots,y_k$是 A 中的自由变元,只要存在 M 中的元素 $c_1,c_2,\cdots,c_n$,使 $A(c_1,c_2,\cdots,c_n)$ 在 M 中可满足.)

由于 $M\models A$,按照 Lowenheim-Skolem 定理证明中构造理 M 的初等子模型的方法,将 N 扩充为 M 的子模型,该子模型满足 A.注意按定义 7.4.1 的说明,该构造过程,对 A 的每一个 $\exists$量词,都可以顺势定义 N 上的一个函数 f,它的变元是所有该 $\exists$ 符号左边出现的被 $\forall$形的量词约束的变元.同样,令第一次扩充的结果是 N^*,$N_0=N$, $N_{k+1}=N_k^*$, $H=\bigcup N_k$, k 遍历所有的整数.可以验证,A 的无 $\exists$ 前束范式 A' 的母式 $B(x_1,x_2,\cdots,F_1, x_{k+1},\cdots,F_2,\cdots,x_m)$ 的任一特例在 H 中都是成立的.因此 $H\models S$. S 是可满足的,由紧致性定理,S 的每一个有穷子集合都是可满足的.

$\Leftarrow$同样用反证法.假定 S 的任一有穷子集合 S'都是协调的,则 S 是协调的.根据定理 7.3.2 的证明中的引理 7.3.2 及其证明方法,同样可以建立 S 的一个形式模型 M,它的论

域是 A' 的 Herbrand 域的一个子集合,而且每一个引入的新的函词符号 F 都在 M 上有解释. 用简单的归纳法,施归纳于 A 的前束式的复杂性,可以验证, M 同样是 A 的一个模型. 所以 A 是可满足的.

7.5 一阶形式理论 Z_1

在对一阶理论及其模型的研究中, Gödel 的不完全性定理,被认为是 20 世纪最重要的数学定理. 它深刻地揭示了语法及语义的关系,对数学以及学、认识论都有深刻的影响. 重要结果之一,就是否定了 Hilbert 关于将一切数学领域形式化的所谓"Hilbert 纲领". Gödel 定理断言:对任一足够复杂的一阶理论,都存在一个形式语句 A, T 推不出 A, 也推不出 $\neg A$.

为了比较具体详细地介绍 Gödel 不完全性定理,有必要介绍一个特殊的形式理论系统 Z_1. Z_1是一个比初等算术的形式理论"稍微大一点"的形式理论,我们将在 Z_1上介绍和证明 Gödel 不完全性定理.

Z_1可以理解成关于非负整数的一个形式理论,它的语言 L 中的谓词是 $R_1(x,y,z)$ 及 $R_2(x,y,z)$,分别表示加法关系 $x+y=z$ 和乘法关系 $x\cdot y=z$(注意到函词可以用谓词来定义). 常项集合只含 0 和 1. 为简便计,约定 $\exists! A(x)$ 是公式 $\exists x\ \forall y(A(x)\wedge(A(y)\rightarrow x=y))$,意思是存在一个唯一的元素 x,使 $A(x)$ 成立.

Z_1的公理:

(1) $\forall x,y\ \exists! z\,(x+y=z)$

(2) $\forall x,y\ \exists! z\,(x\cdot y=z)$

(3) $\forall x\,(x+0=x\wedge x\cdot 1=x)$

(4) $\forall x,\ y\,(x+(y+1)=(x+y)+1)$

(5) $\forall x,\ y\,(x\cdot(y+1)=x\cdot y+x)$

(6) $\forall x,\ y(x+1=y+1\rightarrow x=y)$

(7) $\forall x\,(\neg(x+1=0))$

(8) 令 $A(x,\ t_1,t_2,\cdots,t_k)$ 是 L 中的任一公式,含 x 作为自由变元,$\langle t_1,t_2,\cdots,t_k\rangle$ 可以是空集,则

$$\forall t_1,t_2,\cdots,t_k[(A(0,\ t_1,t_2,\cdots,t_k)\wedge\forall y(A(y,\ t_1,t_2,\cdots,t_k)\rightarrow A(y+1,\ t_1,t_2,\cdots,t_k)))\rightarrow\forall xA(x,\ t_1,t_2,\cdots,t_k)]$$

第(8)款实际上包含无穷条公理,也称为公理模式. 读者可以发现,它实际上是通常使用的归纳法的形式化.

关于整数的形式理论 N_T 可以嵌入到 Z_1中,N_T的形式理论:

(1) $Sx\neq 0$

(2) $Sx=Sy\rightarrow x=y$

(3) $x+0=x$

(4) $x+Sy=S(x+y)$

(5) $x\cdot 0=0$

(6) $x\cdot Sy=(x\cdot y)+x$

(7) $\neg(x < 0)$

(8) $x < Sy \leftrightarrow x < y \vee x = y$

(9) $x < y \vee x = y \vee y < x$

这里形式谓词 S, $<$ 分别代表后继（加 1），小于. 二者都可以在 Z_1中定义 $Sx \leftrightarrow x + 1$, $x < y \leftrightarrow \exists z(z \neq 0 \wedge x + z = y)$. 读者可以自行验证，$N_T$的每一条公理在 Z_1中都是可证的.

由于 Z_1包含了 N，我们有了对 Z_1的公式，形式规则，包括形成规则、推理规则、形式证明等等进行 Gödel 编码的基础设置，这对介绍 Gödel 不完全性定理的证明是必须的.

7.6 Gödel 不完全性定理

定理 7.6.1（Gödel 不完全性定理） 若 Z_1是协调的，则存在 Z_1的一个语句 A，在 Z_1中，A 及 $\neg A$ 都不可能形式证明.

要证明 Gödel 不完全性定理，通常的办法是构造 Z_1 的一个形式语句 A，由于定理的前提是 Z_1 是协调的，可以使用非负整数域 N 作为 Z_1 的模型. 语句 A 在 N 中的解释是说：A 本身是不可证明的(通常这种方法叫作 self-reference 办法，也可以说是对角线法的一种特殊形式). 该语句及其否定，在 Z_1中是不可证明的，否则产生矛盾.

定理证明中的另一重要设置是所谓的 Gödel 配数法，也就是编码. 有很多种配数的方法，一种是先选择一个素数的集合 P_1，基数大于 2，也可以是无穷的，作为表示公式的归纳形成过程；令 P_2是 $N - P_1$中所有的素数全体，P_2应该是无穷的. 将 P_2一一分配给所有的 L 符号，然后归纳地定义一个公式的 Gödel 数. P_1及 P_2是递归集合，即是说，它们的特征函数是递归的. 可以令 $P_1 = \{p_1 < p_2 < \cdots < \cdots\}$, $P_2 = \{q_1 < q_2 < \cdots < \cdots\}$.

配数方法　任给一个公式 A，$[A]$ 表 A 的 Gödel 数.

(1) $f(t)$ 是由 Z_1的语言 L 的符号集合 L_H到 P_2 上的一个 1－1 onto 影射.

(2) u, v 是常项或变元，则 $[u = v] = p_1^{f(u)} p_2^{f(=)} p_3^{f(v)}$.

(3) $u_1, u_2, \cdots, u_k$ 是常项或变元，B 是 k 元谓词，则 $[B(u_1, u_2, \cdots, u_k)] = p_1^{f(B)} p_2^{f(()} p_3^{f(u1)} \cdots p_{k+2}^{f(uk)} p_{k+3}^{f())}$

(4) 如果 $u_1, u_2, \cdots, u_k, u_{k+1}$是常项或变元，$F$ 是 k 元函词，则$[F(u_1, u_2, \cdots, u_k, u_{k+1})]$的定义同(3).

(5) $[A \wedge B] = p_1^{[A]} p_2^{f(\wedge)} p_3^{[B]}$, $[\neg A]$, $[A \vee B]$, $[A \rightarrow B]$, $[A \leftrightarrow B]$ 的定义类似.

(6) $[\exists x A(x)] = p_1^{f(\exists) f(x)} p_2^{[A(x)]}$.

(7) $[\forall x A(x)]$ 的定义同 (6).

可定义性　为区别 Z_1 中的常项 0,1 与 N 中的元素 0,1. 将 Z_1中的 0、1 分别写为 0_1, 1_1. 在 Z_1中定义新的常项 $2_1 = 1_1 + 1_1$, $(n+1)_1 = n_1 + 1_1$. N 上的一个关系 $R(x_1, x_2, \cdots, x_n)$ 是 Z_1中可定义的，如果对任意的 N 中的元素组 $k_1, k_2, \cdots, k_n$，有 Z_1的公式 $A(x_1, x_2, \cdots, x_n)$ 使得

$N \models R(k_1, k_2, \cdots, k_n)$当且仅当　$Z_1 \vdash A((k_1)_1, (k_2)_1, \cdots, (k_n)_1)$

依递归函数的概念，给出 N 上的任意递归函数 $r(x_1, x_2, \cdots, x_n) = x_{n+1}$，可以定义 N 上的一个 $n+1$ 元关系 $R_r(x_1, x_2, \cdots, x_n, x_{n+1})$ 使得

$N \models R_r(k_1, k_2, \cdots, k_n, k_{n+1})$当且仅当　$N \models r(k_1, k_2, \cdots, k_n) = k_{n+1}$

引理 7.6.1 对任一递归函数 r，关系 R_r 在 Z_1 中是可定义的.

证明 施归纳于递归函数定义的各条款.由于任一给定的递归函数都是有穷次使用这些条款得到,每一次使用都是可以用一个在 Z_1 中可证明的公式来定义,这样便可得到有穷条公式,它们给出了 R_r 的在 Z_1 中的定义.

N 上的一个关系是递归的,如果它的特征函数是一个递归函数,即 $R(x_1,x_2,\cdots,x_n)$ 的特征函数 $h(x_1,x_2,\cdots,x_n)$ 定义为

$h(k_1,k_2,\cdots,k_n)=1$，如果 $N\models R(k_1,k_2,\cdots,k_n)$，否则 $h(k_1,k_2,\cdots,k_n)=0$

引理 7.6.2 对任一递归函数 r，关系 R_r 是一个递归关系.

证明是容易的.

由于有了 Gödel 配数,作为一个一阶理论,Z_1 中的一切形式对象及形式关系、形式操作,包括 Z_1 的公式集合,公理集合,形式规则集合,包括形成规则、推理规则、形式证明的集合等等,在该编码下,都对应于 N 上的关系,通过逐步地、但十分烦琐的验证,可知它们都是 N 上的递归关系.以下罗列这些关系,注意这些都是 N 上的关于整数的关系,但由于它们都是递归的,在 Z_1 中都可以表达.

(1) n 是 L 的一个符号.

(2) n 是一个常项.

(3) n 是一个变元.n 是一个项.

(4) n 是一个公式.

(5) n 是一个公理.

(6) n 是一个公式,m 是一个变元,m 在 n 中自由出现.

(7) n 是一个语句.

(8) n 是一个形为 $A(x)$ 的公式,只含 x 作为自由变元,m 是一个常项,c 是以 m 置换 n 中的 x 得到的公式. 即 $c=[A(c_m)]$，c_m 是 m 所代表的常项,此关系可记为 $\mathrm{Sub}(n,m)=c$,这是 N 上的一个递归关系.

(9) n 是一个证明.

(10) n 是语句 m 的一个证明,记为 $\mathrm{Pr}(n,m)$.

说明 由(10),在 N 上,集合"n 是 Z_1 的一个定理"是递归可枚举集合,它的形式定义为 $\{n\mid\exists m\ \mathrm{Pr}(m,n)\}$. 如果一阶理论 T 的定理集合是递归的,则称该理论为可判定的.

引理 7.6.3 令 $A(x)$ 是 Z_1 的一个公式,$[A(X)]=m$ 是它的 Gödel 数,n 是一个整数,代表某一个项 t ,则 $\mathrm{Sub}(m,n)=\mathrm{Sub}([A(x)],[t])=[A(t)]$

证明 由 $\mathrm{Sub}(x,y)$ 的定义,然后依 $A(x)$, t 的公式复杂性归纳证明.

引理 7.6.4(对角线定理) 令 $\varphi(x)$ 是 Z_1 的语言 L 的任一个公式,它的唯一的自由变元是 x ,则存在语句 ψ,使得

$$Z_1\vdash\psi\leftrightarrow\varphi([\psi])$$

证明 令 $\beta(x)=\varphi(\mathrm{Sub}(x,x))$(此时 $\beta(x)$ 称为 $\varphi(x)$ 的对角线形.). 又令 $m=[\beta(x)]$，同时令 $\psi=\beta(m)$,ψ 显然是 Z_1 的一个语句. 我们要证 $Z_1\vdash\psi\leftrightarrow\varphi([\psi])$.

在 Z_1 中有

$$\psi\leftrightarrow\beta(m)\leftrightarrow\varphi(\mathrm{Sub}(m,m))$$
$$\leftrightarrow\varphi(\mathrm{Sub}([\beta(x)],m))\qquad(\text{由于 } m=[\beta(x)])$$

$$\leftrightarrow \varphi([\beta(m)])$$
$$\leftrightarrow \varphi([\psi])$$

证毕.

考虑公式 $\neg \exists z\, \mathrm{Pr}(z, x)$，只含一个自由变元 x，它在 N 中的解释为“ x 是不可证明的”. 令其为引理 7.6.4 中的 $\varphi(x)$，$\beta(x) = \varphi(\mathrm{Sub}(x,x)) = \neg \exists z \mathrm{Pr}(z, \mathrm{Sub}(x,x))$，$\psi = \beta(m)$，$m = [\beta(x)]$ 由于 $Z_1 \vdash \psi \leftrightarrow \varphi([\psi])$. 语句 ψ 在 N 中就可以解释为 ψ 自己是不可证明的.

我们来证 ψ 及 $\neg \psi$ 在 Z_1 中都是不可证明的.

如果 $Z_1 \vdash \psi$,则由引理 7.6.4,$Z_1 \vdash \neg \exists z \mathrm{Pr}(z,[\psi])$，则在 N 中找不到 $[\psi]$ 的证明 z，所以 ψ 在 Z_1 中是不可证的,矛盾.

如果 $Z_1 \vdash \neg \psi$,则 $Z_1 \vdash \neg\neg \exists z \mathrm{Pr}(z,[\psi])$，在 N 中存在 $[\psi]$ 的一个证明 z,因而 $Z_1 \vdash \psi$,也矛盾.

这就完成了 Gödel 的不完全性证明.

定理 7.6.2 (Gödel 的第二不完全性定理) 令 $\mathrm{CON}(Z_1)$ 表示 Z_1 是协调的. 通过编码，$\mathrm{CON}(Z_1)$ 可以表达为 Z_1 的一个形式公式,某一 Z_1 的语句 ψ 在 Z_1 中不可证明.（如果 Z_1 不协调,任何公式都在 Z_1 中可证.）

实际上，ψ 与 $\mathrm{CON}(Z_1)$ 是等价的.

定理 7.6.3(广义 Gödel 不完全性定理) 令 T 是任何一个理论,它的公理是归纳地给出的,同时原始递归函数在 T 中可以定义,那么，若 T 协调,则

(1) 存在语句 A，A 及 $\neg A$ 在 T 中都不可证.

(2) $\mathrm{CON}(T)$ 在 T 中是不可证的.

第 8 章　证明论中的逻辑系统

本章将介绍 λ-演算、自然推理系统、Gentzen 的串形演算、Girard 的线性逻辑、模态逻辑等，以及计算机科学、人工智能密切相关的逻辑系统，从理论上介绍它们的语法和语义.

8.1　λ-演算

λ-演算可以说是最简单、最小的一个形式系统. 大约在 1930 年，由美国的逻辑学家 Kleen 创建. 至今，在欧洲得到广泛的发展. 可以说，欧洲的计算机科学是从 λ-演算开始的，而现在仍然是欧洲计算机科学的基础，首先它是函词式程序理论的基础，而后，在 λ-演算的基础上，发展起来的 π-演算、χ-演算，成为近年来的并发程序的理论工具之一，许多经典的并发程序模型就是以 π-演算为框架的.

从语义上来说，在美国著名逻辑学家、计算机理论学家 D. Scott 于 1960 创建了 Scott 域作为 λ-演算的语义之后，利用他的方法，人们先后建立了相空间、紧邻空间等模型，正是在这些语义中研究 λ-演算、直觉主义逻辑、F 系统、T 系统等形式逻辑系统，才使得 1986 年左右线性逻辑得以建立起来.

简单地说，λ-演算就是表达“代入”或者“置换”这一数学上、计算机计算中最简单的，但又是最普遍的运作的.

本节介绍 λ-演算的语法及其语法上的一些基本性质.

λ-演算的描述

(1) 字母表

① x_1, x_2, … 变元

② →归约

③ ＝等价

④ λ,), (辅助工具符号

(2) λ-项

① 任一个变元是一个项.

② 若 M, N 是项，则 (MN) 也是一个项.

③ 若 M 是一个项，而 x 是一个变元，则 $(\lambda x.M)$ 也是一个项.

④ 仅仅由以上规则归纳定义得到的符号串是项.

(3) 公式

若 M, N 是 λ-项，则 $M \to N$, $M = N$ 是公式.

说明　① 在任一 λ-项 M 中，变元 x 的自由出现的定义与谓词演算中的公式中的自由变元的出现类似，可归纳地定义.

② 在任一 λ-项 M 中，λx 的控制域的定义与谓词演算中量词的控制域的定义类似，但它们是相对于 λx 而言的，亦可归纳定义.

③ 令 M, N 是λ-项,x 在 M 中有自由出现,若以 N 置换 M 中所有 x 的自由出现(M 中可能含有 x 的约束出现),我们得到另外一个λ-项,记为 $M[x/N]$.

④ 一个λ-项的子项亦可归纳定义.

(4) 理论　λ-演算的公理和规则组成

(Ⅰ) ① $(\lambda x.\ M)\ N \rightarrow M[x/N]$　　　　(β-归约)

② $M \rightarrow M$

③ $M \rightarrow N,\ N \rightarrow L \Rightarrow M \rightarrow N$

④ $(a) M \rightarrow M' \Rightarrow ZM \rightarrow ZM'$

$(b) M \rightarrow M' \Rightarrow MZ \rightarrow M'Z$

$(c) M \rightarrow M' \Rightarrow \lambda x.M \rightarrow \lambda x.M'$

(Ⅱ) ① $M \rightarrow M' \Rightarrow M = M'$

② $M = M' \Rightarrow M' = M$

③ $M = N,\ N = L \Rightarrow M = L$

④ $(a)\ M = M' \Rightarrow ZM = ZM'$

$(b)\ M = M' \Rightarrow MZ = M'Z$

$(c)\ M = M' \Rightarrow \lambda x.M = \lambda x.M'$

如果某一公式 $M \rightarrow N$, 或者 $M = N$ 可以由以上公理推出,则记为 $\lambda \vdash M \rightarrow N$, $\lambda \vdash M = N$. 一个λ-项 M 中不含任何形为$((\lambda x.\ N_1)N_2)$的子项,则称 M 是一个范式, 简记为 $n.f.$. 如果λ-项 M 通过有穷步 β 归约后,得到一个范式,则称 M 有 $n.f.$, 没有 $n.f.$ 的λ-项称为 $n.n.f.$.

例 1　$M = \lambda x.(\ x\ ((\lambda y.\ y)x))y$, 则 $M \rightarrow y((\lambda y.\ y)y) \rightarrow yy$. M 有一个 $n.f.$ 准确地说,M 等价于一个 $n.f.$.

例 2　$M = \lambda x.(xx)\lambda x.(xx)$,则 $M \rightarrow \lambda x.(xx)\lambda x.(xx) = M$. 注意到 M 的β-归约只可能有唯一的一种路径,M 不可能归约到 $n.f.$,所以 M 是 $n.n.f.$. 此λ-项在λ-演算的协调性研究中是一个比较经典的项.

经典的λ-演算在语法上主要是研究项在各种归约下的变形规律的. 以下介绍两个基本的定理. 以 Λ 表所有的λ-项组成的集合.

定理 8.1.1(不动点定理)　对每一个 $F \in \Lambda$, 存在 $M \in \Lambda$, 使得 $\lambda \vdash FM = M$.

证明　令 x 是一个变元,而且不在 F 中出现. 由于 F 只含有穷个符号,而字母表中有无穷个变元符号,这总是可以做到的.

定义 $\omega = \lambda x.\ F(xx)$, 又令 $M = \omega\omega$,则有 $\lambda \vdash M = \omega\omega = (\lambda x.\ F(xx))\omega = F(\omega\omega) = FM$.

设想一个λ-项 M, 含有相当多的形为 $((\lambda x.\ N_1)N_2)$ 的子项,甚至有些这样的子项,在对它进行 β-归约 $M \rightarrow N_1(x/N_2)$ 之后,产生了更多数目的这样的子项. 例如,$M = \lambda x.(yxyxyx)(\lambda y.\ y)$. 这说明,即使在 M 有 $n.f.$ 的情况下,对 M 进行β-归约的路径 $M \rightarrow M_1 \rightarrow M_2 \rightarrow \cdots \rightarrow M_k$, 可以是有很多的. 是否有些路径不终止呢? 或者是否可能得到不同的 $n.f.$ 呢? 以下的 Church-Rosser 定理告诉我们:如果 M 有一个 $n.f.$,则这个 $n.f.$ 是唯一的,任何β-归约的路径都将终止,而且终止到这个 $n.f.$.

定理 8.1.2(Church - Rosser 定理)　如果 $\lambda \vdash M = N$, 则对某一个 Z, $\lambda \vdash M \rightarrow Z$

并且 $\lambda \vdash N \to Z$.

该定理有等价定理：

定理 8.1.3(Diamond Property 定理) 如果 $M \to N_1$, $M \to N_2$,则存在某一 Z, 使得 $N_1 \to Z, N_2 \to Z$.

证明 先证这两定理等价.

$\Rightarrow$若 $M \to N_1$, $M \to N_2$, 有 $M = N_1$, $M = N_2$(规则(Ⅱ)之(1)),从而 $N_1 = N_2$. 由 Church-Rosser 定理得证.

$\Leftarrow$ 由 Church-Rosser 定理给出的条件,$\lambda \vdash M = N$,施归纳于 $\lambda \vdash M = N$ 的证明的长度. 唯一的公理是 $M \to M$. 由规则(Ⅱ)之(1)有 $\lambda \vdash M = M$, 在此情况下,使用 Diamond Property 定理, Church-Rosser 定理显然成立. 读者可以仔细检查每一条规则,例如,规则 $M = N$, $N = L \Rightarrow M = L$. 由归纳假定, $\exists Z_1$, $M \to Z_1$ 同时 $N \to Z_1$; $\exists Z_1$. $N \to Z_2$ 同时 $L \to Z_2$. 于是有 $N \to Z_1$, $N \to Z_2$, 由 Diamond Property 定理, $\exists Z$, $Z_1 \to Z$ 同时 $Z_2 \to Z$. 由于 $\to$ 是传递的,$M \to Z_1$, $Z_1 \to Z$ 得 $M \to Z$; $L \to Z_2, Z_2 \to Z$ 得 $L \to Z$. 其他的规则的归纳证明类似.

我们来证 Diamond Property. 只要证明如下的这些性质则可：

(1) $M \to M'$, $N \to N' \Rightarrow (\lambda x.\ M)N \to M'[x/N]$;

(2) $M \to M'$, $N \to N' \Rightarrow MN \to M'N'$;

(3) $M \to M' \Rightarrow \lambda x.\ M \to \lambda x.\ M'$.

这些性质的证明皆使用简单的归纳法及情况分析,略.

8.2 Scott 域

Scott 域创建于 1969 年左右,对 λ-演算及程序语言的语义研究有着巨大的影响. 语法使得人们或机器可以机械的完成计算、推理、知识获取等工作. 人们研究形式逻辑的模型,又是为了了解和掌握形式系统中的人们原来不知道的东西. 如果从哲学上看,形式系统就是理论,而模型就是人类的实践的世界,二者是人类认识进程中永远相辅相成的两方面. Scott 域原来是作为经典的不带类型的 λ-演算系统及程序语言的模型提出的,由于它深刻、丰富的内涵,完全可以作为更高级的形式系统(例如,带类型的 λ-演算等.)和更先进的计算机语言的模型. 另外,β-归约在 Scott 域中可化的十分清楚,这是其他的模型所没有的.

8.2.1 序关系

定义 8.2.1 令 $\langle D, \leqslant \rangle$ 是一个偏序集合. 这里 D 是集合,$\leqslant$是序关系. 一个子集合 $X \subseteq D$ 是有向的,如果 X 非空而且

$$\forall x,\ y \in X \quad \exists z \in X (x \leqslant z \wedge y \leqslant z)$$

定义 8.2.2 一个偏序集合$\langle D, \leqslant \rangle$ 称为完全偏序集(c. p. o),如果以下两个条件成立：

(1) D 有一个最小元素,称为$\perp$.

(2) 每一个有向集合 $X \subseteq D$ 都有一个最小上界(l. u. b),是 D 的一个元素 d, 满足 $\forall x \in X$, $x \leqslant d$, 而且任意 D 的元素 d', 如果 d' 大于 X 中的所有的元素,则 $d \leqslant d'$, 这个

l. u. b 记为$\bigcup X$.

定义 8.2.3 令 D_1, D_2是两个 c. p. o.，映射 $\varphi: D_1 \to D_2$是单调的，如果 $a \leqslant b \to \varphi(a) \leqslant \varphi(b)$. φ 是连续的，如果对所有 D_1的有向子集合 X，$\varphi(\bigcup X) = \bigcup(\varphi(X))$.

定义 8.2.4 令 D_1, D_2是 c. p. o.，

(1) $[D_1 \to D_2]$ 定义为由 D_1到 D_2的连续函数的全体所组成的集合.

(2) $\forall \varphi, \psi \in [D_1 \to D_2]$，定义 $\varphi \leqslant \psi$ 当且仅当 $\forall d \in D_1, \varphi(d) \leqslant \psi(d)$.

引理 8.2.1 $[D_1 \to D_2]$ 在定义 8.2.4 中(2) 所定义的序关系下是一个 c. p. o.. 而且，对$[D_1 \to D_2]$ 的每一个有向子集合 X，$\forall d \in D_1$，$(\bigcup X)(d) = \bigcup(\varphi(d): \varphi \in X)$.

证明略.

引理 8.2.2 任两个连续函数 φ, ψ 的复合 $\varphi \circ \psi$，仍然是一个连续函数. 如果 $\varphi \in [D_1 \to D_2]$，$\psi \in [D_2 \to D_3]$，那么 $\varphi \circ \psi \in [D_1 \to D_3]$.

证明按常规验证即可.

8.2.2 同构和投影

定义 8.2.5 令 D_1, D_2是两个 c. p. o.，如果存在 $\varphi \in [D_1 \to D_2]$，$\psi \in [D_2 \to D_1]$，使得

$$\varphi \circ \psi = I_2,\ \psi \circ \varphi = I_1$$

这里 I_1, I_2分别是 D_1, D_2上的恒等映射，则称 D_1与 D_2是同构的.

定义 8.2.6 令 D_1, D_2是两个 c. p. o.，I_1, I_2分别是它们到自身上的恒等映射. 由 D_2到 D_1的一个投影是一函数对 $\langle \varphi, \psi \rangle$. 这里 $\varphi \in [D_1 \to D_2]$，$\psi \in [D_2 \to D_1]$，使得

$$\psi \circ \varphi = I_1, \varphi \circ \psi \leqslant I_2$$

如果这样的一对函数存在，称$\langle \varphi, \psi \rangle$ 将 D_2投影到 D_1上.

如果这样的一个投影存在，则 D_1将同构于 D_2的一个子集合 $\varphi(D_1)$. 同时 $\varphi(\perp) = \perp \in D_2$，$\psi(\perp) = \perp \in D_1$.

定义 8.2.7

(1) $\mathrm{N}^+ = \mathbf{N} \cup \{\perp\}$. 这里 **N** 是整数的全体，两两之间无序关系. 但所有的 $n \geqslant \perp$. 这是一个最简单的 c. p. o..

(2) $D_0 = \mathrm{N}^+$，$D_{n+1} = \langle D_n, D_n \rangle$.

定义 8.2.8

(1) $\varphi_0(d) = \lambda a \in D_0.\ d$ $\qquad (\forall d \in D_0)$

(2) $\psi_0(g) = g(\perp_0)$ $\qquad (\forall g \in D_1)$

引理 8.2.3 $\langle \varphi_0, \psi_0 \rangle$ 是由 D_1 到 D_0的一个投影.

证明 略.

定义 8.2.9(n 阶投影的归纳定义) 令 $n \geqslant 1$. 对所有的 $f \in D_n$，所有的 $g \in D_{n+1}$，定义

$$\varphi_n(f) = \varphi_{n-1} \circ f \circ \psi_{n-1}$$
$$\psi_n(g) = \psi_{n-1} \circ g \circ \varphi_{n-1}$$

引理 8.2.4 $\langle \varphi_n, \psi_n \rangle$ 是由 D_{n+1}到 D_n 的一个投影.

证明 略.

定义 8.2.10(Scott 域 D_∞ 的构成) D_∞ 是由所有的无穷序列 $D=\langle d_0, d_1, d_2, \cdots, \rangle$ 组成的集合,这里 $d_n \in D_n$, 同时 $\forall n, \psi_n(d_{n+1}) = d_n$. 对 $d, d' \in D_\infty$,定义 $d \leqslant d'$ 当且仅当 $\forall n \geqslant 0 (d_n \leqslant d_n{}')$.

定理 8.2.1 D_∞ 是 λ-演算系统的一个模型.

该定理的证明相当长,略.

8.3 Gentzen 串形演算

8.3.1 自然推理系统

本节要介绍的是只含 $\wedge$, $\Rightarrow$, $\forall$三个逻辑联结词的自然推理系统,由 Prawitz 创建. Prawitz 的自然推理系统是直觉主义逻辑的一部分,特点是逻辑对称性清楚、明确,从某个角度说是 Gentzen 的串形演算的起点;在机器上执行方便,同时真值在推理过程中的"传递"揭示得非常清楚.所以得到人工智能专家的重视.

注意到在证明论中,自然推理系统、Gentzen 串形演算、线性逻辑等系统中,主要的对象是证明过程而不是公理系统.特别要注意到的是,在语法上一个推理规则的一点点的增强或者减弱,或者一个规则的删除,都在本质上(语义上、哲学上)导致巨大的差异.这点是需要读者在学习和研究的实践中慢慢体会和理解的.

在该自然推理系统中,一个证明是一个类似于树形的图,可能有一个或者多个假设,或者没有假设,只含一个结论.

(1) 基本概念

我们将使用形为

$$\begin{array}{c}\vdots\\ A\end{array}$$

的标记来代表一个自然推理的证明.这里 A 是推理的结论,是一个有穷树的根.该树的"树叶"一种是"有生命的"语句,一种是"无生命的"语句.

注　这样的表示方法在欧洲广泛使用.特别是近年来人们研究线性逻辑的证明网络中的"legal Path reduction", "regular path reduction" 以求一个 "cut-free" 的证明时,这种记号系统是基本的设置.

在一般情况下,在一个自然推理过程中,一个语句是"活的",如果它在整个推理中起一个"前提"的作用.比如说,自然推理系统的第一条规则是

$$A$$

A 本身是"叶"也是根;从逻辑上说我们得到结论 A, 因为我们假定了 A.

在一个证明中,某一个作为"叶"的语句有可能变成"无生命的".因为某一语句的某一出现,在证明中已经不需要了.即是说,假定 T 是一个代表证明的树,以 A 为根,如果删除某些叶,及某些节点,得到的子树仍然是 A 的一个证明,那么,可以认为这些"叶"是"无生命的".一个典型的例子:

(⇒引入规则)

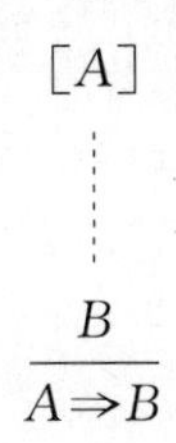

在这个证明中,B 上面虚线中有某一个 A 的出现,已经构成了 $A\Rightarrow B$ 的证明,因而 $[A]$ 已经不需要了.在计算机执行的形式证明中,对这样的已失效的前提作记录是十分重要的.

(2) 推理规则

① 前提 A

② 导入规则

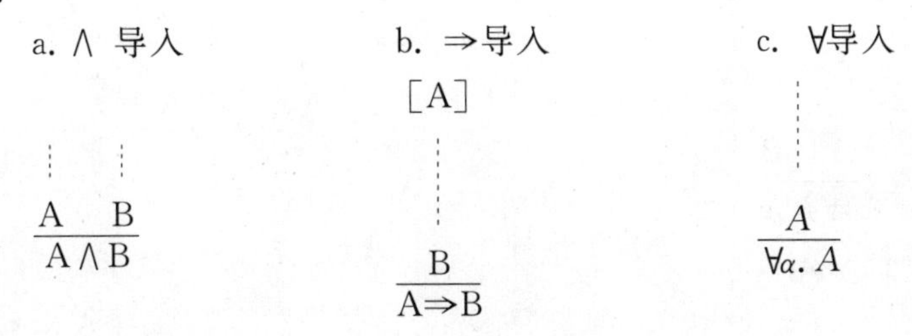

③ 消除规则

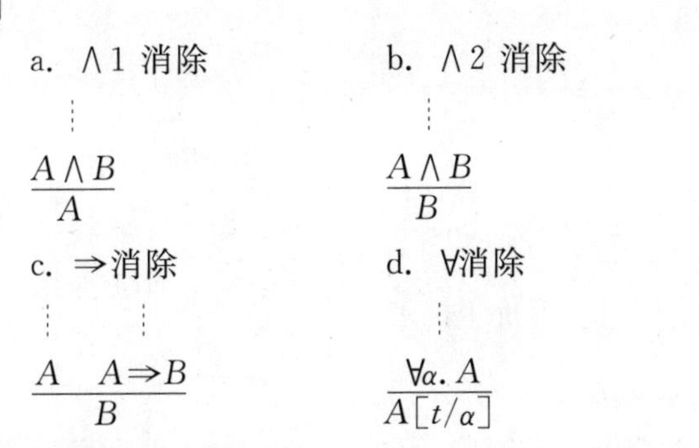

(3) 自然推理系统的可计算语义

将定义一些代数运算,与以上列出的规则一一对应,然后定义代数项.此框架下的代数运算完全与自然推理的证明过程“同构”,这就是著名的“Curry-Howard 同构”.

① 定义

a. 由一个假设组成的一个推理((2)中的第一条推理规则)以一个变元 x 代表.

b. 假定一个推理的最后一步是 $\wedge I$,它前面的两个子推理对应于 $u[x_1,x_2,\cdots,x_n]$ 以及 $v[x_1,x_2,\cdots,x_n]$.那么该推理对应于序对函数 $\langle u[x_1,x_2,\cdots,x_n], v[x_1,x_2,\cdots,x_n]\rangle$.

c. 对应于推理规则 $\wedge$1-消除,假定在这推理步骤之前的子推理是 $t[x_1,x_2,\cdots,x_n]$,由上,该函数一定是一个序对函数,那么令 $\wedge$1-消除对应于函数 $\pi_1(t[x_1,x_2,\cdots,x_n])$,$\pi_1$ 是第一变目投影函数,即 $\pi_1(x_1,x_2)=x_1$.同样,与 $\wedge$2-消除对应的函数应是 π_2 函数.

d. $\Rightarrow$引入规则.如果 v 是此规则上面的子推理对应的项(或函数),如果 A 是已经“失效了”的前提,那么 v 的形式应是 $v[x,x_1,x_2,\cdots,x_n]$,这里 x 是对应于 A 的变元.那么,将规则对应为 $\lambda x.\ v[x,x_1,x_2,\cdots,x_n]$.

e. $\Rightarrow$消除规则.有两个项 $t[x_1,x_2,\cdots,x_n]$,$u[x_1,x_2,\cdots,x_n]$ 分别对应于上面的两个子推理.给定 $x_1,x_2,\cdots,x_n$ 的值,t 是由 A 到 B 的函数,而 u 是 A 的一个元素,所以 $t(u)$ 是在

B 中的，那么

$$t[x_1, x_2, \cdots, x_n]u[x_1, x_2, \cdots, x_n]$$

应该是表达 ⇒消除规则的项.

由定义 a 至 e，有基本等式

a. $\pi_1(u,v) = u$

b. $\pi_2(u,v) = v$

c. $\langle \pi_1 t, \pi_2 t\rangle = t$

d. $(\lambda x. v) = v[x/u]$

e. $\lambda x. t = t$，如果 x 在 t 中不是自由变元.

② 举例，给出逻辑与代数计算的一一同构对应.

例 1

$$\dfrac{\dfrac{\begin{array}{cc}\vdots & \vdots \\ A & B\end{array}}{A \wedge B}}{A} \quad \text{等价于推理} \quad \begin{array}{c}\vdots \\ A\end{array}$$

即 $\pi_1(\langle x, y\rangle) = x \leftrightarrow A$

例 2

$$\dfrac{\begin{array}{c}\vdots \\ A\end{array} \quad \dfrac{\begin{array}{c}[A] \\ \vdots \\ B\end{array}}{A \Rightarrow B}}{B} \quad \text{等价于推理} \quad \begin{array}{c}\vdots \\ A \\ \vdots \\ B\end{array}$$

左边的函数为 $(\lambda x. v(x,y))u(x) = v(u(x),y)$.

右边的函数为 $v(u(x),y)$（请自行验证）.

x 代表 A，y 代表 B.

(4) Curry-Howard 同构

已看到自然推理的推理(证明)与函数项之间的一一对应关系，对以下定义一个结构式形式的类型项的集合来说，将成为自然推理的所有推理的集合及这个项的集合之间的一个同构. 这就是著名的 Curry-Howard 同构.

① 类型

a. 原子类型 $T_1, \cdots, T_n$ 是型.

b. 如果 U，V 是型，则 $U \to V$，$U \times V$ 是型.

c. 只有由 a，b 归纳定义出来的对象是型.

② 项

每一个证明将成为一个项. 具体地说，A 的一个证明将成为型为 A 的一个项.

a. 变元 $x_1^T, x_2^T, \cdots, x_n^T$ 是型为 T 的项.

b. 如果 u，v 分别是型为 U，V 的项，则 $\langle u,v\rangle$ 是型为 $U \times V$ 的项.

c. 若 t 是型为 $U \times V$ 的项，则 $\pi_1(t)$，$\pi_2(t)$ 是项，型分别为 U，V.

d. 若 v 是型为 V 的项，x^U 是一型为 U 的变元，则 $\lambda x^U.v$ 是型为 $U \to V$ 的项.(那么，约束变元对应于证明中"失效"了的前提)

e. 若 t 及 u 是项，它们的型分别是 $U \to V$ 及 U，则 tu 是一型为 V 的项.

依(3)之①只需将变元带上它们相对应的型即可.

8.3.2 Gentzen 串形演算

Gentzen 关于一阶逻辑的串形演算被认为是对逻辑的对称性的最漂亮的刻画.事实上，Prolog 语言是串形演算的一个子演算演变而来.同时，在自动定理证明中的"表格法"也是源出于串形演算.

但是从算法的角度来看，一般的串形演算并没有 Curry-Howard 对应.这是因为在一般串形演算中，同一个证明可以有多种方法写出来.自然推理系统当然是它的一个子系统，直觉主义逻辑也是它的一个子系统.在 Gentzen 的系统中，找到一个带多个结论的自然推理系统以其来描述并行计算，是一个很有意义的探索方向.

(1) 规则

一个串形是形为 $A! \vdash B!$ 的一个表达式.这里 $A!$，$B!$ 分别是公式的有穷序列 A_1，A_2，…，A_n 及 B_1，B_2，…，B_m.该表达式的直觉解释为由 $A_1 \wedge A_2 \wedge \cdots \wedge A_n$ 可推出析取式 $B_1 \vee B_2 \vee \cdots \vee B_m$.特别是

a. 如果 $A!$ 是空集，则 $B_1 \vee B_2 \vee \cdots \vee B_m$ 是一个可证公式.

b. 如果 $A!$ 是空集，而 $B!$ 只含一个公式 B，则 B 可证.

c. 若 $B!$ 是空集，则 $A_1 \wedge A_2 \wedge \cdots \wedge A_n$ 的否定可证.

d. 若 $A!$ 及 $B!$ 都是空集，则意味着矛盾出现.

① 恒等式

a. 对任意公式 C，$C \vdash C$ 称为恒等公理.

b. cut 规则

$$\frac{A! \vdash C,\ B! \qquad A'!,\ C \vdash B'!}{A!,\ A'! \vdash B!,\ B'!}\text{Cut}$$

② 结构性规则

a. 变位规则

$$\frac{A!,\ C,\ D,\ A'! \vdash B!}{A!,\ D,\ C,\ A'! \vdash B!}\text{LX},\ \frac{A \vdash B!,\ C,\ D,\ B'!}{A \vdash B!,\ D,\ C,\ B'!}\text{RX}$$

b. 弱减规则

$$\frac{A! \vdash B!}{A!,\ C \vdash B!}\text{LW},\quad \frac{A! \vdash B!}{A! \vdash C,\ B!}\text{RW}$$

c. 收缩规则

$$\frac{A!,\ C,\ C, \vdash B!}{A!,\ C \vdash B!}\text{LC},\quad \frac{A! \vdash C, C,\ B!}{A! \vdash C,\ B!}\text{RC}$$

对这些规则的重要性，人们几乎是近年来才发现.可以说，线性逻辑的是对这些结构性规则的修改和删除才建立起来的.

③ 逻辑规则

a. 否定规则

$$\frac{A!\ \vdash C,\ B!}{A!,\ \neg C \vdash B!}\mathrm{L}\neg,\quad \frac{A!,\ C \vdash B!}{A!\ \vdash \neg C,\ B!}\mathrm{R}\neg$$

b. 合取规则

$$\frac{A!, C \vdash B!}{A!,\ C\wedge D \vdash B!}\mathrm{L1}\wedge,\quad \frac{A!,\ D \vdash B!}{A!,\ C\wedge D \vdash B!}\mathrm{L2}\wedge$$

$$\frac{A!\ \vdash C,\ B! \quad A'!\ \vdash D,\ B'!}{A!,\ A'!\ \vdash C\wedge D,\ B!, B'!}\mathrm{R}\wedge$$

c. 析取规则

$$\frac{A!,\ C \vdash B! \quad A'!,\ D \vdash B'!}{A!,\ A'!,\ C\vee D \vdash B!,\ B'!}\mathrm{L}\vee$$

$$\frac{A!\ \vdash C,\ B!}{A!\ \vdash C\vee D,\ B!}\mathrm{R1}\vee,\quad \frac{A!\ \vdash D,\ B!}{A!\ \vdash C\vee D,\ B!}\mathrm{R2}\vee$$

d. 蕴涵规则

$$\frac{A!\ \vdash C, B! \quad A'!,\ D \vdash B'!}{A!,\ A'!,\ C\Rightarrow D \vdash B!,\ B'!}\mathrm{L}\Rightarrow,\ \frac{A!,\ C \vdash D,\ B!}{A!\ \vdash C\Rightarrow D,\ B!}\mathrm{R}\Rightarrow$$

e. 全称量词规则

$$\frac{A!,\ C[a/\alpha]\ \ \vdash B!}{A!, \forall\alpha.\ C \vdash B!}\mathrm{L}\forall,\ \frac{A!\ \vdash C,\ B!}{A!\ \vdash \forall\alpha.\ C,\ B!}\mathrm{R}\forall$$

在 R∀ 规则中，α 在 $A!$，$B!$ 中没有自由出现.

f. 存在量词规则

$$\frac{A!,\ C \vdash B!}{A!,\ \exists\alpha.\ C \vdash B!}\mathrm{L}\exists,\quad \frac{A!\ \vdash C[a/\alpha],\ B!}{A!\ \vdash \exists\alpha.\ C,\ B!}\mathrm{R}\exists$$

在 L∃ 规则中，α 在 $A!$，$B!$ 中没有自由出现.

说明

① Gentzen 的串形演算系统与任何形式的经典谓词演算系统是等价的. 它的特点是表达自然，所以有时人们也称它或者它的某种变形为“自然推理系统”. 但这一类串形推理系统与 8.3.1 节介绍的自然推理系统是不同的.

② 串形演算有很好的对称性，或者说，它将逻辑的对称性描述得很清楚. 读者比较各组规则即可以发现这一点.

③ 在 8.3.1 节中介绍了自然推理系统的 Curry-Howard 对应. 同时也可以将自然推理系统对应到串形演算的某一部分中. 或者反过来说，串形演算的某一部分，与 8.3.1 节中的自然推理系统同构. 由 Curry-Howard 同构，自然推理系统中的每一个证明与一个带类型的 λ-项对应. 由 Church-Rosser 定理，每一个 λ-项，如果有范式，则范式是唯一的. 又由 Curry-Howard 同构，自然推理系统的正规化是说每一个自然推理系统的一个证明都等价于一个不带“已失效”的前提的证明. 这就是著名的自然推理系统中的 normalization 定理.

④ 由 ③，既然自然推理系统是串形演算的一部分，自然推理系统的 normalization 能以什么样的形式扩充到串形演算中呢？这就是著名的“Hauptsatz”，也称“cut elimination”，陈述出来，就是著名的 Gentzen 定理：在串形演算中，对每一个证明 π，都存在与 π 等价的一个证明 π'，π' 中未使用 cut 规则.

(2) 直觉主义的串形演算

直觉主义逻辑，或者构造性逻辑，其本质是不接受排中律，或者矛盾律：对任何一个断言 A，或者 A 为真，或者 $\neg A$ 为真，别无其他选择. 但在现实世界中，一个断言，比如，“这块木板是绿色的”，就有多种可能性. 在这个例子中，原因在于不可能对“绿色”这个概念一个明确的界限. 在语义上说，假定 U 是一个模型，任给一个公式 $A(x)$，x 是唯一的自由变元，任给 U 中的一个元素 c，经典逻辑认为，或者 $A(c)$ 为真，或者 $\neg A(c)$ 为真. 但实际上，有些元素 c，我们目前或者永远不知道 $A(c)$ 为真还是为假.

直觉主义逻辑认为，推理的前提，必须已经确定为真的那些断言，或者说，必须是那些已经证明了的断言. 如果要证明 A，使用 $\neg A$，导出矛盾，从而 A 得证，这是人工的，不自然的. 除非我们验证了一切可能的情形，发现 A 都不成立，才说 $\neg A$ 得证. 反过来，即使我们验证了所有的可能情况，$\neg A$ 都不成立，此时也只能得到 $\neg\neg A$. 在自然主义逻辑系统中，A 与 $\neg\neg A$ 是不等价的.

在经典的一阶形式推理系统中，矛盾律表达为

$$若\ \Sigma, \neg A \vdash B \quad 同时\ \Sigma, \neg A \vdash \neg B, 则\ \Sigma \vdash A. \qquad (1*)$$

而在自然主义推理系统中，此推理规则被减弱为两部分：

$$若\ \Sigma, A \vdash B, 同时\ \Sigma, A \vdash \neg B, 则\ \Sigma \vdash \neg A. \qquad (2*)$$

$$若\ \Sigma, \vdash B, 同时\ \Sigma, \vdash \neg B, 则\ \Sigma\ 可推出任一\ A. \qquad (3*)$$

(1*) 与 (2*) + (3*) 的区别从语法上很难理解. 建议读者首先尝试证明 (1*) 成立则 (2*)+(3*) 成立；然后参阅关于 Kripke 模型的文献，使用 Kripke 赋值，很容易构造一个 Kripke 模型，其中 (2*) + (3*) 是有效的，但 (1*) 却不成立. Kripke 模型的构造的主要思想是 K 是一个集合，R 是 K 上的一个偏序，K 的每一个元素 v 代表对部分正原子命题的真值指派. 但不立即指派真值给原子公式的否定，对一个原子命题 δ，v 指派真值给 $\neg\delta$，仅当对所有的 $u \geqslant v$，u 对 δ 都没有指派真值. 这正是哲学思想的数学实现. 从这个赋值定义，读者也能多少理解为什么 (2*) + (3*) 不能推出 (1*). 规则 (2*) 在 Kripke 赋值中的有效性可解释为如果对所有的模型，给 Σ 中的每一公式指派的都是真，同时给 A 指派的也是真，则 B 及 $\neg B$ 都取真，这是不可能的. 所以，对每一个模型，如果对 Σ 指派的都是真，A 都不取真，那么我们可以断言，当 Σ 都取真的时候，按 $\neg A$ 的 Kripke 赋值的定义，$\neg A$ 一定取真.

如上所述，要从语法上理解不同的逻辑系统（尽管在语义上，哲学解释上的巨大差异是很明显的）不是一件很容易的事. Gentzen 的串形演算的优点之一就是要在其逻辑框架下描述直觉主义的逻辑系统就十分简明、清楚.

直觉主义的串形演算系统中，接受同样的恒等式 $C \vdash C$，C 是任一公式. 任一 8.3.2 中 (1) 的规则，必须加上一个限制：任一规则，它的前提含一个或者两个串形，而串形的右边只允许含最多一个公式. 读者可以尝试按这个规定逐个将规则改写成直觉主义的逻辑推理规则. 注意，有些规则是不可能改写的，此时只能废除该规则. 例如结构规则中的 RX、RC 就必须废除. 另外，逻辑规则中的 L∨ 应写成

$$\frac{A!, C \vdash B \quad A'!, D \vdash B}{A!, A'!, C \vee D \vdash B}\mathrm{L}\vee$$

（结论中只含一个 B，而不是两个 B）.

8.4 线性逻辑

在 Gentzen 的串形演算中，结构性规则包括弱减及收缩，简单地说，如果将这两条规则去掉，就导致了线性逻辑的建立. 线性逻辑是在 1986 年左右，由法国逻辑学家 J.Y. Girard 创建的，被认为是证明论中的一个里程碑. 在语法上的一个重要特征是该逻辑中的任一证明中的任一前提 A，在证明中仅使用了一次. 当然它还有许多逻辑上，或计算机科学理论上重要的特性，比如证明网络等. 至今，人们已对线性逻辑作了大量的、深入的研究.

先介绍它的语义. 可以说，线性逻辑的发现，是从对它的语义——近邻空间—— 的研究中得到的.

8.4.1 近邻空间

定义 8.4.1 一个近邻空间 X 是一个集合 $|X|$，它的元素称为原子. $X = \langle |X|, \curlyvee \rangle$ 其中 $\curlyvee$ 是 $|X|$ 上的一个自反的、对称的二元关系. 任给二元素 $x, y \in |X|$，为了强调 x, y 的近邻关系是在近邻空间 X 中的关系，有时写成：$a \curlyvee b[\mathrm{mod}\ X]$. $|X|$ 的一个子集合 a 称为 X 的一个团体，如果 a 中每两个元素都有近邻关系. 记为 $a \subset X$. 如果我们将 $\langle |X|, \curlyvee \rangle$ 看作一个图，也可以称它为 X 的网络图.

除了近邻关系 $\curlyvee$ 之外，可以定义以下的 $|X|$ 上的关系：

严格近邻　$x \smile y$　当且仅当 $x \curlyvee y$ 同时 $x \neq y$；

非近邻　$x \curlywedge y$　当且仅当 $\neg(x \smile y)$；

严格非近邻　$x \frown y$　当且仅当 $\neg(x \curlyvee y)$.

定义 8.4.2 令 X 是一个近邻空间，X 的线性否定空间，记为 $X^{\perp}$，满足

(1) $|X^{\perp}| = |X|$；

(2) $x \curlyvee y\ [\mathrm{mod}\ X^{\perp}]$ 当且仅当 $x \curlywedge y\ [\mathrm{mod}\ X]$.

读者可以自行验证 $X^{\perp\perp} = X$.

定义 8.4.3 对任二近邻空间 X, Y，以乘法连接词 $\otimes$，$\mathcal{L}$，$\Rightarrow$ 分别定义由 X, Y 产生的一个新的近邻空间 Z，这里 $|Z| = |X| \times |Y|$；近邻关系分别为

(1) $(x, y) \curlyvee (x_1, y_1)\ [\mathrm{mod} X \otimes Y]$ 当且仅当 $x \curlyvee x_1 [\mathrm{mod}\ X]$ 并且 $y \curlyvee y_1 [\mathrm{mod}\ Y]$；

(2) $(x, y) \smile (x_1, y_1)\ [\mathrm{mod}\ X \mathcal{L} Y]$ 当且仅当 $x \smile x_1 [\mathrm{mod}\ X]$ 或者 $y \smile y_1 [\mathrm{mod}\ Y]$；

(3) $(x, y) \smile (x_1, y_1)\ [\mathrm{mod}\ X \Rightarrow Y]$ 当且仅当 $x \curlyvee x_1 [\mathrm{mod}\ X]$ 蕴涵 $y \smile y_1 [\mathrm{mod}\ Y]$.

由定义，可获得等式

(1) De Morgan 等式　$(X \otimes Y)^{\perp} = X^{\perp} \mathcal{L} Y^{\perp}$，$(X \mathcal{L} Y)^{\perp} = X^{\perp} \otimes Y^{\perp}$，$X \Rightarrow Y = X^{\perp} \mathcal{L} Y$；

(2) 交换同构　$X \otimes Y \cong Y \otimes X$；$X \mathcal{L} Y \cong Y \mathcal{L} X$；$X \Rightarrow Y \cong Y^{\perp} \Rightarrow X^{\perp}$；

(3) 结合同构　$X \otimes (Y \otimes Z) \cong (X \otimes Y) \otimes Z$；$X \mathcal{L} (Y \mathcal{L} Z) \cong (X \mathcal{L} Y) \mathcal{L} Z$；$X \Rightarrow (Y \Rightarrow Z) \cong (X \otimes Y) \Rightarrow Z$；$X \Rightarrow (Y \mathcal{L} Z) \cong (X \Rightarrow Y) \mathcal{L} Z$.

定义 8.4.4 在同构的意义下，存在一个唯一的近邻空间，它仅含一个元素 0. 该空间

是自对偶的(它的线性否定空间就是它自己). 在语法上引入两个常项 1 和$^{\perp}$,将这两个常项都对应到这个特殊的近邻空间上,形式公理 $1^{\perp}=\perp$, $\perp^{\perp}=1$ 在这个空间上是成立的. 同时,这个空间对乘法联结词是中性的:对任一近邻空间 X, $X\otimes 1\cong X$, $X\mathcal{L}\perp\cong X$, $1\Rightarrow X\cong X$, $X\Rightarrow\perp\cong X^{\perp}$.

定义 8.4.5 任给近邻空间 X, Y, 对加法联结词 $\oplus$, $\&$,分别定义一个新的近邻空间 Z, $|Z|=|X|+|Y|=|X|\times\{0\}\cup|Y|\times\{1\}$,同时

(1) $(x,0)\stackrel{\frown}{\smile}(x_1,0)$ [mod Z]当且仅当 $x\stackrel{\frown}{\smile}x_1$[mod X];

(2) $(y,1)\stackrel{\frown}{\smile}(y_1,1)$ [mod Z]当且仅当 $y\stackrel{\frown}{\smile}y_1$[mod Y];

(3) $(x,0)\smile(y,1)$ [mod $X\&Y$];

(4) $(x,0)\frown(y,1)$ [mod $X\oplus Y$].

类似地有等式

(1) De Morgan 等式 $(X\oplus Y)^{\perp}=X^{\perp}\&Y^{\perp}$, $(X\&Y)^{\perp}=X^{\perp}\oplus Y^{\perp}$;

(2) 交换同构 $X\oplus Y\cong Y\oplus X$; $X\&Y\cong Y\&X$;

(3) 结合同构 $X\oplus(Y\oplus Z)\cong(X\oplus Y)\oplus Z$; $X\&(Y\&Z)\cong(X\&Y)\&Z$;

(4) 分配同构 $X\otimes(Y\oplus Z)\cong(X\otimes Y)\oplus(X\otimes Z)$; $X\mathcal{L}(Y\&Z)\cong(X\mathcal{L}Y)\&(X\mathcal{L}Z)$;
$X\Rightarrow(Y\&Z)\cong(X\Rightarrow Y)\&(X\Rightarrow Z)$; $(X\oplus Y)\Rightarrow Z\cong(X\Rightarrow Y)\&(Y\Rightarrow Z)$.

定义 8.4.6 类似于定义 8.4.4,同样存在唯一的一个近邻空间,它的网络图是空集,它是自对偶的. 它将成为常项 T 与 0 的指派. 对$\oplus$, $\&$ 也是中性的: $X\oplus 0\cong X$, $X\&T\cong X$. 另外,对于乘法联结词,并有

$$X\otimes 0\cong 0,\ X\mathcal{L}T\cong T,\ 0\Rightarrow X\cong T,\ X\Rightarrow T\cong T.$$

8.4.2 线性串形演算

a. 恒等式及否定规则

$$\frac{}{\vdash A,\ A^{\perp}\vdash}(\text{identity}),\quad \frac{\vdash\Gamma,A\qquad\vdash A^{\perp},\Delta}{\Gamma,\Delta}(\text{cut})$$

b. 结构规则

$$\frac{\vdash\Gamma}{\vdash\Gamma'}(\Gamma'\text{是}\,\Gamma\,\text{的任一置换})$$

c. 逻辑规则

$$\frac{}{\vdash 1}(\text{one}),\quad\frac{\vdash\Gamma}{\vdash\Gamma,\perp}(\text{false})$$

$$\frac{\vdash\Gamma,\ A\qquad\vdash B,\ \Delta}{\vdash\Gamma,\ A\otimes B,\Delta}(\text{times}),\quad\frac{\vdash\Gamma,A,B}{\vdash\Gamma,A\mathcal{L}B}(\text{par})$$

$$\frac{}{\vdash\Gamma,\ T}(\text{true}),\quad(\text{no rule for zero})$$

$$\frac{\vdash\Gamma,A\ \vdash\Gamma,B}{\vdash\Gamma,\ A\&B}(\text{with}),\quad\frac{\vdash\Gamma,\ A}{\vdash\Gamma,\ A\oplus B}(\text{left plus})$$

$$\frac{\vdash\Gamma,\ B}{\vdash\Gamma,A\oplus B}(\text{right plus})$$

$$\frac{\vdash ?\Gamma, A}{\vdash ?\Gamma, !A}\text{(of course)}, \quad \frac{\vdash \Gamma}{\vdash \Gamma, ?A}\text{(weakening)}$$

$$\frac{\Gamma \vdash A}{\vdash \Gamma, ?A}\text{(dereliction)}, \quad \frac{\Gamma, ?A, ?A}{\vdash \Gamma, ?A}\text{(contraction)}$$

$$\frac{\vdash \Gamma, A}{\vdash \Gamma, \forall x.A}\text{(for all: } x \text{ is not free in } \Gamma\text{)}, \quad \frac{\vdash \Gamma, A[t/x]}{\vdash \Gamma, \exists x.A}\text{(there is)}$$

语法说明

(1) 线性逻辑有四个常项 $1, \perp; T, 0$. 逻辑联结词是$\otimes, \mathfrak{L}$ (乘法联结词), $A \Rightarrow B$ 是公式 $A^{\perp}\mathfrak{L}B$ 的简写. $\oplus, \&$ (加法联结词). 对原子公式 $p, q, r, \cdots$ 等等,它们的线性否定是事先给定的 $p^{\perp}, q^{\perp}, r^{\perp}, \cdots$ 但若 A 是一个复杂公式, $A^{\perp}$ 仅只是简写,比如$(A \otimes B)^{\perp}$只是 $A^{\perp}\mathfrak{L}B^{\perp}$的简写. 而并不是因为该两公式在线性逻辑系统中是逻辑等价的. 归纳简写方法见上一节的关于$\otimes, \mathfrak{L}, \oplus, \&$ 的 De Morgan 等式.

(2) !,? 是模态联结词. ! — of course, ? — why not.

(3) 以上罗列的推理规则中,去掉带模态联结词 !,? 的规则,余下的部分则构成线性谓词串形演算. 如果再去掉带量词 $\forall, \exists$, 再余下的部分就是线性命题串形演算. 这是线性逻辑的核心部分. 经典的命题演算中含有如此结构优美的一个子逻辑系统,是令人惊讶的.

8.4.3 线性命题串形演算在近邻空间中的语义解释

从近邻空间语义中将看到线性逻辑的优美结构. 这里只考虑命题演算部分,令 $p, q, r, \cdots$ 是原子命题. 对每一个原子命题,我们指派一个近邻空间: $p^*, q^*, r^*, \cdots$由公式的归纳定义,它们正好对应于 8.4.1 中的近邻空间的"算子": 对任意的近邻空间 X, Y, 早已有了 $X^{\perp}$, $X \otimes Y$, $X\mathfrak{L}Y$, $X \oplus Y$. $X \& Y$, $X \Rightarrow Y$ 的定义. 所以,任一公式 A 在原始指派下,对应于一个唯一确定的近邻空间. 要将这个对应扩充到串形及推理规则的每一执行过程,最后扩充到每一个证明上.

定义 8.4.7 假定$\vdash \Gamma(=\vdash A_1, A_2, \cdots, A_n)$ 是一个串形,对每一个 Γ 中的公式 A_j, A_j^* 是已经指派了的近邻空间. 串形$\vdash \Gamma$ 对应的近邻空间 $(\vdash \Gamma)^*$ 定义为

(1) $|(\vdash \Gamma)^*| = |A_1^*| \times |A_2^*| \times \cdots |A_n^*|$;

(2) $x_1 x_2 \cdots x_n \smile y_1 y_2 \cdots y_n$ 当且仅当$\exists j$, $x_j \smile y_j$.

注意到近邻空间 $(\vdash \Gamma)^*$ 就是近邻空间 $A_1^* \mathfrak{L} A_2^* \mathfrak{L} \cdots \mathfrak{L} A_n^*$.

现在给出演算系统中的任一证明在近邻空间中的解释: 若 π 是一个证明过程,(从公理串形开始)它的结论是$\vdash \Gamma$(通常对 Γ 仅含一个公式的情形感兴趣). π^* 将是$(\vdash \Gamma)^*$ 中的一个团体.

首先请注意公理本身是自己的证明.

定义 8.4.8

(1) 恒等公理 $\vdash A, A^{\perp}$对应于集合 $\{xx; x \in |A^*|\}$.

(2) cut 规则 令 π 是$\vdash \Gamma, A$ 的证明, λ 是$\vdash \Delta, \neg A$ 的证明,通过 cut 规则,我们得到的串形是$\vdash \Gamma, \Delta$. 这形成$\vdash \Gamma, \Delta$ 的证明 ρ. 记住 π^*, λ^* 分别是 $(\vdash \Gamma, A)^*$, $(\vdash \Delta, \neg A)^*$ 的团体, ρ^* 应是 $(\vdash \Gamma, \Delta)^*$ 的团体, ρ^* 定义为$\{\beta\beta'; \exists z\ (\beta z \in \pi^* \wedge z\beta' \in \lambda^*)\}$, 这里 β, β' 分别是

$(\vdash \Gamma)^*$ 及 $(\vdash \Delta)^*$ 的元素.

(3) 交换规则　若 π 是 $\vdash \Gamma$ 的一个证明，Γ' 是 Γ 中成员的位置交换结果. 由此产生的 $\vdash \Gamma'$ 的证明 ρ 对应的团体 $\rho^* = \{\delta(\beta); \delta$ 是该位置交换, $\beta \in \pi^*\}$.

简单验证 (1),(2),(3) 中的集合 ρ^* 都是对应的近邻空间的团体. 只要证明 ρ^* 中的元素两两都有近邻关系. 情形 (1)：注意到任给两个元素串 xx 及 yy，根据定义，若 x 与 y 在 A^* 中不是近邻的，则它们一定在 $(A^{\perp})^*$ 中是近邻的，所以 ρ^* 在 $A^* \mathcal{L} (A^{\perp})^*$ 是一个团体. 情形 (2) 任给两个串形 $\beta\beta', \alpha\alpha' \in \rho^*$，若它们使用的联结元素 z 是不同的，假定是 z_1, z_2，则 z_1, z_2 在其中一个情形 A^* 或者 $(A^{\perp})^*$ 必定是不近邻的，因而或者 β 与 α 近邻，或者 β' 与 α' 近邻，从而 $\beta\beta'$ 与 $\alpha\alpha'$ 近邻. 若 $z_1 = z_2$，由归纳假设，βz_1 与 $\beta' z_1$ 是近邻的，由此可推出 β 与 β' 是近邻的，从而 $\beta\beta'$ 与 $\alpha\alpha'$ 是近邻的. 情形 (3)容易.

用一个稍微复杂的归纳证明，可以知道，实际上，在情形 (2) 中的 z，如果 β 及 β' 确定了，z 是唯一的. 注意到在最基本的情形，即 (1) 中，ρ^* 的元素都具 xx 的形式. 这就决定了 z 的唯一性.

定义 8.4.9　对于所有其他的规则，给出以该规则为"最后使用了的规则"的证明 ρ^* 的近邻语义，同样 ρ^* 必定是一个团体.

(1) 公理 $\vdash 1$ 解释为特殊的近邻空间 1 的团体 $\{0\}$.（0 是唯一的那个元素）.

(2) 公理 $\vdash \Gamma, T$ 解释为空间 $(\vdash \Gamma, T)^*$ 的空团体.

(3) false 规则　令 π 是 $\vdash \Gamma$ 的证明，ρ 是 $\vdash \Gamma, \perp$ 的以该规则结尾的证明，则定义 $\rho^* = \{\beta 0; \beta \in \pi^*\}$.

(4) par 规则　π 是 $\vdash \Gamma, A, B$ 的证明，ρ 是 $\vdash \Gamma, A \mathcal{L} B$ 的证明，则 $\rho^* = \{\beta(y,z); \beta yz \in \pi^*\}$.

(5) times 规则　π 是 $\vdash \Gamma, A$，λ 是 $\vdash \Gamma, B$ 的证明，ρ 是 $\vdash \Gamma, A \quad B$ 的证明，则 $\rho^* = \{\beta(y,z)\alpha; \beta y \in \pi^*, z\alpha \in \lambda^*\}$.

(6) lest plus 规则　令 π 是 $\vdash \Gamma, A$ 的证明，ρ 是 $\vdash \Gamma, A \oplus B$ 的证明，则 $\rho^* = \{\beta(y, 0); \beta y \in \pi^*\}$.

(7) right plus 规则　令 π 是 $\vdash \Gamma, B$ 的证明，ρ 是 $\vdash \Gamma, A \oplus B$ 的证明，则 $\rho^* = \{\beta(y, 1); \beta y \in \pi^*\}$.

(8) with 规则　π 是 $\vdash \Gamma, A$，λ 是 $\vdash \Gamma, B$ 的证明，ρ 是 $\vdash \Gamma, A \& B$ 的证明，则 $\rho^* = \{\beta(y,0); \beta y \in \pi^*\} \cup \{\beta(y,1); \beta y \in \lambda^*\}$.

读者可尝试验证每一条款中定义的 ρ^* 都是相应近邻空间的团体.

定义 8.4.10　令 X, Y 是近邻空间，由 X 到 Y 的映射 F 是线性的，如果

(1) 若 $a \subset X$ 则 $F(a) \subset Y$.

(2) 若 $\bigcup b_j = a \subset X$ 则 $F(a) = \bigcup F(b_j)$.

(3) 若 $a \cup b \subset X$，则 $F(a \cap b) = F(a) \cap F(b)$.

定义 8.4.11

(1) 对任一由 X 到 Y 的线性映射，定义 $\mathrm{tr}(F) \subset X \Rightarrow Y$（称为 F 的迹，trace）：$\mathrm{tr}(F) = \{(x,y); y \in F(\{x\})\}$

(2) 对任一 $A \subset X \Rightarrow Y$，定义线性函数 $A(.) : X \rightarrow Y$：

若 $a \subset X$，则 $A(a) = \{y; \exists x \in a, (x,y) \in A\}$

定理 8.4.1 存在 $X \Rightarrow Y$ 的全体团体之集与由 X 到 Y 的全体线性映射集之间的1—1 映射.

证明 只要证明 $\mathrm{tr}(A(\cdot)) = A$ 以及 $\mathrm{tr}(F)(\cdot) = F$ 即可.这是一个按定义条款直接验证的证明.读者可尝试自行作出.

说明

(1) 关于线性逻辑的协调性和完备性,通常是用相对简单一些的相空间语义作出来的.证明思路与大部分的形式逻辑系统的协调性和完备性证明相类似.

(2) 近邻空间语义主要揭示出线性逻辑的证明自身结构的完美性:(a) 每一可证公式 A 的证明,是 A 的语义结构 A^* 中一个特殊的子集 π^*,(一个团体).(b)一个形为 $A \Rightarrow B$ 的公式的证明,对应于由 A^* 到 B^* 的一个线性映射."线性逻辑"的名称由此而来.(c)重要之处是要证明一个公式 A,在公式 A 内部所含的信息资源中寻找即可,不用外部资源.这可以拿经典命题逻辑中的语义判断作一个比较,令 A 是一个 CNF,含 n 个文字(一个文字是一个原子命题或原子命题的否定),为了在赋值意义下证明 A 是永真公式,从理论上说,需要 2^n 个长度为 n 的,由 $\{0,1\}$ 组成的序列,而 A 在每一个序列上都取值 1,这样才得到 A 为永真的证明.而线性逻辑中的公式 A,它是可证的当且仅当近邻空间 A^* 中存在一个团体,这个团体既是 A 的证明.这个性质是其他的逻辑系统所没有的.

(3) 证明论专家普遍认为,线性逻辑系统的证明是最类似"算法"的语义对象,将为计算机科学,特别是并行算法提供一个新的、有力的工具.

第9章　集　　合

第 9 章到第 12 章介绍集合论. 主要介绍集合论的基本概念和结论,这包含集合、运算、关系、函数和基数. 对概念和定理的介绍将以数理逻辑的谓词逻辑为工具来描述,体现了这两个数学分支之间的联系,且可使集合论的研究既简练又严格. 还将简要介绍集合论公理系统,这个公理系统又称公理集合论,是数理逻辑的一个分支.

9.1　集合的概念和表示方法

9.1.1　集合的概念

集合是集合论中最基本的概念,但很难给出精确的定义. 集合是集合论中唯一不给出定义的概念,但它是容易理解和掌握的.

集合是一些确定的、可以区分的事物汇聚在一起组成的一个整体. 组成一个集合的每个事物称为该集合的一个元素,或简称一个元.

如果 a 是集合 A 的一个元素,就说 a 属于 A,或者说 a 在 A 中,记作

$$a \in A.$$

如果 b 不是集合 A 的一个元素,就说 b 不属于 A,或者说 b 不在 A 中,记作

$$b \notin A.$$

集合概念是很简单的,但准确理解其含义却是十分重要的.

特别应注意下列几点:

(1) 集合的元素可以是任何事物,也可以是另外的集合(以后将说明,集合的元素不能是该集合自身).

(2) 一个集合的各个元素是可以互相区分开的. 这意味着,在一个集合中不会重复出现相同的元素.

(3) 组成一个集合的各个元素在该集合中是无次序的.

(4) 任一事物是否属于一个集合,回答是确定的. 也就是说,对一个集合来说,任一事物或者是它的元素或者不是它的元素,二者必居其一而不可兼而有之,且结论是确定的.

下面将用实例说明这些含义.

9.1.2　集合的表示方法

我们一般用不同的大写字母表示不同的集合,并用不同的小写字母表示集合中不同的元素. 但是因为某个集合的一个元素可能是另一个集合,所以这种约定不是绝对的.

本书中规定,用几个特定的字母表示几个常用的集合. 约定

N 表示全体自然数组成的集合,

Z 表示全体整数组成的集合，

Q 表示全体有理数组成的集合，

R 表示全体实数组成的集合，

C 表示全体复数组成的集合.

在本书中，规定 0 是自然数，即 $0\in\mathbf{N}$. 但在另一些书中，规定 0 不是自然数.

通常表示集合的方法有两种.

一种方法是外延表示法. 这种方法一一列举出集合的全体元素. 例如

$$A=\{7,8,9\},$$

$$\mathbf{N}=\{0,1,2,3,\cdots\},$$

表示集合 A 有三个元素 7,8,9. 集合 **N** 的元素是 $0,1,2,3,\cdots$. 集合 **N** 就是自然数的集合，**N** 的表示式中使用了省略符号，这表示 **N** 中有无限多个元素 4,5,6,7 等. 有限集合中也可以使用省略符号，例如

$$\{a,b,c,\cdots,y,z\}$$

表示由 26 个小写英文字母组成的集合.

另一种方法是内涵表示法. 这种方法是用谓词来描述集合中元素的性质. 上述的集合 A 和 **N** 可以分别表示为

$$A=\{x\mid x\text{ 是整数且 }6<x<10\},$$

$$\mathbf{N}=\{x\mid x\text{ 是自然数}\},$$

一般情况，如果 $P(x)$ 表示一个谓词，那么就可以用 $\{x|P(x)\}$ 或 $\{x:P(x)\}$ 表示一个集合. $\{x|P(x)\}$ 是使 $P(x)$ 为真的所有元素组成的集合. 也就是说，若 $P(a)$ 为真，则 a 属于该集合；若 $P(a)$ 为假，则 a 不属于该集合. 在表示式中的 | 和 : 是一个分隔符号. 在它前面的 x 是集合中元素的形式名称（如集合 A 中元素的形式名称是 x，但实际名称是 7,8,9. 常用 x,y,z 表示形式名称）. 在分隔符号后面的 $P(x)$ 是仅含自由变元 x 的谓词公式.

9.1.3 集合的实例

例 1 $B=\{9,8,8,7\}$.

集合 B 中的两个 8 应看作 B 中的同一个元素，所以 B 中只有三个元素. 集合 B 就是 $\{9,8,7\}$. 它与上述的集合 A 是同样的集合，因为元素之间没有次序.

例 2 $D=\{x|x\notin B\}$.

集合 D 是用集合 B 来定义的. 若 $x\notin B$，则 $x\in D$；若 $x\in B$，则 $x\notin D$. 集合 D 中的元素是除 7,8,9 外的一切事物.

例 3 $F=\{7,\{8,\{9\}\}\}$.

集合 F 和集合 B 不同. $7\in F$，但 $8\notin F$，$9\notin F$. 只有 $8\in\{8,\{9\}\}$ 和 $9\in\{9\}$. 集合 F 仅含有两个元素 7 和 $\{8,\{9\}\}$，这两个元素由表示 F 的最外层花括号包围，并由逗号分隔开. 对于以集合为元素的集合（即有多层花括号的集合），应注意集合的层次.

例 4 $G=\{x|x=1\vee(\exists y)(y\in G\wedge x=\{y\})\}$.

集合 G 是用递归方法定义的. 这个定义是构造性的，可以由该定义求 G 的每个元素，从而构造出 G. 构造 G 的过程是

由 $1\in G$,有 $\{1\}\in G$,

由 $\{1\}\in G$,有 $\{\{1\}\}\in G$,

……

这个构造过程是无止境的,因此 G 的元素有无限多个.

例 5　$H=\{x|x$ 是一个集合 $\wedge x\notin x\}$.

可用反证法证明集合 H 是不存在的.假设存在这样的集合 H.下面将证明,对某一具体事物 y,无法确定 y 是否属于 H.我们以 H 本身作为这个具体事物 y,证明中 y 就是 H.对于集合 H,必有 $y\in H$ 或 $y\notin H$,下面分别考虑之.(1) 若 $y\in H$.由于 y 是 H 的元素,y 就具有 H 中元素的性质 $y\notin y$.考虑到 y 就是 H,所以 $y\notin H$.这与 $y\in H$ 矛盾.(2) 由于 y 不是 H 的元素,y 就没有 H 中元素的性质,因此 $y\in y$.又因 y 就是 H,则 $y\in H$.这与 $y\notin H$ 矛盾.两种情况都存在矛盾,所以 $y\in H$ 和 $y\notin H$ 都不成立,集合 H 不存在.问题的根源在于,集合论不能研究"所有集合组成的集合".这是集合论中的一个悖论,称为 Russell 悖论.

9.2　集合间的关系和特殊集合

9.2.1　集合间的关系

在实数之间可以定义关系=、<、≤、>、≥.类似地,在集合之间可以定义关系=、⊆、⊂、⊇、⊃.

定义 9.2.1　两个集合是相等的,当且仅当它们有相同的元素.若两个集合 A 和 B 相等,则记作 A=B;若 A 和 B 不相等,则记作 A≠B.

这个定义也可以写成

$$A=B\Leftrightarrow(\forall x)(x\in A\leftrightarrow x\in B),$$

$$A\neq B\Leftrightarrow(\exists x)\neg(x\in A\leftrightarrow x\in B).$$

这个定义就是集合论中的外延公理,也叫外延原理.它实质上是说"一个集合是由它的元素完全决定的".因此,可以用不同的表示方法(外延的或内涵的),用不同的性质、条件和内涵表示同一个集合.例如

$$\{7,8,9\},$$

$$\{x\mid x\text{ 是整数 }\wedge 6<x<10\},$$

$$\{x\mid (x-7)(x-8)(x-9)=0\},$$

表示同一个集合,即三个集合相等.

定义 9.2.2　对任意两个集合 A 和 B,若 A 的每个元素都是 B 的元素,就称 A 为 B 的子集合,或称 B 包含 A,或称 B 是 A 的超集合,记作

$$A\subseteq B\quad\text{或}\quad B\supseteq A.$$

这个定义也可以写成

$$A\subseteq B\Leftrightarrow(\forall x)(x\in A\rightarrow x\in B).$$

当 A 不是 B 的子集合时,即 $A\subseteq B$ 不成立时,记作 $A\nsubseteq B$(子集合可简称为子集).

注意区分⊆和∈.例如

$$\{a\}\nsubseteq\{\{a\},b\}\quad\text{但}\quad\{a\}\in\{\{a\},b\},$$

$$\{a,b\} \subseteq \{a,b,\{a\}\} \quad 但 \quad \{a,b\} \notin \{a,b,\{a\}\}.$$

$A \in B$ 表示 A 是 B 的一个元素；$A \subseteq B$ 表示 A 的每个元素都是 B 的元素. 此外，$\in$ 是集合论的原始符号，这是一个基本概念；但是 $\subseteq$ 是由 $\in$ 定义出来的概念.

下面给出有关 $=$ 和 $\subseteq$ 的两个主要结论.

定理 9.2.1 两个集合相等的充要条件是它们互为子集，即 $A=B \Leftrightarrow (A \subseteq B \wedge B \subseteq A)$.

证明 $A=B$

$$\begin{aligned}
&\Leftrightarrow (\forall x)(x \in A \leftrightarrow x \in B) \\
&\Leftrightarrow (\forall x)((x \in A \rightarrow x \in B) \wedge (x \in B \rightarrow x \in A)) \\
&\Leftrightarrow (\forall x)(x \in A \rightarrow x \in B) \wedge (\forall x)(x \in B \rightarrow x \in A) \\
&\Leftrightarrow A \subseteq B \wedge B \subseteq A.
\end{aligned}$$

这个定理很重要. 以后证明两个集合相等时，主要使用这个定理，判定两个集合互为子集.

定理 9.2.2 对任意的集合 A，B 和 C；

(1) $A \subseteq A$.

(2) $(A \subseteq B \wedge B \subseteq A) \Rightarrow A=B$.

(3) $(A \subseteq B \wedge B \subseteq C) \Rightarrow A \subseteq C$.

在这个定理中，(1)是自反性，(2) 是反对称性(这是定理 9.2.1 的一部分)，(3) 是传递性. 定理 9.2.2 说明包含关系 $\subseteq$ 具有这 3 个性质(实数间的 $\leqslant$ 关系也有这 3 个性质).

应该指出，$\in$ 没有这 3 个性质. (1) 以后将证明，对任意的集合 A，$A \notin A$. (2)以后将证明，对任意的集合 A 和 B，$\neg(A \in B \wedge B \in A)$. (3) 对任意的集合 A、B 和 C，当 $A \in B$ 和 $B \in C$ 时，不一定有 $A \in C$. 以后将指出，C 为传递集合时才能推出 $A \in C$.

定义 9.2.3 对任意两个集合 A 和 B，若 $A \subseteq B$ 且 $A \neq B$，就称 A 为 B 的真子集，或称 B 真包含 A，或称 B 是 A 的真超集合，记作

$$A \subset B \text{ 或 } B \supset A.$$

这个定义也可以写成

$$A \subset B \Leftrightarrow (A \subseteq B \wedge A \neq B).$$

定义 9.2.4 若两个集合 A 和 B 没有公共元素，就称 A 和 B 是不相交的.

这个定义也可以写成

$$A \text{ 和 } B \text{ 不相交} \Leftrightarrow \neg(\exists x)(x \in A \wedge x \in B).$$

若 A 和 B 不是不相交的，就称 A 和 B 是相交的.

例如

$\{1,2\} \subset \{1,2,3\}$，

$\{1,2\} \subseteq \{1,2\}$，

$\{1,2\}$ 和 $\{3,4,5\}$ 不相交，

$\{1,2\}$ 和 $\{2,3,4\}$ 相交.

9.2.2 特殊集合

空集和全集是两个特殊集合. 它们的概念很简单，但在集合论中的地位却很重要. 下面

介绍这两个集合.

定义 9.2.5 不含任何元素的集合称为空集,记作$\varnothing$.

空集的定义也可以写成

$$\varnothing = \{x \mid x \neq x\}.$$

显然,$(\forall x)(x \notin \varnothing)$为真.

下面介绍有关空集的两个重要结论.

定理 9.2.3 对任意的集合 A,$\varnothing \subseteq A$.

证明 假设存在集合 A,使$\varnothing \nsubseteq A$. 则存在 x,使 $x \in \varnothing$且 $x \notin A$. 这与空集$\varnothing$的定义矛盾. 所以定理得证.

推论 9.2.1 空集是唯一的.

证明留作思考题(只要假设有两个空集$\varnothing$和$\varnothing'$,证明$\varnothing = \varnothing'$即可).

定义 9.2.6 在给定的问题中,所考虑的所有事物的集合称为全集,记作 E.

全集的定义也可以写成

$$E = \{x \mid x = x\}.$$

全集的概念相当于谓词逻辑的论域. 对不同的问题,往往使用不同的论域. 例如在研究有关实数的问题时,就以 $\mathbf{R}$ 为全集.

9.3 集合的运算

运算是数学上常用的手段. 两个实数进行加法运算可以得到一个新的实数. 类似地,两个集合也可以进行运算,得到交集、并集等新的集合. 集合的运算是由已知集合构造新集合的一种方法. 我们经常从若干简单集合出发,用运算构造大量新集合,这类似于用逻辑联结词构造出大量合式公式. 集合的运算式子也是表示这些新集合的一种方法,而且往往是更简捷的表示方法. 所以,集合的运算式子是表示集合的第三种方法. 这种表示方法不仅简捷,而且可利用运算的性质简化一些证明问题.

9.3.1 集合的基本运算

下面介绍的 5 种运算是集合论中的基本运算.

定义 9.3.1 对集合 A 和 B,

(1) 并集 $A \cup B$ 定义为

$$A \cup B = \{x \mid x \in A \vee x \in B\}.$$

(2) 交集 $A \cap B$ 定义为

$$A \cap B = \{x \mid x \in A \wedge x \in B\}.$$

(3) 差集(又称 B 对 A 的相对补集,补集)$A - B$ 定义为

$$A - B = \{x \mid x \in A \wedge x \notin B\}.$$

(4) 余集(又称 A 的绝对补集)$-A$ 定义为

$$-A = E - A = \{x \mid x \notin A\},$$

(其中 E 为全集. A 的余集就是 A 对 E 的相对补集.)

(5) 对称差 $A \oplus B$ 定义为

$$A \oplus B = (A - B) \cup (B - A) = \{x \mid x \in A \overline{\vee} x \in B\}.$$

这 5 个运算中,余集是一个一元运算,其余 4 个都是二元运算.

例 1 已知集合 A,B 和全集 E 为

$$A = \{a,b,c,d\},$$
$$B = \{e,f,a,d\},$$
$$E = \{a,b,c,d,e,f,g\},$$

则有

$$A \cup B = \{a,b,c,d,e,f\} = B \cup A,$$
$$A \cap B = \{a,d\} = B \cap A,$$
$$A - B = \{b,c\},\ B - A = \{e,f\},$$
$$-A = \{e,f,g\},\ -B = \{b,c,g\},$$
$$A \oplus B = \{b,c,e,f\} = B \oplus A.$$

并集 $A \cup B$ 中的元素是 A 和 B 中所有的元素,公共元素只出现一次.交集 $A \cap B$ 中的元素是 A 和 B 所有的公共元素.差集 $A - B$ 中的元素是在 A 中但不在 B 中的那些元素.余集 $-A$ 中的元素是在全集中但不在 A 中的那些元素.对称差 $A \oplus B$ 中的元素即由 $A - B$ 的元素和 $B - A$ 的元素组成.

9.3.2 广义并和广义交

广义并和广义交是一元运算,是对一个集合的集合 A 进行的运算.它们分别求 A 中所有元素的并和交.A 中可以有任意多个元素,它们就可以求任意个元素的并和交.A 中若有无限多个元素,它们就可以求无限多个元素的并和交.广义并和广义交是并集和交集的推广.

定义 9.3.2 若集合 A 的元素都是集合,则把 A 的所有元素的元素组成的集合称为 A 的广义并,记作 $\bigcup A$;把 A 的所有元素的公共元素组成的集合称为 A 的广义交,记作 $\bigcap A$.

这个定义也可以写成

$$\bigcup A = \{x \mid (\exists z)(z \in A \land x \in z)\},$$
$$\bigcap A = \{x \mid (\forall z)(z \in A \rightarrow x \in z)\}.$$

此外,规定 $\bigcup \varnothing = \varnothing$,规定 $\bigcap \varnothing$ 无意义.

例 2 已知集合 A 为

$$A = \{\{a,b,c\},\{a,b\},\{b,c,d\}\},$$

则有

$$\bigcup A = \{a,b,c,d\},$$
$$\bigcap A = \{b\}.$$

可以用广义并和广义交分别定义并集和交集

$$A \cup B = \bigcup \{A,B\},$$
$$A \cap B = \bigcap \{A,B\}.$$

广义并和并集的运算符都是 $\cup$.但因广义并是一元运算,并集是二元运算,所以对 $\cup$ 的含义

不会产生误解.

9.3.3 幂集

集合的幂集是该集合所有子集组成的集合.幂集是由一个集合构造的新集合,它也是集合的一元运算.但是幂集与原集合的层次有所不同.

定义 9.3.3 若 A 是集合,则把 A 的所有子集组成的集合称为 A 的幂集,记作 $P(A)$.

这个定义也可以写成

$$P(A)=\{x \mid x\subseteq A\}.$$

例 3 $P(\varnothing)=\{\varnothing\}$,

$$P(\{\varnothing\})=\{\varnothing,\{\varnothing\}\},$$

$$P(\{a,b\})=\{\varnothing,\{a\},\{b\},\{a,b\}\}.$$

对任意的集合 A,有 $\varnothing\subseteq A$ 和 $A\subseteq A$,因此有 $\varnothing\in P(A)$ 和 $A\in P(A)$.

9.3.4 笛卡儿积

笛卡儿积也是一种集合二元运算.两个集合的笛卡儿积是它们的元素组成的有序对的集合.笛卡儿积是与原集合层次不同的集合.笛卡儿积是下一章介绍关系概念的基础.下面先介绍有序对,再介绍笛卡儿积.

两个元素 x 和 y(允许 $x=y$)按给定次序排列组成的二元组合称为一个有序对,记作 $\langle x,y\rangle$.其中 x 是它的第一元素,y 是它的第二元素.

有序对 $\langle x,y\rangle$ 应具有下列性质:

(1) $x\neq y\Rightarrow\langle x,y\rangle\neq\langle y,x\rangle$,

(2) $\langle x,y\rangle=\langle u,v\rangle\Leftrightarrow x=u\wedge y=v$.

在平面直角坐标系上一个点的坐标就是一个有序对.

下面用集合定义有序对,使之具有上述的性质.

定义 9.3.4 有序对 $\langle x,y\rangle$ 定义为

$$\langle x,y\rangle=\{\{x\},\{x,y\}\}.$$

定理 9.3.1

(1) $\langle x,y\rangle=\langle u,v\rangle\Leftrightarrow x=u\wedge y=v$,

(2) $x\neq y\Rightarrow\langle x,y\rangle\neq\langle y,x\rangle$.

证明 (1) 设 $x=u\wedge y=v$,则显然有

$$\{\{x\},\{x,y\}\}=\{\{u\},\{u,v\}\},$$

于是 $\langle x,y\rangle=\langle u,v\rangle$.

设 $\langle x,y\rangle=\langle u,v\rangle$,则有

$$\{\{x\},\{x,y\}\}=\{\{u\},\{u,v\}\}.$$

分别考虑 $x=y$ 和 $x\neq y$ 两种情况.

当 $x=y$ 时,$\langle x,y\rangle=\{\{x\}\}$,于是

$$\{x\}=\{u\}=\{u,v\},$$

则
$$x = u = v = y.$$
当 $x \neq y$ 时,显然 $\{u\} \neq \{x, y\}$. 于是
$$\{u\} = \{x\} \quad 且 \quad \{x, y\} = \{u, v\}.$$
则
$$x = u.$$
显然
$$y \neq u, \text{ 于是 } y = v.$$
两种情况都可得到
$$x = u \wedge y = v.$$
(2) 其证明留作思考题.

可以推广有序对的概念,定义由有序的 n 个元素组成的 n 元组. n 元组是用递归方法定义的.

定义 9.3.5 若 $n \in \mathbf{N}$ 且 $n > 1$, $x_1, x_2, \cdots, x_n$ 是 n 个元素,则 n 元组 $\langle x_1, \cdots, x_n \rangle$ 定义为

当 $n = 2$ 时,二元组是有序对 $\langle x_1, x_2 \rangle$;

当 $n \neq 2$ 时, $\langle x_1, \cdots, x_n \rangle = \langle \langle x_1, \cdots, x_{n-1} \rangle, x_n \rangle$.

例 4 $\langle a, b, c, d \rangle = \langle \langle \langle a, b \rangle, c \rangle, d \rangle$.

按照这个定义,有序对就是二元组, n 元组就是多重有序对.

定义 9.3.6 集合 A 和 B 的笛卡儿积(又称卡氏积、乘积、直积) $A \times B$ 定义为
$$A \times B = \{z \mid x \in A \wedge y \in B \wedge z = \langle x, y \rangle\}$$
或简写为
$$A \times B = \{\langle x, y \rangle \mid x \in A \wedge y \in B\}.$$
例 5 已知集合 A 和 B 为
$$A = \{a, b\}, B = \{0, 1, 2\}.$$
则有
$$A \times B = \{\langle a,0 \rangle, \langle a,1 \rangle, \langle a,2 \rangle, \langle b,0 \rangle, \langle b,1 \rangle, \langle b,2 \rangle\},$$
$$B \times A = \{\langle 0,a \rangle, \langle 0,b \rangle, \langle 1,a \rangle, \langle 1,b \rangle, \langle 2,a \rangle, \langle 2,b \rangle\},$$
$$A \times A = \{\langle a,a \rangle, \langle a,b \rangle, \langle b,a \rangle, \langle b,b \rangle\}.$$
在 $A = B$ 时,可把 $A \times A$ 简写为 A^2.

上面用有序对定义了笛卡儿积. A 和 B 的笛卡儿积,就是由 $x \in A$ 和 $y \in B$ 构成的有序对 $\langle x, y \rangle$ 的全体组成的集合. 可以推广这个概念,用 n 元组定义 n 阶笛卡儿积.

定义 9.3.7 若 $n \in \mathbf{N}$ 且 $n > 1$,而 $A_1, A_2, \cdots, A_n$ 是 n 个集合,它们的 n 阶笛卡儿积记作 $A_1 \times A_2 \times \cdots \times A_n$,并定义为
$$A_1 \times A_2 \times \cdots \times A_n = \{\langle x_1, \cdots, x_n \rangle \mid x_1 \in A_1 \wedge \cdots \wedge x_n \in A_n\}.$$
当 $A_1 = A_2 = \cdots = A_n$ 时,它们的 n 阶笛卡儿积可以简写为 A_1^n.

9.3.5 优先权

集合可以由集合运算符连接构成新集合,如 $A \cap B$ 和 $-A$. 两个集合可以由集合关系符连接,构成一个命题,如 $A \cap B \subseteq A$ 和 $A \neq B$. 这种命题可以由逻辑联结词连接,构成复合命题,如 $(A \subseteq B \wedge A \neq B)$. 两个命题可以由逻辑关系符连接,如 $A = B \Rightarrow A \subseteq B$.

在集合论中,当描述问题和证明问题时,往往在一个式子中同时使用上述四类连接符号. 为了简单、确定地表示各类连接符号的优先次序,下面规定各类连接符号的优先权.

一元运算符($-A, P(A), \bigcap A, \bigcup A$)

优先于　二元运算符($-, \cap, \cup, \oplus, \times$)

优先于　集合关系符($=, \subseteq, \subset, \in$)

优先于　一元联结词($\neg$)

优先于　二元联结词($\wedge, \vee, \rightarrow, \leftrightarrow$)

优先于　逻辑关系符($\Leftrightarrow, \Rightarrow$).

此外,还使用数学上惯用的括号表示优先权方法、从左到右的优先次序.规定

(1) 括号内的优先于括号外的;

(2) 同一层括号内,按上述优先权;

(3) 同一层括号内,同一优先级的,按从左到右的优先次序.

例 6

$$-A \oplus B \subseteq C \cup \bigcap D$$

表示

$$((-A) \oplus B) \subseteq (C \cup (\bigcap D)).$$

$$\neg A \cap B \in C \rightarrow D \subseteq \bigcap E$$

表示

$$(\neg((A \cap B) \in C)) \rightarrow (D \subseteq (\bigcap E)).$$

$$A \subseteq B \wedge A \neq B \Leftrightarrow A \subset B$$

表示

$$((A \subseteq B) \wedge (A \neq B)) \Leftrightarrow (A \subset B).$$

9.4 集合的图形表示法

前面已介绍了表示集合的三种方法:外延表示法、内涵表示法和使用运算的表示法.图形表示法是第四种表示法.图形表示法是数学上常用的方法,它的优点是形象直观、易于理解,缺点是理论基础不够严谨,因此只能用于说明,不能用于证明.

下述的三种图形表示法分别适于表示不同类型的集合运算.不仅可以表示集合运算的概念,而且可以表示一些性质和结论.

9.4.1 文氏图

在文氏图中,矩形内部的点表示全集的所有元素.在矩形内画不同的圆表示不同的集合,用圆内部的点表示相应集合的元素.文氏图可以表示集合间的关系和集合的 5 种基本运算.

图 9.4.1 中各图表示集合的关系,各图中的 A 和 B 间具有相应的关系.图 9.4.2 中各图表示 5 种基本运算,各图中斜线区表示经相应运算得到的集合.

9.4.2 幂集的图示法

可以用一个网络图中的各结点表示幂集的各元素.设 $A=\{0,1,2\}$,则 $P(A)$的各元素在图 9.4.3 中表示.图中结点间的连线表示二者之间有包含关系.这种图就是下一章介绍的哈斯图.

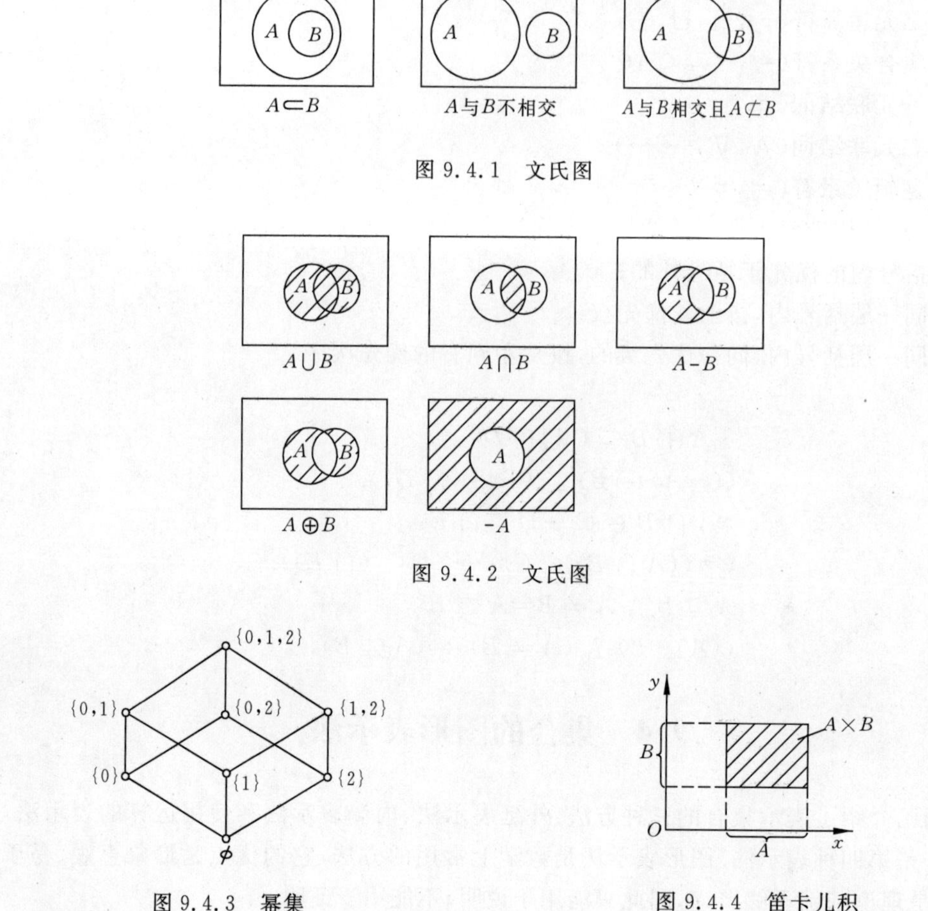

图 9.4.1　文氏图

图 9.4.2　文氏图

图 9.4.3　幂集

图 9.4.4　笛卡儿积

9.4.3　笛卡儿积的图示法

在平面直角坐标系上，如果用 x 轴上的线段表示集合 A，并用 y 轴上的线段表示集合 B，则由两个线段画出的矩形就可以表示笛卡儿积 $A\times B$，如图 9.4.4 所示.

9.5　集合运算的性质和证明

9.5.1　基本运算的性质

集合的三种运算 $A\cup B, A\cap B, -A$ 分别是用逻辑连接词 $\vee, \wedge, \neg$ 定义的，因此它们具有和 $\vee, \wedge, \neg$ 类似的性质. 下面给出它们满足的一些基本规律.

定理 9.5.1　对任意的集合 A, B 和 C，有

(1) 交换律　$A\cup B=B\cup A$,

$A\cap B=B\cap A$.

(2) 结合律　$(A\cup B)\cup C=A\cup(B\cup C)$,

$(A\cap B)\cap C=A\cap(B\cap C)$.

(3) 分配律　$A\cup(B\cap C)=(A\cup B)\cap(A\cup C)$,

$A\cap(B\cup C)=(A\cap B)\cup(A\cap C)$.

(4) 幂等律　$A\cup A=A$,

$A\cap A=A$.

(5) 吸收律　$A\cup(A\cap B)=A$,

$A\cap(A\cup B)=A$.

(6) 摩根律　$A-(B\cup C)=(A-B)\cap(A-C)$,

$A-(B\cap C)=(A-B)\cup(A-C)$,

$-(B\cup C)=-B\cap -C$,

$-(B\cap C)=-B\cup -C$.

(7) 同一律　$A\cup\varnothing=A$,

$A\cap E=A$.

(8) 零律　$A\cup E=E$,

$A\cap\varnothing=\varnothing$.

(9) 补余律　$A\cup -A=E$,

$A\cap -A=\varnothing$.

(10)　$-\varnothing=E$,

$-E=\varnothing$.

(11) 双补律　$-(-A)=A$.

下面只证明其中两个规律,其他的证明留作思考题.

求证(3)　$A\cup(B\cap C)=(A\cup B)\cap(A\cup C)$.

证明　对于任意的 x 可得

$$
\begin{aligned}
& x\in A\cup(B\cap C)\\
\Leftrightarrow & x\in A\vee x\in(B\cap C)\\
\Leftrightarrow & x\in A\vee(x\in B\wedge x\in C)\\
\Leftrightarrow & (x\in A\vee x\in B)\wedge(x\in A\vee x\in C)\\
\Leftrightarrow & x\in(A\cup B)\wedge x\in(A\cup C)\\
\Leftrightarrow & x\in(A\cup B)\cap(A\cup C)
\end{aligned}
$$

于是结论得证.

求证(5)　$A\cap(A\cup B)=A$.

证明

$$
\begin{aligned}
A\cap(A\cup B) &=(A\cup\varnothing)\cap(A\cup B) && (\text{由}(7))\\
&=A\cup(\varnothing\cap B) && (\text{由}(3))\\
&=A\cup\varnothing && (\text{由}(8))\\
&=A && (\text{由}(7))
\end{aligned}
$$

这里采用了两种证明方法.一种是利用谓词演算的方法,另一种是利用已知的集合恒等式.一部分基本规则只能用谓词逻辑来证明.其他规律和集合恒等式可能用两种方法来证.

可以用文氏图说明集合恒等式.图 9.5.1 用文氏图说明

$$A-(B\cap C)=(A-B)\cup(A-C)$$

从图中看出,等式两边对应图中同一个区域,因此应该相等.这种图形表示法只能说明问题,不能证明问题.

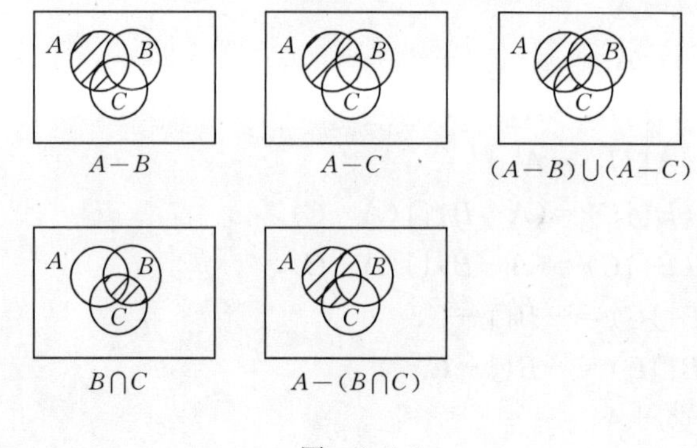

图 9.5.1

下面给出差集的性质.

定理 9.5.2 对任意的集合 A,B 和 C,有

(1) $A-B=A-(A\cap B)$.

(2) $A-B=A\cap -B$.

(3) $A\cup(B-A)=A\cup B$.

(4) $A\cap(B-C)=(A\cap B)-C$.

证明

(1) 对任意的 x

$$\begin{aligned}&x\in A-(A\cap B)\Leftrightarrow x\in A\wedge\neg(x\in A\cap B)\\&\Leftrightarrow x\in A\wedge\neg(x\in A\wedge x\in B)\\&\Leftrightarrow x\in A\wedge(x\notin A\vee x\notin B)\\&\Leftrightarrow(x\in A\wedge x\notin A)\vee(x\in A\wedge x\notin B)\\&\Leftrightarrow F\vee(x\in A-B)\Leftrightarrow x\in A-B\end{aligned}$$

(2) 对任意的 x

$$\begin{aligned}&x\in A-B\Leftrightarrow x\in A\wedge x\notin B\\&\Leftrightarrow x\in A\wedge x\in -B\Leftrightarrow x\in A\cap -B\end{aligned}$$

(3) $$\begin{aligned}&A\cup(B-A)=A\cup(B\cap -A)\\&=(A\cup B)\cap(A\cup -A)=(A\cup B)\cap E\\&=A\cup B\end{aligned}$$

(4) $$\begin{aligned}&A\cap(B-C)=A\cap(B\cap -C)\\&=(A\cap B)\cap -C=(A\cap B)-C\end{aligned}$$

定理中的(2)是很有用的结论,它可以用 $A\cap -B$ 代入式中的 $A-B$,从而消去差集运算符,利用定理 9.5.1 的规律.这类似于命题逻辑中消去联结词“→”.

对称差的性质类似于并集,下面给出一些基本性质.

定理 9.5.3 对任意的集合 A,B 和 C,有

(1) 交换律　$A \oplus B = B \oplus A$.

(2) 结合律　$(A \oplus B) \oplus C = A \oplus (B \oplus C)$.

(3) 分配律　$A \cap (B \oplus C) = (A \cap B) \oplus (A \cap C)$.

(4) 同一律　$A \oplus \varnothing = A$.

(5) 零律　$A \oplus A = \varnothing$.

(6)　$A \oplus (A \oplus B) = B$.

证明　只证(3),其他留作思考题.

(3)
$$
\begin{aligned}
& A \cap (B \oplus C) \\
&= A \cap ((B - C) \cup (C - B)) \\
&= A \cap ((B \cap -C) \cup (C \cap -B)) \\
&= (A \cap B \cap -C) \cup (A \cap C \cap -B) \\
&= ((A \cap B \cap -C) \cup (A \cap B \cap -A)) \\
&\quad \cup ((A \cap C \cap -B) \cup (A \cap C \cap -A)) \\
&= ((A \cap B) \cap (-C \cup -A)) \cup ((A \cap C) \cap (-B \cup -A)) \\
&= ((A \cap B) \cap -(A \cap C)) \cup ((A \cap C) \cap -(A \cap B)) \\
&= (A \cap B) \oplus (A \cap C)
\end{aligned}
$$

集合间的$\subseteq$关系类似于实数间的$\leqslant$关系.下面给出它的一些性质.

定理 9.5.4　对任意的集合 A,B,C 和 D,有

(1) $A \subseteq B \Rightarrow (A \cup C) \subseteq (B \cup C)$.

(2) $A \subseteq B \Rightarrow (A \cap C) \subseteq (B \cap C)$.

(3) $(A \subseteq B) \wedge (C \subseteq D) \Rightarrow (A \cup C) \subseteq (B \cup D)$.

(4) $(A \subseteq B) \wedge (C \subseteq D) \Rightarrow (A \cap C) \subseteq (B \cap D)$.

(5) $(A \subseteq B) \wedge (C \subseteq D) \Rightarrow (A - D) \subseteq (B - C)$.

(6) $C \subseteq D \Rightarrow (A - D) \subseteq (A - C)$.

下面给出几个证明的例子.从中可以看到几类问题的证明方法.

例 1　对任意的集合 A 和 B,有

$$(A \cup B = B) \Leftrightarrow (A \subseteq B) \Leftrightarrow (A \cap B = A) \Leftrightarrow (A - B = \varnothing).$$

证明　本例要求证明 4 个命题互相等价.设命题(1)是 $A \cup B = B$,命题(2)是 $A \subseteq B$,命题(3)是 $A \cap B = A$,命题(4)是 $A - B = \varnothing$.只要证明(1)$\Rightarrow$(2),(2)$\Rightarrow$(3),(3)$\Rightarrow$(4),(4)$\Rightarrow$(1)即可.

(1) $\Rightarrow$(2):

已知 $A \cup B = B$.对任意的 x,得

$$x \in A \Rightarrow x \in A \vee x \in B \Leftrightarrow x \in A \cup B \Leftrightarrow x \in B.$$

因此 $A \subseteq B$.

(2) $\Rightarrow$(3):

已知 $A \subseteq B$.对任意的 x,得

$$x \in A \cap B \Leftrightarrow x \in A \wedge x \in B \Rightarrow x \in A,$$

$$x \in A \Leftrightarrow x \in A \wedge x \in A \Rightarrow x \in A \wedge x \in B \Leftrightarrow x \in A \cap B.$$

因此 $A \cap B = A$.

(3) ⇒(4)：

已知 $A\cap B=A$,故

$$A-B=A\cap -B=(A\cap B)\cap -B=A\cap(B\cap -B)=\varnothing.$$

(4) ⇒(1)：

已知 $A-B=\varnothing$,故

$A\cup B=B\cup A=B\cup(A-B)$(由定理 9.5.2)$=B\cup\varnothing=B$.

例 2 对任意的集合 A,B 和 C,有

$$A\cup B=A\cup C, A\cap B=A\cap C\Rightarrow B=C.$$

证明 方法 1：

$$\begin{aligned}B&=B\cap(A\cup B)=B\cap(A\cup C)\\&=(B\cap A)\cup(B\cap C)\\&=(A\cap C)\cup(B\cap C)=(A\cup B)\cap C\\&=(A\cup C)\cap C=C.\end{aligned}$$

方法 2：

假设 $B\neq C$. 不妨设存在 x 使 $x\in B\wedge x\notin C$. 如果 $x\in A$,则 $x\in A\cap B$ 且 $x\notin A\cap C$,与已知矛盾. 如果 $x\notin A$,则 $x\in A\cup B$ 且 $x\notin A\cup C$,也与已知矛盾. 因此 $B=C$.

由 $A\cup B=A\cup C$ 能否推出 $B=C$ 呢？能否由 $A\cap B=A\cap C$ 推出 $B=C$ 呢？请思考.

例 3 对任意的集合 A,B 和 C,给出

$$(A-B)\oplus(A-C)=\varnothing$$

成立的充要条件.

解

$$\begin{aligned}&(A-B)\oplus(A-C)=\varnothing\\&\Leftrightarrow((A-B)-(A-C))\cup((A-C)-(A-B))=\varnothing\\&\Leftrightarrow((A-B)-(A-C))=\varnothing\wedge((A-C)-(A-B))=\varnothing\\&\Leftrightarrow(A-B)\subseteq(A-C)\wedge(A-C)\subseteq(A-B)\quad(\text{例 }1)\\&\Leftrightarrow A-B=A-C.\end{aligned}$$

于是,充要条件是 $A-B=A-C$.

9.5.2 幂集合的性质和传递集合

定理 9.5.5 对任意的集合 A 和 B,有

(1) $A\subseteq B\Leftrightarrow P(A)\subseteq P(B)$.

(2) $A=B\Leftrightarrow P(A)=P(B)$.

证明

(1) 先设 $A\subseteq B$ 成立. 对任意的 x,有

$x\in P(A)\Leftrightarrow x\subseteq A\Rightarrow x\subseteq B$ (定理 9.2.2)

$\Leftrightarrow x\in P(B)$

于是,$P(A)\subseteq P(B)$.

再设 $P(A)\subseteq P(B)$成立. 对任意的 x,有

$$x\in A\Leftrightarrow\{x\}\subseteq A\Leftrightarrow\{x\}\in P(A)\Rightarrow\{x\}\in P(B)$$

$$\Leftrightarrow \{x\} \subseteq B \Leftrightarrow x \in B.$$

于是　$A \subseteq B$.

(2) $A = B \Leftrightarrow A \subseteq B \wedge B \subseteq A$

$$\Leftrightarrow P(A) \subseteq P(B) \wedge P(B) \subseteq P(A) \Leftrightarrow P(A) = P(B).$$

定理 9.5.6　对任意的集合 A 和 B,有

$$P(A) \in P(B) \Rightarrow A \in B.$$

证明　$P(A) \in P(B) \Leftrightarrow P(A) \subseteq B$

$$\Leftrightarrow (P(A) \subseteq B) \wedge (A \in P(A)) \Rightarrow A \in B.$$

注意,该定理的逆定理不成立.例如,令 $A=\{\varnothing\}, B=\{\{\varnothing\}\}$,则 $A \in B$.但 $P(A)=\{\varnothing, \{\varnothing\}\}, P(B)=\{\varnothing, \{\{\varnothing\}\}\}$,显然 $P(A) \notin P(B)$.

定理 9.5.7　对任意的集合 A 和 B,有

(1) $P(A) \cap P(B) = P(A \cap B)$.

(2) $P(A) \cup P(B) \subseteq P(A \cup B)$.

证明

(1) 对任意的 x,可得

$$x \in P(A) \cap P(B) \Leftrightarrow x \in P(A) \wedge x \in P(B)$$
$$\Leftrightarrow x \subseteq A \wedge x \subseteq B$$
$$\Leftrightarrow (\forall y)(y \in x \rightarrow y \in A) \wedge (\forall y)(y \in x \rightarrow y \in B)$$
$$\Leftrightarrow (\forall y)(y \in x \rightarrow (y \in A \wedge y \in B))$$
$$\Leftrightarrow x \subseteq A \cap B \Leftrightarrow x \in P(A \cap B).$$

(2) 对任意的 x,可得

$$x \in P(A) \cup P(B) \Leftrightarrow x \in P(A) \vee x \in P(B)$$
$$\Leftrightarrow x \subseteq A \vee x \subseteq B$$
$$\Leftrightarrow (\forall y)(y \in x \rightarrow y \in A) \vee (\forall y)(y \in x \rightarrow y \in B)$$
$$\Rightarrow (\forall y)((y \in x \rightarrow y \in A) \vee (y \in x \rightarrow y \in B))$$
$$\Leftrightarrow (\forall y)(y \in x \rightarrow y \in (A \cup B))$$
$$\Leftrightarrow x \subseteq A \cup B \Leftrightarrow x \in P(A \cup B).$$

注意,结论(2)不能写成等式.例如,令 $A=\{a\}, B=\{b\}$.则 $P(A \cup B)=\{\varnothing, \{a\}, \{b\}, \{a,b\}\}$, $P(A) \cup P(B)=\{\varnothing, \{a\}, \{b\}\}$.

定理 9.5.8　对任意的集合 A 和 B,有

$$P(A-B) \subseteq (P(A)-P(B)) \cup \{\varnothing\}.$$

证明　对任意的 x,若 $x \neq \varnothing$,则有

$$x \in P(A-B) \Leftrightarrow x \subseteq A-B$$
$$\Leftrightarrow (\forall y)(y \in x \rightarrow y \in A-B)$$
$$\Leftrightarrow (\forall y)(y \in x \rightarrow y \in A) \wedge (\forall y)(y \in x \rightarrow y \notin B)$$
$$\Rightarrow (\forall y)(y \in x \rightarrow y \in A) \Leftrightarrow x \subseteq A$$

此外

$$x \in P(A-B) \wedge x \neq \varnothing$$
$$\Leftrightarrow x \subseteq A-B \wedge (\exists y)(y \in x)$$
$$\Leftrightarrow (\forall y)(y \in x \rightarrow (y \in A \wedge y \notin B)) \wedge (\exists y)(y \in x)$$

$$\Rightarrow (\exists y)(y \in x \land y \notin B) \quad (\text{用推理规则})$$

$$\Leftrightarrow x \not\subseteq B$$

于是

$$x \in P(A-B) \land x \neq \varnothing$$

$$\Rightarrow x \subseteq A \land x \not\subseteq B \Leftrightarrow x \in P(A) \land x \notin P(B)$$

$$\Leftrightarrow x \in (P(A) - P(B))$$

$$\Rightarrow x \in (P(A) - P(B)) \cup \{\varnothing\}.$$

若 $x=\varnothing$,则有

$$\varnothing \in P(A-B) \text{ 且 } \varnothing \in (P(A) - P(B)) \cup \{\varnothing\}.$$

传递集合是一类特殊的集合.下面给出传递集合的定义,并讨论它和幂集的关系.

定义 9.5.1 如果集合的集合 A 的任一元素的元素都是 A 的元素,就称 A 为传递集合.

这个定义也可以写成

A 是传递集合$\Leftrightarrow(\forall x)(\forall y)((x\in y\land y\in A)\to x\in A)$.

例 4 $A=\{\varnothing,\{\varnothing\},\{\varnothing,\{\varnothing\}\}\}$

是传递集合.A 的元素的元素有$\varnothing$和$\{\varnothing\}$,这些都是 A 的元素.

$$B=\{\{\varnothing\},\{\varnothing,\{\varnothing\}\}\}$$

不是传递集合.B 的元素的元素有$\varnothing$和$\{\varnothing\}$,但是$\varnothing$不是 B 的元素.

定理 9.5.9 对集合的集合 A,A 是传递集合$\Leftrightarrow A\subseteq P(A)$.

证明 先设 A 是传递集合.则对任意的 $y\in A$,若 $y=\varnothing$则 $y\in P(A)$.若 $y\neq\varnothing$,对$(\forall x)(x\in y)$,有 $x\in A$(A 是传递集合),则有 $y\subseteq A$,于是 $y\in P(A)$.总之,由 $y\in A\to y\in P(A)$,有 $A\subseteq P(A)$.

再设 $A\subseteq P(A)$.则对任意的 x 和 y,有

$$x \in y \land y \in A \Rightarrow x \in y \land y \in P(A) \quad (\text{由已知})$$

$$\Leftrightarrow x \in y \land y \subseteq A \Rightarrow x \in A$$

因此,A 是传递集合.

定理 9.5.10 对集合的集合 A,A 是传递集合$\Leftrightarrow P(A)$是传递集合.

证明 先设 A 是传递集合.对任意的 x 和 y,有

$$x \in y \land y \in P(A) \Leftrightarrow x \in y \land y \subseteq A \Rightarrow x \in A$$

$$\Rightarrow x \subseteq A \quad (\text{因为 } A \text{ 是传递集合})$$

$$\Leftrightarrow x \in P(A)$$

所以 $P(A)$是传递集合(证明中利用了传递集合的性质,它的元素一定是它的子集).

再设 $P(A)$是传递集合.对任意的 x 和 y,有

$$x \in y \land y \in A \Leftrightarrow x \in y \land \{y\} \subseteq A$$

$$\Leftrightarrow x \in y \land y \in \{y\} \land \{y\} \in P(A)$$

$$\Rightarrow x \in y \land y \in P(A) \quad (P(A) \text{ 是传递集合})$$

$$\Leftrightarrow x \in y \land y \subseteq A \Rightarrow x \in A$$

所以 A 是传递集合.

9.5.3 广义并和广义交的性质

定理 9.5.11 对集合的集合 A 和 B,有

(1) $A\subseteq B\Rightarrow\bigcup A\subseteq\bigcup B$,

(2) $A\subseteq B\Rightarrow\bigcap B\subseteq\bigcap A$,其中 A 和 B 非空.

证明 (1) 设 $A\subseteq B$. 对任意的 x,可得

$$
\begin{aligned}
x \in \bigcup A &\Leftrightarrow (\exists y)(x \in y \land y \in A)\\
&\Rightarrow (\exists y)(x \in y \land y \in B) \Leftrightarrow x \in \bigcup B
\end{aligned}
$$

所以,$\bigcup A\subseteq\bigcup B$.

(2) 设 $A\subseteq B$. 对任意的 x,可得

$$
\begin{aligned}
x \in \bigcap B &\Leftrightarrow (\forall y)(y \in B \rightarrow x \in y)\\
&\Rightarrow (\forall y)(y \in A \rightarrow x \in y)(\text{由 } A \subseteq B)\\
&\Leftrightarrow x \in \bigcap A
\end{aligned}
$$

所以,$\bigcap B\subseteq\bigcap A$.

定理 9.5.12 对集合的集合 A 和 B,有

(1) $\bigcup(A\cup B)=(\bigcup A)\cup(\bigcup B)$,

(2) $\bigcap(A\cup B)=(\bigcap A)\cap(\bigcap B)$,其中 A 和 B 非空.

证明 (1) 对任意的 x,可得

$$
\begin{aligned}
x \in \bigcup (A \cup B) &\Leftrightarrow (\exists y)\ (x \in y \land y \in A \cup B)\\
&\Leftrightarrow (\exists y)\ (x \in y \land (y \in A \lor y \in B))\\
&\Leftrightarrow (\exists y)\ (x \in y \land y \in A) \lor (\exists y)(x \in y \land y \in B)\\
&\Leftrightarrow x \in \bigcup A \lor x \in \bigcup B \Leftrightarrow x \in (\bigcup A) \cup (\bigcup B).
\end{aligned}
$$

所以,$\bigcup(A\cup B)=(\bigcup A)\cup(\bigcup B)$.

(2) 对任意的 x,可得

$$
\begin{aligned}
x \in \bigcap (A \cup B) &\Leftrightarrow (\forall y)(y \in A \cup B \rightarrow x \in y)\\
&\Leftrightarrow (\forall y)((y \in A \lor y \in B) \rightarrow x \in y)\\
&\Leftrightarrow (\forall y)(y \in A \rightarrow x \in y) \land (\forall y)(y \in B \rightarrow x \in y)\\
&\Leftrightarrow x \in \bigcap A \land x \in \bigcap B \Leftrightarrow x \in (\bigcap A) \cap (\bigcap B).
\end{aligned}
$$

所以,$\bigcap(A\cup B)=(\bigcap A)\cap(\bigcap B)$.

定理 9.5.13 对任意的集合 A,有

$$\bigcup (P(A)) = A.$$

证明 对任意的 x,可得

$$
\begin{aligned}
x \in \bigcup (P(A)) &\Leftrightarrow (\exists y)(x \in y \land y \in P(A))\\
&\Leftrightarrow (\exists y)(x \in y \land y \subseteq A) \Leftrightarrow x \in A
\end{aligned}
$$

所以,$\bigcup(P(A))=A$.

定理说明,广义并是幂集的逆运算. 例如,当 $A=\{a,b\}$ 有 $P(A)=\{\varnothing,\{a\},\{b\},\{a,b\}\}$,有 $\bigcup P(A)=\{a,b\}$. 但是次序不能颠倒,即 $P(\bigcup A)\neq A$,只有 $A\subseteq P(\bigcup A)$. 例如,当 $A=\{\{a\}\}$,有 $\bigcup A=\{a\}$,有 $P(\bigcup A)=\{\varnothing,\{a\}\}$.

下面讨论广义并和广义交对于传递集合的封闭性.

定理 9.5.14 若集合 A 是传递集合,则 $\bigcup A$ 是传递集合.

证明 对任意的 x 和 y,有

$$
\begin{aligned}
& x \in y \wedge y \in \bigcup A \Leftrightarrow x \in y \wedge (\exists z)(y \in z \wedge z \in A) \\
& \Rightarrow x \in y \wedge y \in A \quad (A\text{ 是传递集合}) \\
& \Leftrightarrow x \in \bigcup A
\end{aligned}
$$

所以 $\bigcup A$ 是传递集合.

定理 9.5.15 若集合 A 的元素都是传递集合,则 $\bigcup A$ 是传递集合.

证明 对任意的 x 和 y,有

$$
\begin{aligned}
& x \in y \wedge y \in \bigcup A \Leftrightarrow x \in y \wedge (\exists z)(y \in z \wedge z \in A) \\
& \Rightarrow (\exists z)(x \in z \wedge z \in A) \quad (z\text{ 是传递集合}) \\
& \Leftrightarrow x \in \bigcup A
\end{aligned}
$$

所以 $\bigcup A$ 是传递集合.

定理 9.5.16 若非空集合 A 是传递集合,则 $\bigcap A$ 是传递集合,且 $\bigcap A=\varnothing$.

这个定理的证明要使用正则公理,这里不给出证明.

定理 9.5.17 若非空集合 A 的元素都是传递集合,则 $\bigcap A$ 是传递集合.

证明 对任意的 x 和 y,可得

$$
\begin{aligned}
& x \in y \wedge y \in \bigcap A \Leftrightarrow x \in y \wedge (\forall z)(z \in A \rightarrow y \in z) \\
& \Leftrightarrow (\forall z)(x \in y \wedge (z \notin A \vee y \in z)) \\
& \Leftrightarrow (\forall z)((x \in y \wedge z \notin A) \vee (x \in y \wedge y \in z)) \\
& \Leftrightarrow (\forall z)((x \in y \vee (x \in y \wedge y \in z)) \wedge (z \notin A \vee (x \in y \wedge y \in z))) \\
& \Rightarrow (\forall z)(z \notin A \vee (x \in y \wedge y \in z)) \\
& \Leftrightarrow (\forall z)(z \in A \rightarrow (x \in y \wedge y \in z)) \\
& \Rightarrow (\forall z)(z \in A \rightarrow x \in z) \quad (z\text{ 是传递集合}) \\
& \Leftrightarrow x \in \bigcap A
\end{aligned}
$$

所以 $\bigcap A$ 是传递集合.

9.5.4 笛卡儿积的性质

笛卡儿积具有下列基本性质.

(1) $A\times\varnothing=\varnothing\times B=\varnothing$,

(2) 若 $A\neq\varnothing$, $B\neq\varnothing$ 且 $A\neq B$,则 $A\times B\neq B\times A$,

(3) $A\times(B\times C)\neq(A\times B)\times C$.

结论表明,笛卡儿积不满足交换律和结合律.结论(3)是因为

$$
\begin{aligned}
A\times(B\times C) &= \{\langle a,\langle b,c\rangle\rangle \mid a \in A \wedge b \in B \wedge c \in C\} \\
(A\times B)\times C &= \{\langle\langle a,b\rangle,c\rangle \mid a \in A \wedge b \in B \wedge c \in C\}
\end{aligned}
$$

其中 $\langle\langle a,b\rangle,c\rangle=\langle a,b,c\rangle$ 是三元组,但 $\langle a,\langle b,c\rangle\rangle$ 不是三元组. $\langle\langle a,b\rangle,c\rangle\neq\langle a,\langle b,c\rangle\rangle$.

定理 9.5.18 若 A 是集合,$x\in A$,$y\in A$,则 $\langle x,y\rangle\in PP(A)$. ($PP(A)$ 表示 $P(P(A))$.)

证明 $x\in A\Leftrightarrow\{x\}\subseteq A\Leftrightarrow\{x\}\in P(A)$,且

$$x\in A\wedge y\in A\Leftrightarrow\{x,y\}\subseteq A\Leftrightarrow\{x,y\}\in P(A).$$

由以上二式可得到

$$x\in A\wedge y\in A\Leftrightarrow\{\{x\},\{x,y\}\}\subseteq P(A)$$
$$\Leftrightarrow\langle x,y\rangle\subseteq P(A)\Leftrightarrow\langle x,y\rangle\in PP(A).$$

定理 9.5.19 对任意的集合 A,B 和 C,有

(1) $A\times(B\cup C)=(A\times B)\cup(A\times C)$.

(2) $A\times(B\cap C)=(A\times B)\cap(A\times C)$.

(3) $(B\cup C)\times A=(B\times A)\cup(C\times A)$.

(4) $(B\cap C)\times A=(B\times A)\cap(C\times A)$.

证明 只证(1),其余留作思考题.

对任意的$\langle x,y\rangle$,可得

$$\langle x,y\rangle\in A\times(B\cup C)\Leftrightarrow x\in A\wedge y\in B\cup C$$
$$\Leftrightarrow x\in A\wedge(y\in B\vee y\in C)$$
$$\Leftrightarrow(x\in A\wedge y\in B)\vee(x\in A\wedge y\in C)$$
$$\Leftrightarrow\langle x,y\rangle\in A\times B\vee\langle x,y\rangle\in A\times C$$
$$\Leftrightarrow\langle x,y\rangle\in(A\times B)\cup(A\times C)$$

所以,$A\times(B\cup C)=(A\times B)\cup(A\times C)$.

定理 9.5.20 对任意的集合 A,B 和 C,若 $C\neq\varnothing$,则

$$(A\subseteq B)\Leftrightarrow(A\times C\subseteq B\times C)\Leftrightarrow(C\times A\subseteq C\times B).$$

证明 先设 $A\subseteq B$. 若 $y\in C$,则

$$\langle x,y\rangle\in A\times C\Leftrightarrow x\in A\wedge y\in C$$
$$\Rightarrow x\in B\wedge y\in C\Leftrightarrow\langle x,y\rangle\in B\times C.$$

所以,$A\times C\subseteq B\times C$.

再设 $A\times C\subseteq B\times C$. 取 $y\in C$,则

$$x\in A\Rightarrow x\in A\wedge y\in C\Leftrightarrow\langle x,y\rangle\in A\times C$$
$$\Rightarrow\langle x,y\rangle\in B\times C\Leftrightarrow x\in B\wedge y\in C\Rightarrow x\in B.$$

所以,$A\subseteq B$.

总之,$A\subseteq B\Leftrightarrow A\times C\subseteq B\times C$.

类似可证,$A\subseteq B\Leftrightarrow C\times A\subseteq C\times B$.

定理 9.5.21 对任意的非空集合 A,B,C 和 D,

$$(A\times B\subseteq C\times D)\Leftrightarrow(A\subseteq C\wedge B\subseteq D).$$

证明 先设 $A\times B\subseteq C\times D$. 对任意的 $x\in A$,因存在 $y\in B$,则

$$x\in A\wedge y\in B\Leftrightarrow\langle x,y\rangle\in A\times B$$
$$\Rightarrow\langle x,y\rangle\in C\times D\Leftrightarrow x\in C\wedge y\in D\Rightarrow x\in C$$

所以,$A\subseteq C$,类似有 $B\subseteq D$.

再设 $A\subseteq C$ 且 $B\subseteq D$. 对任意的 x 和 y,有

$$\langle x,y\rangle\in A\times B\Leftrightarrow x\in A\wedge y\in B$$
$$\Rightarrow x\in C\wedge y\in D\Leftrightarrow\langle x,y\rangle\in C\times D.$$

所以,$A\times B\subseteq C\times D$.

9.6 有限集合的基数

集合的基数就是集合中元素的个数.这一节介绍有限集合的基数和一些结论.无限集合的基数将在以后介绍.

9.6.1 有限集合的基数

定义 9.6.1 如果存在 $n \in \mathbf{N}$,使集合 A 与集合 $\{x \mid x \in \mathbf{N} \land x < n\} = \{0,1,2,\cdots,n-1\}$ 的元素个数相同,就说集合 A 的基数是 n,记作 $\#(A)=n$ 或 $|A|=n$ 或 $\mathrm{card}(A)=n$.空集 $\varnothing$ 的基数是 0.

定义 9.6.2 如果存在 $n \in \mathbf{N}$,使 n 是集合 A 的基数.就说 A 是有限集合.如果不存在这样的 n,就说 A 是无限集合.

9.6.2 幂集和笛卡儿积的基数

定理 9.6.1 对有限集合 A,

$$|P(A)| = 2^{|A|}.$$

证明 设 $|A|=n \in \mathbf{N}$.

由 A 的 k 个元素组成的子集的数目是从 n 个元素中取 k 个的组合数

$$\mathrm{C}_n^k = \frac{n(n-1)\cdots(n-k+1)}{k!}.$$

A 的有 0 个元素的子集只有 $\varnothing \subseteq A$.所以

$$|P(A)| = 1 + \mathrm{C}_n^1 + \mathrm{C}_n^2 + \cdots + \mathrm{C}_n^n = \sum_{k=0}^{n} \mathrm{C}_n^k.$$

又因为

$$(x+y)^n = \sum_{k=0}^{n} \mathrm{C}_n^k x^k y^{n-k},$$

当 $x=y=1$ 时,得

$$2^n = \sum_{k=0}^{n} \mathrm{C}_n^k.$$

所以

$$|P(A)| = 2^n = 2^{|A|}.$$

定理 9.6.2 对有限集合 A 和 B,

$$|A \times B| = |A| \cdot |B|.$$

9.6.3 基本运算的基数

定理 9.6.3 对有限集合 A_1 和 A_2,有

(1) $|A_1 \cup A_2| \leqslant |A_1| + |A_2|$,

(2) $|A_1 \cap A_2| \leqslant \min(|A_1|, |A_2|)$,

(3) $|A_1 - A_2| \geqslant |A_1| - |A_2|$,

(4) $|A_1 \oplus A_2| = |A_1| + |A_2| - 2|A_1 \cap A_2|$.

下述定理通常称为包含排斥原理,它有更多的用途.

定理 9.6.4 对有限集合 A_1 和 A_2,有

$$|A_1 \cup A_2| = |A_1| + |A_2| - |A_1 \cap A_2|.$$

证明 (1) 若 A_1 与 A_2 不相交,则 $A_1 \cap A_2 = \varnothing$,而且 $|A_1 \cap A_2| = 0$. 这时显然成立 $|A_1 \cup A_2| = |A_1| + |A_2|$.

(2) 若 A_1 与 A_2 相交,则 $A_1 \cap A_2 \neq \varnothing$,但有

$$|A_1| = |A_1 \cap -A_2| + |A_1 \cap A_2|,$$

$$|A_2| = |-A_1 \cap A_2| + |A_1 \cap A_2|.$$

此外

$$|A_1 \cup A_2| = |A_1 \cap -A_2| + |-A_1 \cap A_2| + |A_1 \cap A_2|,$$

所以

$$|A_1 \cup A_2| = |A_1| + |A_2| - |A_1 \cap A_2|.$$

下面举例说明定理的应用.

例 1 在 10 名青年中有 5 名是工人,有 7 名是学生,其中有 3 名既是工人又是学生,问有几名既不是工人又不是学生?

解 设工人的集合是 A,学生的集合是 B. 则有 $|A| = 5$, $|B| = 7$, $|A \cap B| = 3$,又有 $|-A \cap -B| + |A \cup B| = 10$. 于是得

$$\begin{aligned} |-A \cap -B| &= 10 - |A \cup B| \\ &= 10 - (|A| + |B| - |A \cap B|) \\ &= 10 - (5 + 7 - 3) = 1. \end{aligned}$$

所以有一名既不是工人又不是学生.

对 3 个有限集合 A_1,A_2 和 A_3,可以推广这个定理,得到

$$\begin{aligned} |A_1 \cup A_2 \cup A_3| = {} & |A_1| + |A_2| + |A_3| - |A_1 \cap A_2| \\ & - |A_1 \cap A_3| - |A_2 \cap A_3| + |A_1 \cap A_2 \cap A_3|. \end{aligned}$$

例 2 30 位同学中,15 人参加体育组,8 人参加音乐组,6 人参加美术组,其中 3 人同时参加三个组. 问至少有多少人没有参加任何小组?

解 设 A_1、A_2、A_3 分别表示体育组、音乐组、美术组成员的集合. 则有

$$|A_1| = 15,\ |A_2| = 8,\ |A_3| = 6,$$

$$|A_1 \cap A_2 \cap A_3| = 3.$$

因此

$$\begin{aligned} & |A_1 \cup A_2 \cup A_3| \\ = {} & 15 + 8 + 6 - |A_1 \cap A_2| - |A_1 \cap A_3| - |A_2 \cap A_3| + 3 \\ = {} & 32 - |A_1 \cap A_2| - |A_1 \cap A_3| - |A_2 \cap A_3|. \end{aligned}$$

因为

$$|A_1 \cap A_2| \geqslant |A_1 \cap A_2 \cap A_3| = 3$$

$$|A_1 \cap A_3| \geqslant |A_1 \cap A_2 \cap A_3| = 3$$

$$|A_2 \cap A_3| \geqslant |A_1 \cap A_2 \cap A_3| = 3,$$

所以 $$|A_1 \cup A_2 \cup A_3| \leqslant 32 - 3 - 3 - 3 = 23.$$
至多有 23 人参加了小组，所以至少有 7 人不参加任何小组.

这个定理可以推广到 n 个集合的情况. 若 $n \in \mathbf{N}$ 且 $n > 1$，$A_1, A_2, \cdots, A_n$ 是有限集合，则

$$|A_1 \cup A_2 \cup \cdots \cup A_n| = \sum_{1 \leqslant i \leqslant n} |A_i| - \sum_{1 \leqslant i < j \leqslant n} |A_i \cap A_j| + \sum_{1 \leqslant i < j < k \leqslant n} |A_i \cap A_j \cap A_k| + \cdots + (-1)^{n-1} |A_1 \cap A_2 \cap \cdots \cap A_n|.$$

9.7 集合论公理系统

在 9.1.3 节例 5 中，用谓词定义集合时产生了悖论. 防止悖论的方法是使集合论公理化，也就是建立集合论公理系统.

集合论公理系统是一阶谓词公理系统的扩展，它包括一阶谓词公理系统和几个集合论公理. 集合论公理系统可以推出一阶谓词的所有定理，也可以推出集合论的概念和定理，它防止了集合论中的悖论.

在一阶谓词公理系统中，公理和定理都是永真公式. 在集合论公理中，少数公理是描述集合性质的，多数公理是构造合法集合的，也就是判定集合存在性的. 有的公理构造基本集合，另一些公理由已知集合构造新的集合. 利用这些公理，可以构造所有的集合(公理系统中的合法集合)，这就是证明定理. 在公理系统中的集合，都是由公理得到的合法集合. 以前介绍的外延法和内涵法都不能构造出集合. 可以说，集合论公理系统的主要目的是构造出所有合法的集合，即判定集合的存在性、合法性.

集合论公理系统的一个基本思想是认为"任一集合的所有元素都是集合"，集合论的研究对象只是集合. 除集合外的其他对象(如有序对、数字、字母)都要用集合定义，于是对这些对象的研究也就转化为对集合的研究. 在定义 9.3.4 中，已经用集合定义了有序对. 以后将用集合定义自然数. 其他数字和字母也可以用集合定义. 因为集合的元素都是集合，所以集合最内层的元素只能是空集. 例如集合 $\{\varnothing, \{\varnothing\}, \{\{\varnothing\}, \varnothing\}\}$. 因此，空集是最基本、最重要的集合. 公理系统构造的第一个集合就是空集.

9.7.1 集合论公理

下面介绍 ZF 公理系统，它包括 10 条集合论公理. 下面依次介绍这 10 条公理，然后重点说明其中几条. 对每条公理都给出一阶谓词公式，论域包含所有集合.

(1) 外延公理　两个集合相等的充要条件是它们恰好具有同样的元素.

$$(\forall x)(\forall y)\ (x = y \leftrightarrow (\forall z)(z \in x \leftrightarrow z \in y))$$

(2) 空集合存在公理　存在不含任何元素的集合(空集 $\varnothing$).

$$(\exists x)(\forall y)(y \notin x) \quad x \text{ 是空集 } \varnothing$$

这个公理定义了集合论中第一个集合，空集 $\varnothing$. 由外延公理可知，空集是唯一的.

(3) 无序对集合存在公理　对任意的集合 x 和 y，存在一个集合 z，它的元素恰好为 x 和 y.

$$(\forall x)(\forall y)(\exists z)(\forall u)\ (u \in z \leftrightarrow ((u = x) \lor (u = y)))$$

在 $x=y$ 时，这个公理构造出恰好有一个元素的集合，如$\{\varnothing\}$和$\{\{\varnothing\}\}$. 在 $x\neq y$ 时，这个公理构造出两个元素的集合，如$\{\varnothing,\{\varnothing\}\}$和$\{\{\varnothing\},\{\varnothing,\{\varnothing\}\}\}$.

(4) 并集合公理　对任意的集合 x，存在一个集合 y，它的元素恰好为 x 的元素的元素.

$$(\forall x)(\exists y)(\forall z)(z\in y\leftrightarrow(\exists u)(z\in u\wedge u\in x))$$

这个公理可以由集合$\{\{\varnothing,\{\varnothing\}\},\{\varnothing,\{\{\varnothing\}\}\}\}$构造集合$\{\varnothing,\{\varnothing\},\{\{\varnothing\}\}\}$. 它解决了广义并的存在性(集合的广义并是集合). 由无序对集合存在公理和并集合公理，可以解决两个集合并集的存在性(并集是集合).

(5) 子集公理模式(分离公理模式)　对于任意的谓词公式 $P(z)$，对任意的集合 x，存在一个集合 y，它的元素 z 恰好既是 x 的元素又使 $P(z)$为真.

$$(\forall x)(\exists y)(\forall z)(z\in y\leftrightarrow(z\in x\wedge P(z)))$$

对一个具体的谓词(谓词常项)$P(z)$，子集公理模式就是一条公理. 对不同的 $P(z)$，它是不同的公理. 所以，子集公理模式不是一条公理，而是无限多条有同样模式的公理. 因此称为公理模式. 在 9.7.2 节将介绍用子集公理模式解决交集、差集、广义交和笛卡儿积的存在性(集合经这些运算得到的都是集合).

(6) 幂集合公理　对任意的集合 x，存在一个集合 y，它的元素恰好是 x 的子集.

$$(\forall x)(\exists y)(\forall z)(z\in y\leftrightarrow(\forall u)(u\in z\rightarrow u\in x))$$

公理指出幂集的存在性(集合的幂集是集合).

(7) 正则公理　对任意的非空集合 x，存在 x 的一个元素，它和 x 不相交.

$$(\forall x)(x\neq\varnothing\rightarrow(\exists y)(y\in x\wedge(x\cap y=\varnothing)))$$

正则公理将在 9.7.3 节中说明. 它排除了奇异集合，防止发生悖论.

(8) 无穷公理　存在一个由所有自然数组成的集合.

$$(\exists x)(\varnothing\in x\wedge(\forall y)(y\in x\rightarrow(y\cup\{y\})\in x))$$

式中的 x 是自然数集合 $\mathbf{N}$. 在 9.7.4 中将说明自然数的定义和无穷公理. 这个公理构造了第一个无限集合.

(9) 替换公理模式　对于任意的谓词公式 $P(x,y)$，如果对任意的 x 存在唯一的 y 使得 $P(x,y)$为真，那么对所有的集合 t 就存在一个集合 s，使 s 中的元素 y 恰好是 t 中元素 x 所对应的那些 y.

$$(\forall x)(\exists!y)P(x,y)\rightarrow(\forall t)(\exists s)(\forall u)(u\in s\leftrightarrow(\exists z)(z\in t\wedge P(z,u)))$$

其中$(\forall x)(\exists!\ y)P(x,y)$表示

$$(\forall x)(\exists y)(P(x,y)\wedge(\forall z)(P(x,z)\rightarrow z=y))$$

符号$(\exists!\ y)$表示存在唯一的一个 y.

这也是公理模式，它包括无限多条公理. 对一个具体的 $P(x,y)$，就有一条替换公理.

(10) 选择公理　对任意的关系 R，存在一个函数 F，F 是 R 的子集，而且 F 和 R 的定义域相等.

$$\begin{aligned}&(\forall x)(((\forall y)(y\in x\rightarrow y\neq\varnothing)\\&\wedge(\forall y)(\forall z)((y\in x\wedge z\in x\wedge y\neq z)\rightarrow(y\cap z=\varnothing)))\\&\rightarrow(\exists u)(\forall y)(y\in x\rightarrow(\exists!t)(t\in y\wedge t\in u)))\end{aligned}$$

也可以简写成

$$(\forall 关系 R)(\exists 函数 F)(F \subseteq R \wedge \mathrm{dom}(R) = \mathrm{dom}(F))$$

这是有关函数的公理,将在第 11 章介绍.

在 10 条公理中,外延公理和正则公理是描述集合性质的公理,其他公理都是判定集合存在的公理,也就是构造集合的公理.空集合存在公理和无穷公理不以其他集合的存在为前提,是直接构造基本的集合.它们称为无条件的存在公理.无序对集合存在公理、并集合公理、幂集合公理、子集公理模式、替换公理模式和选择公理是有条件的存在公理.这 6 条公理都是由已知集合构造新集合的公理.其中前 5 条公理构造的集合是唯一的,而选择公理没有给出构造新集合的方法,它只判定了新集合的存在性.实际上可能存在多个满足要求的新集合(即存在多个要求的函数).

建立公理系统时,总希望公理是彼此独立的.但在这 10 条公理中,无序对集合存在公理和子集公理模式可以由其它公理推出.加入这两条公理是为了使用方便.下面给出由其他公理导出这两个公理的简单证明.

已知 u 和 v 是集合,下面证明 $\{u,v\}$ 也是集合.由空集公理,$\varnothing$ 是集合.由幂集公理,$P(\varnothing)=\{\varnothing\}$ 是集合,$P(\{\varnothing\})=\{\varnothing,\{\varnothing\}\}$ 也是集合.令集合 $t=\{\varnothing,\{\varnothing\}\}$,定义 $P(x,y)$ 为 $P(\varnothing,u)=T$,$P(\{\varnothing\},v)=T$,则 t 和 $P(x,y)$ 满足替换公理的前提,由替换公理得到,存在由 u 和 v 构成的集合 $s=\{u,v\}$.

替换公理模式中,令 $P(x,y)$ 是 $p(x) \wedge (x=y)$.显然对任意的 x 存在唯一的 y 使 $p(x) \wedge (x=y)$ 成立.所以替换公理模式的前提成立,则有

$$(\forall t)(\forall s)(\forall u)(u \in s \leftrightarrow (\exists z)(z \in t \wedge p(z) \wedge (z = u)))$$

即

$$(\forall t)(\exists s)(\forall u)(u \in s \leftrightarrow (u \in t \wedge p(u)))$$

这就是子集公理模式.因此它是替换公理模式的特例.

9.7.2 子集公理模式

子集公理模式是

$$(\forall x)(\exists y)(\forall z)(z \in y \leftrightarrow (z \in x \wedge p(z)))$$

子集公理模式是说,对任意的集合 x,存在 x 的子集 y,y 的元素 z 使 $p(z)$ 为真.它主要用于下列情况.已知若干满足条件 $p(z)$ 的元素,但不知这些元素能否组成一个集合.这时只要找到一个集合 A,使这些满足条件的元素都有 $z \in A$.这样就可以由 A 和 $p(x)$ 用分离公理得到集合

$$\{x \mid x \in A \wedge p(x)\}$$

这就是那些元素组成的集合.

下面用子集公理模式证明交集、差集、广义交和笛卡儿积的存在性.

定理 9.7.1 对任意的集合 A 和 B,交集 $A \cap B$ 是集合.

证明 对集合 A,选取 $x \in B$ 为子集公理模式中的 $p(x)$,由子集公理存在集合

$$A_0 = \{x \mid x \in A \wedge x \in B\}.$$

所以,$A_0 = A \cap B$ 是集合.

定理 9.7.2 对任意的集合 A 和 B,差集 $A-B$ 是集合.

证明 由集合 A 和谓词公式 $x \notin B$,依据子集公理,存在集合

$$A_0 = \{x \mid x \in A \wedge x \notin B\}.$$

所以，$A_0 = A - B$ 是集合.

定理 9.7.3 对任意的非空集合 A，广义交 $\bigcap A$ 是集合.

证明 对非空集合 A，存在 $A_1 \in A$. 选取公式 $(\forall y)(y \in A \rightarrow x \in y)$ 为 $p(x)$. 依据子集公理，对集合 A_1 和上述公式，存在集合

$$A_0 = \{x \mid x \in A_1 \wedge (\forall y)(y \in A \rightarrow x \in y)\}.$$

此外

$$\bigcap A = \{x \mid (\forall y)(y \in A \rightarrow x \in y)\}.$$

由 $A_1 \in A$ 和 $(\forall y)(y \in A \rightarrow x \in y)$ 可以推出 $x \in A_1$，所以 $A_0 = \bigcap A$，$\bigcap A$ 是集合.

定理 9.7.4 对任意的集合 A 和 B，笛卡儿积 $A \times B$ 是集合.

证明 对任意的 $\langle x, y\rangle$，有

$$\begin{aligned}
& x \in A \wedge y \in B \\
& \Rightarrow x \in A \cup B \wedge y \in A \cup B \\
& \Rightarrow \langle x, y\rangle \in PP(A \cup B) \quad \text{（定理 9.5.18）}
\end{aligned}$$

显然 $PP(A \cup B)$ 是集合，选取公式 $p(z)$ 为

$$z = \langle x, y\rangle \wedge x \in A \wedge y \in B$$

可以构造它的子集

$$\{z \mid z \in PP(A \cup B) \wedge z = \langle x, y\rangle \wedge x \in A \wedge y \in B\}$$

这就是 $A \times B$，所以 $A \times B$ 是集合.

下面用子集公理证明一个重要结论.

定理 9.7.5 不存在集合 A，使任一集合都是 A 的元素.

证明 假设存在集合 A，任一集合是 A 的元素. 选 $p(x)$ 为 $x \notin x$，依据子集公理，存在集合

$$A_0 = \{x \mid x \in A \wedge x \notin x\},$$

即

$$x \in A_0 \Leftrightarrow x \in A \wedge x \notin x.$$

取 $x = A_0$，则有

$$A_0 \in A_0 \Leftrightarrow A_0 \in A \wedge A_0 \notin A_0.$$

如果 $A_0 \in A$，就有 $A_0 \in A_0 \Leftrightarrow A_0 \notin A_0$，这是不可能的. 所以 $A_0 \notin A$，与假设矛盾. 定理得证.

下面说明，为什么以前规定 $\bigcap \varnothing$ 不存在？

假设 $\bigcap \varnothing$ 是集合，则由广义交的定义，

$$x \in \bigcap \varnothing \Leftrightarrow (\forall y)(y \in \varnothing \rightarrow x \in y).$$

因为 $y \in \varnothing$ 永假，所以右式永真. 于是左式 $x \in \bigcap \varnothing$ 对所有 x 永真. 于是 $\bigcap \varnothing$ 是所有集合的集合，与定理 9.7.5 矛盾. 因此规定 $\bigcap \varnothing$ 不存在.

9.7.3 正则公理和奇异集合

首先定义非空集合的极小元.

定义 9.7.1 对任意的集合 A 和 B，当有 $A \in B$ 且 $A \cap B = \varnothing$，就称 A 为 B 的一个极小元.

例如集合 $B = \{\{\varnothing\}, \{\varnothing, \{\varnothing\}\}\}$. 则 $A_1 = \{\varnothing\}$ 是 B 的极小元. $A_2 = \{\varnothing, \{\varnothing\}\}$ 不是 B 的

极小元.

正则公理是说任一非空集合都有极小元.

$$(\forall x)(x \neq \varnothing \rightarrow (\exists y)(y \in x \land x \cap y = \varnothing))$$

正则公理又称为基础公理或限制公理.由这个公理可以推出集合的一些重要性质.

定理 9.7.6 对任意的集合 A,$A \notin A$.

证明 假设存在集合 A,使 $A \in A$.可以构造集合$\{A\}$,有 $A \in \{A\}$.由正则公理,$\{A\}$有极小元,这只能是$\{A\}$的唯一元素 A.因此,$A \cap \{A\} = \varnothing$.但是,由假设 $A \in A$,则 A 与$\{A\}$有公共元 A,即 $A \cap \{A\} \neq \varnothing$.产生矛盾.所以,$A \notin A$.

定理 9.7.7 对任意的集合 A_1 和 A_2,有

$$\neg(A_1 \in A_2 \land A_2 \in A_1).$$

证明留作思考题.

定理 9.7.8 对任何非空的传递集合 A,有$\varnothing \in A$.

证明 假设存在非空传递集合 A,有$\varnothing \notin A$.由正则公理,A 中有极小元 y,使 $y \in A$ 且 $y \cap A = \varnothing$.由假设$\varnothing \notin A$,则 $y \neq \varnothing$.由正则公理,非空集合 y 有极小元 z,使 $z \in y$ 且 $z \cap y = \varnothing$.因为 A 是传递集合,且 $z \in y$ 和 $y \in A$,所以 $z \in A$.再考虑 $z \in y$,则 $y \cap A \neq \varnothing$,产生矛盾.结论得证.

由定理结论$\varnothing \in A$,可以进一步推出$\bigcap A = \varnothing$,因而$\bigcap A$ 是传递集合.这是定理 9.5.16 的结论.

下面讨论奇异集合的有关问题.

定义 9.7.2 如果集合 A 中有集合的序列 $A_0 \in A, A_1 \in A, \cdots, A_n \in A, \cdots$,使得

$$\cdots, A_{n+1} \in A_n, A_n \in A_{n-1}, \cdots, A_1 \in A_0,$$

或简写为

$$\cdots \in A_{n+1} \in A_n \in A_{n-1} \in \cdots \in A_2 \in A_1 \in A_0,$$

就称 A 为奇异集合.

定理 9.7.9 奇异集合不满足正则公理.

证明 设 A 为奇异集合,则 A 中的一些元素满足

$\cdots \in A_{n+1} \in A_n \in A_{n-1} \in \cdots \in A_2 \in A_1 \in A_0$.于是可以构造 A 的非空子集

$$B = \{A_0, A_1, \cdots, A_n, A_{n+1}, \cdots\}.$$

假设 B 中有极小元 $A_i (i \geqslant 0)$,则 $A_i \in B$ 且 $A_i \cap B = \varnothing$.然而,因为 $A_{i+1} \in A_i$ 和 $A_{i+1} \in B$,所以 $A_i \cap B \neq \varnothing$,产生矛盾.因此 B 没有极小元,不满足正则公理.奇异集合 A 不是集合.

定理 9.7.10 若非空集合 A 不是奇异集合,则 A 满足正则公理.

证明 假设 A 中没有极小元.则对任一个 $A_0 \in A$,都存在 A_1,使 $A_1 \in A_0$ 且 $A_1 \in A$.A_1 也不是 A 的极小元,应存在 A_2,使 $A_2 \in A_1$ 且 $A_2 \in A$.以此类推,A 中应有元素 $A_0, A_1, \cdots, A_n, \cdots$,使得

$$\cdots \in A_{n+1} \in A_n \in A_{n-1} \in \cdots \in A_1 \in A_0.$$

因此 A 是奇异集合,与已知矛盾.所以 A 中有极小元,A 满足正则公理.

定理指出,若存在奇异集合,则不满足正则公理;若存在正则公理,则不存在奇异集合.正则公理是限制性的,它排除了奇异集合的存在.1908 年提出的集合论公理中没有正则公理.1917 年提出了奇异集合问题.1925 年提出了正则公理,解决了奇异集合问题.

9.7.4 无穷公理和自然数集合

无穷公理给出自然数集合的存在性.下面先定义自然数,再说明无穷公理.

定义 9.7.3 对任意的集合 A,可以定义集合 $A^+=A\cup\{A\}$,把 A^+ 称为 A 的后继,A 称为 A^+ 的前驱.

定义 9.7.4 集合 $0=\varnothing$ 是一个自然数.若集合 n 是一个自然数,则集合 $n+1=n^+$ 也是一个自然数.

按照这个定义,可以列出各自然数

$$0=\varnothing$$
$$1=0^+=0\cup\{0\}=\{0\}$$
$$2=1^+=1\cup\{1\}=\{0,1\}$$
$$3=2^+=2\cup\{2\}=\{0,1,2\}$$
$$\cdots\cdots$$

对任一个自然数 $n+1$,则

$$n+1=n^+=\{0,1,\cdots,n\}.$$

0 没有元素,1 有一个元素,2 有两个元素.所以,这样定义自然数是合理的.很容易定义自然数间的大小关系.

定义 9.7.5 对任意的自然数 m 和 n,

$$m<n\Leftrightarrow m\subset n\Leftrightarrow n>m$$
$$m\leqslant n\Leftrightarrow m\subseteq n\Leftrightarrow n\geqslant m.$$

无穷公理是

$$(\exists\mathbf{N})(\varnothing\in\mathbf{N}\wedge(\forall y)(y\in\mathbf{N}\rightarrow y^+\in\mathbf{N}))$$

无穷公理给出了自然数集合 N 的存在性.式中的 $\mathbf{N}$ 就是自然数集合.依据外延公理,自然数集合是唯一的.

下面讨论自然数的三歧性.

定义 9.7.6 对集合 A,如果对任意的集合 $A_1\in A$ 和 $A_2\in A$,使

$$A_1\in A_2, A_1=A_2, A_2\in A_1$$

三式中恰好有一个成立,就称集合 A 有三歧性.

例如集合 $3=\{0,1,2\}$.因为 $0\in1,0\in2,1\in2$,所以 3 有三歧性.

定理 9.7.11 集合 $\mathbf{N}$ 有三歧性.每个自然数都有三歧性.对任意的自然数 m 和 n,有

$$m<n\vee m=n\vee m>n.$$

习 题 9

1. 列出下列各集合所有的元素

(1) $A_1=\{x\mid x\in\mathbf{Z}\wedge 3<x<9\}$;

(2) $A_2=\{x\mid x$ 是十进制数中的一位数字$\}$;

(3) $A_3=\{x|x=2 \vee x=5\}$；

(4) $A_4=\{z|z=\{x,y\} \wedge x\in\mathbf{Z} \wedge y\in\mathbf{Z} \wedge 0\leqslant x\leqslant 2 \wedge -2\leqslant y\leqslant 1\}$.

2. 写出下列集合的表达式

(1) 小于 5 的非负整数集合.

(2) 10 的整数倍的集合.

(3) 奇整数的集合.

(4) $\{3,5,7,11,13,17,19,23,29,\cdots\}$.

3. 给出集合 A,B 和 C 的例子,使 $A\in B,B\in C$ 但 $A\notin C$.

4. 给出集合 A,B 和 C 的例子,使 $A\in B,B\in C$ 且 $A\in C$.

5. 确定下列命题是否为真

(1) $\varnothing\subseteq\varnothing$,

(2) $\varnothing\in\varnothing$,

(3) $\varnothing\subseteq\{\varnothing\}$,

(4) $\varnothing\in\{\varnothing\}$,

(5) $\{\varnothing\}\subseteq\{\varnothing\}$,

(6) $\{\varnothing\}\in\{\varnothing\}$,

(7) $\{\varnothing\}\subseteq\{\{\varnothing\}\}$,

(8) $\{\varnothing\}\in\{\{\varnothing\}\}$,

(9) $\{a,b\}\subseteq\{a,b,c,\{a,b,c\}\}$,

(10) $\{a,b\}\in\{a,b,c,\{a,b,c\}\}$,

(11) $\{a,b\}\subseteq\{a,b,c,\{\{a,b\}\}\}$,

(12) $\{a,b\}\in\{a,b,c,\{\{a,b\}\}\}$.

6. 对任意的集合 A,B 和 C,下列命题是否为真.若真则证明之.若假则举反例.

(1) 若 $A\in B$ 且 $B\subseteq C$,则 $A\in C$.

(2) 若 $A\in B$ 且 $B\subseteq C$,则 $A\subseteq C$.

(3) 若 $A\subseteq B$ 且 $B\in C$,则 $A\in C$.

(4) 若 $A\in B$ 且 $B\not\subseteq C$,则 $A\notin C$.

7. 写出下列集合的幂集和笛卡儿积

(1) $\{a,\{a\}\}$的幂集,

(2) $\{\{1,\{2\}\}\}$的幂集,

(3) $\{\varnothing,a,\{b\}\}$的幂集,

(4) $\{a,b,c\}\times\{a,b\}$,

(5) $P(P(\varnothing))\times P(P(\varnothing))$.

8. 设 $B=P(P(P(\varnothing)))$.

(1) 是否$\varnothing\in B$? 是否$\varnothing\subseteq B$?

(2) 是否$\{\varnothing\}\in B$? 是否$\{\varnothing\}\subseteq B$?

(3) 是否$\{\{\varnothing\}\}\in B$? 是否$\{\{\varnothing\}\}\subseteq B$?

9. 画出下列集合的文氏图：

(1) $(-A)\cap(-B)$，

(2) $A\cap(-B\cup -C)$，

(3) $A\oplus(B\cup C)$.

10. 用公式表示下列文氏图中的集合：

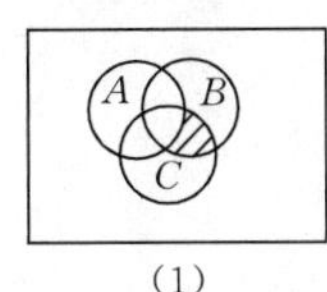

(1)

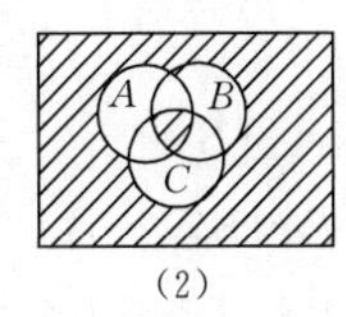

(2)

11. 化简下列各式：

(1) $\varnothing\cap\{\varnothing\}$，

(2) $\{\varnothing,\{\varnothing\}\}-\varnothing$，

(3) $\{\varnothing,\{\varnothing\}\}-\{\varnothing\}$，

(4) $\{\varnothing,\{\varnothing\}\}-\{\{\varnothing\}\}$.

12. 设全集 $E=\{1,2,3,4,5\}$，集合 $A=\{1,4\}$，$B=\{1,2,5\}$，$C=\{2,4\}$. 求下列集合：

(1) $A\cap -B$，

(2) $(A\cap B)\cup -C$，

(3) $-(A\cap B)$，

(4) $P(A)\cap P(B)$，

(5) $P(A)-P(B)$.

13. 给定 **N** 的下列子集 A,B,C,D 为

$A=\{1,2,7,8\}$，$B=\{x\mid x^2<50\}$，

$C=\{x\mid 0\leqslant x\leqslant 20\wedge x$ 可被 3 整除$\}$，

$D=\{x\mid x=2^K\wedge K\in\mathbf{N}\wedge 0\leqslant K\leqslant 5\}$.

列出下列集合的所有元素.

(1) $A\cup(B\cup(C\cup D))$，

(2) $A\cap(B\cap(C\cap D))$，

(3) $B-(A\cup C)$，

(4) $(B-A)\cup D$.

14. 写出下列集合：

(1) $\bigcup\{\{3,4\},\{\{3\},\{4\}\},\{3,\{4\}\},\{\{3\},4\}\}$，

(2) $\bigcap\{\{1,2,3\},\{2,3,4\},\{3,4,5\}\}$.

15. 写出下列集合. 其中：$PP(A)=P(P(A))$，$PPP(A)=P(P(P(A)))$.

(1) $\bigcup\{PPP(\varnothing),PP(\varnothing),P(\varnothing),\varnothing\}$，

(2) $\bigcap\{PPP(\varnothing),PP(\varnothing),P(\varnothing)\}$.

16. 设 $A=\{\{\varnothing\},\{\{\varnothing\}\}\}$. 写出集合

(1) $P(A)$ 和 $\bigcup P(A)$，

(2) $\bigcup A$ 和 $P(\bigcup A)$.

17. 设 A,B 和 C 是任意的集合，证明：

(1) $(A-B)-C=A-(B\cup C)$,

(2) $(A-B)-C=(A-C)-(B-C)$,

(3) $A=B\Leftrightarrow A\oplus B=\varnothing$,

(4) $A\subseteq C\wedge B\subseteq C\Leftrightarrow A\cup B\subseteq C$,

(5) $C\subseteq A\wedge C\subseteq B\Leftrightarrow C\subseteq A\cap B$,

(6) $A\cap B=\varnothing\Leftrightarrow A\subseteq -B\Leftrightarrow B\subseteq -A$.

18. 满足下列条件的集合 A 和 B 有什么关系？

(1) $A-B=B$,

(2) $A-B=B-A$,

(3) $A\cap B=A\cup B$,

(4) $A\oplus B=A$.

19. 给出下列命题成立的充要条件：

(1) $(A-B)\cup(A-C)=A$,

(2) $(A-B)\cup(A-C)=\varnothing$,

(3) $(A-B)\cap(A-C)=\varnothing$,

(4) $(A-B)\oplus(A-C)=\varnothing$.

20. 给出集合 A 和 B 的例子，使

$$(\bigcap A)\cap(\bigcap B)\neq\bigcap(A\cap B).$$

21. 对非空的集合的集合 A，证明 $A\subseteq P(\bigcup A)$.

22. 证明集合 A 是传递集合当且仅当 $\bigcup A\subseteq A$.

23. 设 $A=\{a,b\}$，写出集合 $P(A)\times A$.

24. 下列各式是否成立？成立的证明之，不成立的举反例.

(1) $(A\cap B)\times(C\cap D)=(A\times C)\cap(B\times D)$,

(2) $(A\cup B)\times(C\cup D)=(A\times C)\cup(B\times D)$,

(3) $(A-B)\times(C-D)=(A\times C)-(B\times D)$,

(4) $(A\oplus B)\times(C\oplus D)=(A\times C)\oplus(B\times D)$,

(5) $(A-B)\times C=(A\times C)-(B\times C)$,

(6) $(A\oplus B)\times C=(A\times C)\oplus(B\times C)$.

25. 证明：若 $A\times B=A\times C$ 且 $A\neq\varnothing$，则 $B=C$.

26. (1) 若 $A\times B=\varnothing$，则 A 和 B 应满足什么条件.

(2) 对集合 A，是否可能 $A=A\times A$.

27. 足球队有 38 人，篮球队有 15 人，排球队有 20 人，三个队队员共 58 人，其中 3 人同时参加三个队，问同时参加两个队的人有几个.

28. 求 1 至 250 之间能被 2,3,5 中任何一个整除的整数的个数.

29. 设 A 是集合，不使用无序对集合存在公理证明 $\{A\}$ 是集合.

30. 证明不存在集合 A_1,A_2,A_3,A_4 使

$$A_4 \in A_3 \land A_3 \in A_2 \land A_2 \in A_1 \land A_1 \in A_4.$$

31. 证明不存在由所有单元素集合组成的集合.

32. 证明存在所有素数组成的集合.

33. 证明若 A 是传递集合,则 A^+ 是传递集合.

34. 判断下列集合是否传递集合,是否有三歧性.

(1) $\{1,2,3\}$,

(2) $\{0,1,\{1\}\}$.

第10章 关　　系

关系是在集合上定义的一个常用的概念.例如,在自然数之间可以定义相等关系和小于关系,在命题公式之间可以定义等价关系和永真蕴涵关系,在集合 A 的各子集之间可以定义相等关系和包含关系.此外,在学生和课程之间存在选课关系,在课程表上反映了课程、班级、教师、教室、时间等之间的关系.关系就是联系,也就是映射.在数据库的一种重要类型关系数据库中保存了各数据项之间的关系,关系数据库中的数据结构就是按照本章所定义的关系设计的.

10.1 二元关系

10.1.1 二元关系的定义

定义 10.**1**.**1** 对集合 A 和 B,$A\times B$ 的任一子集称为 A 到 B 的一个二元关系,一般记作 R.若 $\langle x,y\rangle\in R$,可记作 xRy;若 $\langle x,y\rangle\notin R$,可记作 $x\not R y$.在 $A=B$ 时,$A\times A$ 的任一子集称为 A 上的一个二元关系.二元关系可简称关系.

从形式上说,二元关系是笛卡儿积的子集,换句话说,它是有序对的集合.从语义上说,二元关系是集合 A 和 B 元素之间的联系.从下面的例子可以看出这种联系.

例 1 设 $A=\{0,1\}$,$B=\{a,b\}$.则

$$R_1=\{\langle 0,a\rangle\},$$

$$R_2=\{\langle 0,a\rangle,\langle 0,b\rangle,\langle 1,a\rangle\}$$

是 A 到 B 的两个二元关系.

$$R_3=\{\langle 0,1\rangle,\langle 1,0\rangle\}$$

$$R_4=\{\langle 0,1\rangle,\langle 0,0\rangle,\langle 1,0\rangle\}$$

是 A 上的两个二元关系.

例 2 设 $X=\{1,2,3\}$.定义 X 上的关系 D_x 和 L_x 为

$$D_x=\{\langle x,y\rangle\mid x\in X\wedge y\in X\wedge x\text{ 整除 }y\}$$

$$L_x=\{\langle x,y\rangle\mid x\in X\wedge y\in X\wedge x\leqslant y\}$$

于是,D_x 是

$$D_x=\{\langle 1,1\rangle,\langle 2,2\rangle,\langle 3,3\rangle,\langle 1,2\rangle,\langle 1,3\rangle\}.$$

L_x 关系是

$$L_x=\{\langle 1,1\rangle,\langle 2,2\rangle,\langle 3,3\rangle,\langle 1,2\rangle,\langle 1,3\rangle,\langle 2,3\rangle\}.$$

例 3 对任意的集合 A,在 $P(A)$上的包含关系 R_1 和真包含关系 R_2 定义为

$$R_1=\{\langle x,y\rangle\mid x\in P(A)\wedge y\in P(A)\wedge x\subseteq y\},$$

$$R_2=\{\langle x,y\rangle\mid x\in P(A)\wedge y\in P(A)\wedge x\subset y\}.$$

若 $A=\{\varnothing\}$,则 $P(A)=\{\varnothing,\{\varnothing\}\}$,$P(A)$上的 R_1 和 R_2 是

$$R_1 = \{\langle\varnothing,\varnothing\rangle,\langle\varnothing,\{\varnothing\}\rangle,\langle\{\varnothing\},\{\varnothing\}\rangle\},$$
$$R_2 = \{\langle\varnothing,\{\varnothing\}\rangle\}.$$

二元关系是二元组的集合.推广这个概念,可以用 n 元组的集合定义 n 元关系.

定义 10.1.2 若 $n\in N$ 且 $n>1$,$A_1,A_2,\cdots,A_n$ 是 n 个集合,则 $A_1\times A_2\times\cdots\times A_n$ 的任一子集称为从 A_1 到 A_n 上的一个 n 元关系.

10.1.2 特殊的关系

下面定义三个 A 上的特殊的关系.

定义 10.1.3 对任意的集合 A.

(1) A 上的恒等关系 I_A 定义为

$$I_A = \{\langle x,x\rangle \mid x \in A\},$$

(2) A 上的全域关系(全关系)E_A 定义为

$$E_A = \{\langle x,y\rangle \mid x \in A \wedge y \in A\},$$

(3) $\varnothing$是 A 上的空关系.

例 4 设 $A=\{a,b\}$,则

$$I_A = \{\langle a,a\rangle,\langle b,b\rangle\},$$
$$E_A = \{\langle a,a\rangle,\langle a,b\rangle,\langle b,a\rangle,\langle b,b\rangle\}.$$

10.1.3 定义域和值域

定义 10.1.4 对 A 到 B 的一个关系 R,可以定义

(1) R 的定义域 $\mathrm{dom}(R)$为

$$\mathrm{dom}(R) = \{x \mid (\exists y)(\langle x,y\rangle \in R)\},$$

(2) R 的值域 $\mathrm{ran}(R)$为

$$\mathrm{ran}(R) = \{y \mid (\exists x)(\langle x,y\rangle \in R)\},$$

(3) R 的域 $\mathrm{fld}(R)$为

$$\mathrm{fld}(R) = \mathrm{dom}(R) \cup \mathrm{ran}(R).$$

例 5 设 $A=\{a,b,c\}$,$B=\{b,c,d\}$,A 到 B 的关系 $R=\{\langle a,b\rangle,\langle b,c\rangle,\langle b,d\rangle\}$.则

$$\mathrm{dom}(R) = \{a,b\},$$
$$\mathrm{ran}(R) = \{b,c,d\},$$
$$\mathrm{fld}(R) = \{a,b,c,d\}.$$

定理 10.1.1 对 A 到 B 的关系 R,如果$\langle x,y\rangle\in R$,则 $x\in\bigcup\bigcup R$,$y\in\bigcup\bigcup R$.

证明 已知$\langle x,y\rangle\in R$,即$\{\{x\},\{x,y\}\}\in R$.因$\{x,y\}$是 R 的元素的元素,故$\{x,y\}\in\bigcup R$.因 x 和 y 是$\bigcup R$ 的元素的元素,故 $x\in\bigcup\bigcup R$,$y\in\bigcup\bigcup R$.

定理 10.1.2 对 A 到 B 的关系 R,则

$$\mathrm{fld}(R) = \bigcup\bigcup R.$$

证明 对任意的 x,若 $x\in\mathrm{fld}(R)$,则 $x\in\mathrm{dom}(R)$或 $x\in\mathrm{ran}(R)$.则存在 y,使$\langle x,y\rangle\in R$或$\langle y,x\rangle\in R$.这时都有 $x\in\bigcup\bigcup R$.

对任意的 t,若 $t \in \bigcup\bigcup R$. 因为 R 的元素的形式是 $\{\{x\},\{x,y\}\}$,所以必存在 u,使 $\{\{t\},\{t,u\}\} \in R$ 或 $\{\{u\},\{u,t\}\} \in R$. 也就是 $t \in \mathrm{fld}(R)$.

10.2 关系矩阵和关系图

描述关系的方法有三种:集合表达式、关系矩阵和关系图. 关系的定义使用了集合表达式. 这一节介绍后两种方法. 对有限集合上的关系,采用关系矩阵和关系图的方法,不仅使分析更加方便,而且有利于使用计算机处理.

10.2.1 关系矩阵

定义 10.2.1 设集合 $X=\{x_1,x_2,\cdots,x_m\}$, $Y=\{y_1,y_2,\cdots,y_n\}$.

(1) 若 R 是 X 到 Y 的一个关系,则 R 的关系矩阵是 $m\times n$ 矩阵(m 行、n 列的矩阵)

$$\boldsymbol{M}(R) = (r_{ij})_{m\times n}$$

矩阵元素是 r_{ij},且

$$r_{ij} = \begin{cases} 1, & 当\langle x_i, y_j\rangle \in R \\ 0, & 当\langle x_i, y_j\rangle \notin R \end{cases}$$

其中 $1\leqslant i\leqslant m$, $1\leqslant j\leqslant n$.

(2) 若 R 是 X 上的一个关系,则 R 的关系矩阵是 $m\times m$ 方阵(m 行、m 列的矩阵)

$$\boldsymbol{M}(R) = (r_{ij})_{m\times m}$$

矩阵元素是 r_{ij},且

$$r_{ij} = \begin{cases} 1, & 当\langle x_i, x_j\rangle \in R \\ 0, & 当\langle x_i, x_j\rangle \notin R \end{cases}$$

其中 $1\leqslant i\leqslant m$, $1\leqslant j\leqslant m$.

A 到 B 的关系 R 是 $A\times B$ 的子集,$A\times B$ 有 $m\times n$ 个有序对. 矩阵 $\boldsymbol{M}(R)$ 有 m 行(行为横向)、n 列(列为竖向),共有 $m\times n$ 个元素. 因此,$\boldsymbol{M}(R)$ 的每个元素恰好对应 $A\times B$ 的一个有序对. 用 $\boldsymbol{M}(R)$ 中元素 r_{ij} 的值表示有序对 $\langle x_i, y_j\rangle$ 是否在 R 中,因为只有 $\in$ 和 $\notin$ 两种情况,所以 r_{ij} 只取值 0 和 1 是合理的.

例 1 设 $X=\{x_1,x_2,x_3,x_4\}$, $Y=\{y_1,y_2,y_3\}$. X 到 Y 的关系 R 为

$$R = \{\langle x_1,y_1\rangle, \langle x_1,y_3\rangle, \langle x_2,y_3\rangle, \langle x_4,y_2\rangle\}.$$

则 R 的关系矩阵是

$$\boldsymbol{M}(R) = \begin{array}{c} \begin{pmatrix} 1 & 0 & 1 \\ 0 & 0 & 1 \\ 0 & 0 & 0 \\ 0 & 1 & 0 \end{pmatrix} \begin{matrix} x_1 \\ x_2 \\ x_3 \\ x_4 \end{matrix} \\ \begin{matrix} y_1 & y_2 & y_3 \end{matrix} \end{array}$$

在矩阵右方和下方标注了 X 和 Y 的元素. 标注表明,x_1 对应第 1 行,x_2 对应第 2 行,y_1 对应第 1 列,以此类推. 因此,第 1 行第 3 列交点的 $r_{13}=1$ 表示 $\langle x_1,y_3\rangle \in R$,而第 3 行第 1 列的 $r_{31}=0$ 表示 $\langle x_3,y_1\rangle \notin R$. 在使用关系矩阵时,集合 X 和 Y 中的元素分别进行了排序. 这

时就不必在矩阵上标注这些元素，而且也不难确定一个矩阵元素对应的有序对.

例 2 设 $A=\{1,2,3,4\}$，A 上的大于关系 $>$ 定义为

$$>=\{\langle 2,1\rangle,\langle 3,1\rangle,\langle 4,1\rangle,\langle 3,2\rangle,\langle 4,2\rangle,\langle 4,3\rangle\}.$$

则关系 $>$ 的关系矩阵是

$$\boldsymbol{M}(>)=\begin{pmatrix}0&0&0&0\\1&0&0&0\\1&1&0&0\\1&1&1&0\end{pmatrix}$$

集合 A 中元素的排序是 1,2,3,4. 即 1 对应第 1 行、第 1 列，以此类推.

10.2.2 关系图

定义 10.2.2 设集合 $X=\{x_1,x_2,\cdots,x_m\}$，$Y=\{y_1,y_2,\cdots,y_n\}$.

(1) 若 R 是 X 到 Y 的一个关系，则 R 的关系图是一个有向图 $G(R)=\langle V,E\rangle$，它的顶点集是 $V=X\cup Y$，边集是 E，从 x_i 到 y_j 的有向边 $e_{ij}\in E$，当且仅当 $\langle x_i,y_j\rangle\in R$.

(2) 若 R 是 X 上的一个关系，则 R 的关系图是一个有向图 $G(R)=\langle V,E\rangle$，它的顶点集是 $V=X$，边集是 E，从 x_i 到 x_j 的有向边 $e_{ij}\in E$ 当且仅当 $\langle x_i,x_j\rangle\in R$.

关系图中一条有向边 e_{ij} 对应 R 中的一个有序对 $\langle x_i,x_j\rangle$，二者一一对应. 图形表示形象直观，易于理解.

例 3 对例 1 中的 X 到 Y 的关系 R，关系图 $G(R)$ 如图 10.2.1 所示. 在 $X\neq Y$ 时，为了图示清楚，通常把定义域的元素 x_1,x_2 等画在一边，把值域中的元素 y_1,y_2 画在另一边.

例 4 对例 2 中的 A 上的关系 $>$，关系图 $G(>)$ 如图 10.2.2 所示. 对 A 上的关系，关系图中一般不区分定义域和值域，每个顶点既可以发出有向边，又可以收到有向边.

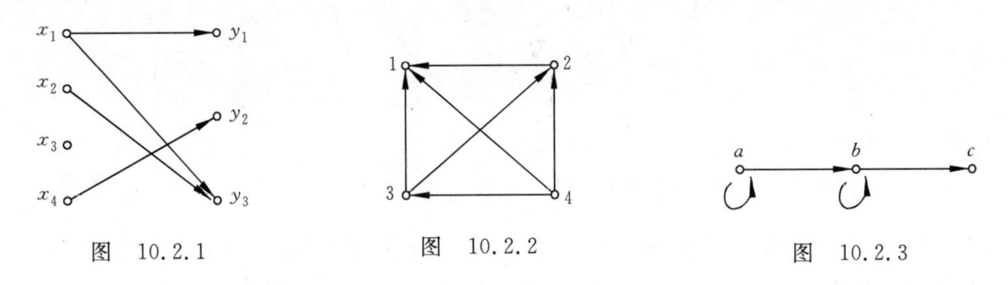

图 10.2.1　　图 10.2.2　　图 10.2.3

例 5 对 $A=\{a,b,c\}$ 上的关系

$$R=\{\langle a,a\rangle,\langle a,b\rangle,\langle b,b\rangle,\langle b,c\rangle\},$$

关系图 $G(R)$ 如图 10.2.3 所示. 图中从 a 到 a 的有向边 e_{aa} 表示 $\langle a,a\rangle\in R$，这类有向边称为自圈.

10.3 关系的逆、合成、限制和象

一个关系的逆是另一个关系，两个关系的合成是第三个关系. 求关系的逆与合成都是构造新关系的方法，也都是关系的运算.

10.3.1 定义

定义 10.3.1 对 X 到 Y 的关系 R，Y 到 Z 的关系 S，定义

(1) R 的逆 R^{-1} 为 Y 到 X 的关系

$$R^{-1} = \{\langle x,y\rangle \mid \langle y,x\rangle \in R\},$$

(2) R 与 S 的合成 $S\circ R$ 为 X 到 Z 的关系

$$S\circ R = \{\langle x,y\rangle \mid (\exists z)(\langle x,z\rangle \in R \wedge \langle z,y\rangle \in S)\}.$$

此外，对任意的集合 A，还可定义

(3) R 在 A 上的限制 $R\upharpoonright A$ 为 A 到 Y 的关系

$$R\upharpoonright A = \{\langle x,y\rangle \mid \langle x,y\rangle \in R \wedge x \in A\},$$

(4) A 在 R 下的象 $R[A]$ 为集合

$$R[A] = \{y \mid (\exists x)(x \in A \wedge \langle x,y\rangle \in R)\}.$$

对 R 的每个有序对 $\langle x,y\rangle$，把两个元颠倒得到有序对 $\langle y,x\rangle$，这些 $\langle y,x\rangle$ 的集合就是 R^{-1}. 把 R 的关系图中每个有向边的方向颠倒就得到 R^{-1} 的关系图.

如果在关系 R 和 S 中各有一个有序对，使 $\langle x,z\rangle\in R$ 且 $\langle z,y\rangle\in S$，则 $\langle x,y\rangle$ 是关系 $S\circ R$ 的元素. 而且，$S\circ R$ 包含全部这样的有序对. 关系的合成如图 10.3.1 所示. 因为 $\langle 5,6\rangle\in R$ 且 $\langle 6,7\rangle\in S$，故 $\langle 5,7\rangle\in S\circ R$. 虽有 $\langle 1,2\rangle\in R$，但不存在 y 使 $\langle 2,y\rangle\in S$，故没有 y 使 $\langle 1,y\rangle\in S\circ R$. 也没有 x 使 $\langle x,4\rangle\in S\circ R$.

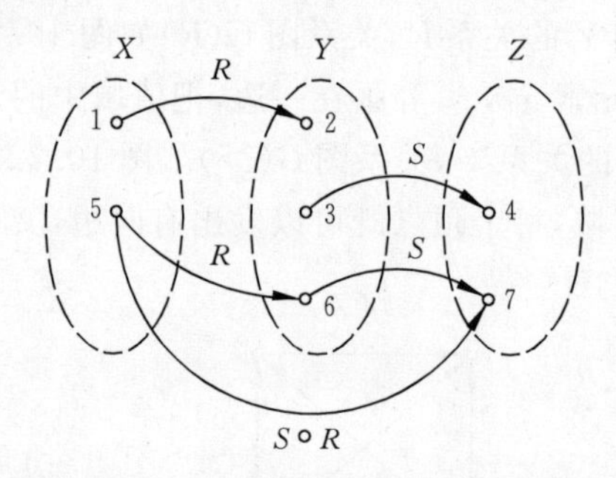

图 10.3.1

注意，X 到 Y 的关系 R 和 Y 到 Z 的关系 S 合成为 $S\circ R$，而不写成 $R\circ S$.（注：有的书写为 $R\circ S$.）$S\circ R$ 是 X 到 Z 的关系. 为了求 $S\circ R$，应把 R 中每个有序对与 S 中每个有序对一一配合，以此确定 $S\circ R$ 的每个有序对.

$R\upharpoonright A$ 是关系 R 的子集，其中每个有序对 $\langle x,y\rangle$ 满足 $x\in A$. 可以说 $R\upharpoonright A$ 是 A 到 Y 的关系，也可以说是 X 到 Y 的关系. 当 $\mathrm{dom}(R)\subseteq A$ 时，$R\upharpoonright A=R$. $R[A]$ 是一个集合，它实质上是 $R\upharpoonright A$ 的值域.

例 1 设集合 A 上的关系 R 为

$$A = \{a,\{a\},\{\{a\}\}\},$$

$$R = \{\langle a,\{a\}\rangle,\langle \{a\},\{\{a\}\}\rangle\}.$$

则

$$R^{-1} = \{\langle \{a\},a\rangle,\langle \{\{a\}\},\{a\}\rangle\},$$

$$R \circ R = \{\langle a,\{\{a\}\}\rangle\},$$
$$R \restriction \{a\} = \{\langle a,\{a\}\rangle\},$$
$$R \restriction \{\{a\}\} = \{\langle \{a\},\{\{a\}\}\rangle\},$$
$$R^{-1} \restriction \{a\} = \varnothing,$$
$$R[\{a\}] = \{\{a\}\},$$
$$R[\{\{a\}\}] = \{\{\{a\}\}\}.$$

例 2 设集合 **N** 上的关系 R 和 S 为

$$R = \{\langle 1,2\rangle,\langle 1,3\rangle,\langle 2,3\rangle,\langle 3,4\rangle\},$$
$$S = \{\langle 3,4\rangle,\langle 4,5\rangle,\langle 5,4\rangle\}.$$

则

$$R^{-1} = \{\langle 2,1\rangle,\langle 3,1\rangle,\langle 3,2\rangle,\langle 4,3\rangle\},$$
$$S \circ R = \{\langle 1,4\rangle,\langle 2,4\rangle,\langle 3,5\rangle\},$$
$$R \circ S = \varnothing.$$

10.3.2 $S \circ R$ 的关系矩阵

R^{-1}的关系矩阵 $\boldsymbol{M}(R^{-1})$就是 R 的关系矩阵的转置矩阵. 也就是说,把 $\boldsymbol{M}(R)$中每一对 r_{ij} 和 r_{ji} $(i \neq j)$互换就得到 $\boldsymbol{M}(R^{-1})$. 下面介绍求 $S \circ R$ 的关系矩阵的方法.

如果 A 是有限集合,$|A| = n$. 关系 R 和 S 都是 A 上的关系,R 和 S 的关系矩阵

$$\boldsymbol{M}(R) = (r_{ij}) \text{ 和 } \boldsymbol{M}(S) = (s_{ij})$$

都是 $n \times n$ 的方阵. 于是 $S \circ R$ 的关系矩阵

$$\boldsymbol{M}(S \circ R) = (w_{ij}),$$

可以用下述的矩阵逻辑乘法计算(类似于矩阵乘法). 可以写为

$$\boldsymbol{M}(S \circ R) = \boldsymbol{M}(R)\boldsymbol{M}(S),$$

其中 $w_{ij} = \bigvee_{k=1}^{n} (r_{ik} \wedge s_{kj})$. 这是由 $\boldsymbol{M}(S)$和 $\boldsymbol{M}(R)$的元素计算 $\boldsymbol{M}(S \circ R)$的元素 w_{ij} 的方法. 式中的 $\wedge$ 和 $\vee$ 分别为在集合$\{0,1\}$上的运算. $\wedge$ 是逻辑乘,$1 \wedge 1 = 1$,而 $0 \wedge 1 = 1 \wedge 0 = 0 \wedge 0 = 0$(它对应合取词). $\vee$ 是逻辑和,$0 \vee 0 = 0$, $1 \vee 0 = 0 \vee 1 = 1 \vee 1 = 1$(它对应析取词).

例 3 设集合 $A = \{1,2,3,4\}$,A 上的关系

$$R = \{\langle 1,2\rangle,\langle 3,4\rangle,\langle 2,2\rangle\},$$
$$S = \{\langle 4,2\rangle,\langle 2,4\rangle,\langle 3,1\rangle,\langle 1,3\rangle\}.$$

则

$$\boldsymbol{M}(R) = \begin{pmatrix} 0 & 1 & 0 & 0 \\ 0 & 1 & 0 & 0 \\ 0 & 0 & 0 & 1 \\ 0 & 0 & 0 & 0 \end{pmatrix}$$

$$\boldsymbol{M}(S) = \begin{pmatrix} 0 & 0 & 1 & 0 \\ 0 & 0 & 0 & 1 \\ 1 & 0 & 0 & 0 \\ 0 & 1 & 0 & 0 \end{pmatrix}$$

于是

$$
\boldsymbol{M}(R \circ S) = \boldsymbol{M}(S)\boldsymbol{M}(R) = \begin{pmatrix} 0 & 0 & 0 & 1 \\ 0 & 0 & 0 & 0 \\ 0 & 1 & 0 & 0 \\ 0 & 1 & 0 & 0 \end{pmatrix}
$$

其中

$$
\begin{aligned}
w_{14} &= (s_{11} \wedge r_{14}) \vee (s_{12} \wedge r_{24}) \vee (s_{13} \wedge r_{34}) \vee (s_{14} \wedge r_{44}) \\
&= (0 \wedge 0) \vee (0 \wedge 0) \vee (1 \wedge 1) \vee (0 \wedge 0) \\
&= 0 \vee 0 \vee 1 \vee 0 = 1 \\
w_{21} &= (s_{21} \wedge r_{11}) \vee (s_{22} \wedge r_{21}) \vee (s_{23} \wedge r_{31}) \vee (s_{24} \wedge r_{41}) \\
&= (0 \wedge 0) \vee (0 \wedge 0) \vee (0 \wedge 0) \vee (1 \wedge 0) = 0
\end{aligned}
$$

此外

$$
\boldsymbol{M}(S \circ R) = \boldsymbol{M}(R)\boldsymbol{M}(S) = \begin{pmatrix} 0 & 0 & 0 & 1 \\ 0 & 0 & 0 & 1 \\ 0 & 1 & 0 & 0 \\ 0 & 0 & 0 & 0 \end{pmatrix}.
$$

10.3.3 性质

定理 10.3.1 对 X 到 Y 的关系 R 和 Y 到 Z 的关系 S，则

(1) $\mathrm{dom}(R^{-1}) = \mathrm{ran}(R)$，

(2) $\mathrm{ran}(R^{-1}) = \mathrm{dom}(R)$，

(3) $(R^{-1})^{-1} = R$，

(4) $(S \circ R)^{-1} = R^{-1} \circ S^{-1}$.

证明

(1) 对任意的 x，有

$$
\begin{aligned}
x \in \mathrm{dom}(R^{-1}) &\Leftrightarrow (\exists y)(\langle x, y\rangle \in R^{-1}) \\
&\Leftrightarrow (\exists y)(\langle y, x\rangle \in R) \Leftrightarrow x \in \mathrm{ran}(R),
\end{aligned}
$$

所以，$\mathrm{dom}(R^{-1}) = \mathrm{ran}(R)$.

(2) 类似于(1).

(3) 对任意的 $\langle x, y\rangle$，有

$$
\langle x, y\rangle \in R \Leftrightarrow \langle y, x\rangle \in R^{-1} \Leftrightarrow \langle x, y\rangle \in (R^{-1})^{-1}
$$

所以，$(R^{-1})^{-1} = R$.

(4) 对任意的 $\langle x, y\rangle$，有

$$
\begin{aligned}
\langle x, y\rangle \in (S \circ R)^{-1} &\Leftrightarrow \langle y, x\rangle \in S \circ R \\
&\Leftrightarrow (\exists z)(\langle y, z\rangle \in R \wedge \langle z, x\rangle \in S) \\
&\Leftrightarrow (\exists z)(\langle x, z\rangle \in S^{-1} \wedge \langle z, y\rangle \in R^{-1}) \\
&\Leftrightarrow \langle x, y\rangle \in R^{-1} \circ S^{-1}.
\end{aligned}
$$

所以，$(S \circ R)^{-1} = R^{-1} \circ S^{-1}$.

定理 10.3.2 对 X 到 Y 的关系 Q，Y 到 Z 的关系 S，Z 到 W 的关系 R，则

$$(R \circ S) \circ Q = R \circ (S \circ Q).$$

证明 对任意的$\langle x, y\rangle$,有

$$\begin{aligned}
&\langle x,y\rangle \in (R \circ S) \circ Q \\
&\Leftrightarrow (\exists u)(\langle x,u\rangle \in Q \wedge \langle u,y\rangle \in (R \circ S)) \\
&\Leftrightarrow (\exists u)(\langle x,u\rangle \in Q \wedge (\exists v)(\langle u,v\rangle \in S \wedge \langle v,y\rangle \in R)) \\
&\Leftrightarrow (\exists v)(\exists u)(\langle x,u\rangle \in Q \wedge \langle u,v\rangle \in S \wedge \langle v,y\rangle \in R) \\
&\Leftrightarrow (\exists v)(\langle x,v\rangle \in (S \circ Q) \wedge \langle v,y\rangle \in R) \\
&\Leftrightarrow \langle x,y\rangle \in R \circ (S \circ Q)
\end{aligned}$$

所以,$(R\circ S)\circ Q=R\circ(S\circ Q)$.

关系的合成是关系的运算.定理表明,这个运算满足结合律.但是它不满足交换律,一般$S\circ R\neq R\circ S$.

定理 10.3.3 对 X 到 Y 的关系 R_2 和 R_3,Y 到 Z 的关系 R_1,有

(1) $R_1\circ(R_2\cup R_3)=R_1\circ R_2\cup R_1\circ R_3$,

(2) $R_1\circ(R_2\cap R_3)\subseteq R_1\circ R_2\cap R_1\circ R_3$,

对 X 到 Y 的关系 R_3,Y 到 Z 的关系 R_1、R_2,有

(3) $(R_1\cup R_2)\circ R_3=R_1\circ R_3\cup R_2\circ R_3$,

(4) $(R_1\cap R_2)\circ R_3\subseteq R_1\circ R_3\cap R_2\circ R_3$.

(注意,规定关系合成符优先于集合运算符.)

证明 只证(2),其他留作思考题.

(2) 对任意的$\langle x,y\rangle$,可得

$$\begin{aligned}
&\langle x,y\rangle \in R_1 \circ (R_2 \cap R_3) \\
&\Leftrightarrow (\exists z)(\langle x,z\rangle \in (R_2 \cap R_3) \wedge \langle z,y\rangle \in R_1) \\
&\Leftrightarrow (\exists z)(\langle x,z\rangle \in R_2 \wedge \langle x,z\rangle \in R_3 \wedge \langle z,y\rangle \in R_1) \\
&\Rightarrow (\exists z)(\langle x,z\rangle \in R_2 \wedge \langle z,y\rangle \in R_1) \wedge (\exists z)(\langle x,z\rangle \in R_3 \wedge \langle z,y\rangle \in R_1) \\
&\Leftrightarrow \langle x,y\rangle \in (R_1 \circ R_2) \wedge \langle x,y\rangle \in (R_1 \circ R_3) \\
&\Leftrightarrow \langle x,y\rangle \in (R_1 \circ R_2) \cap (R_1 \circ R_3)
\end{aligned}$$

所以,$R_1\circ(R_2\cap R_3)\subseteq R_1\circ R_2\cap R_1\circ R_3$.

定理 10.3.4 对 X 到 Y 的关系 R 和集合 A,B,有

(1) $R[A\cup B]=R[A]\cup R[B]$,

(2) $R[\bigcup A]=\bigcup\{R[B]\mid B\in A\}$,

(3) $R[A\cap B]\subseteq R[A]\cap R[B]$,

(4) $R[\bigcap A]\subseteq\bigcap\{R[B]\mid B\in A\}$,$A\neq\varnothing$,

(5) $R[A]-R[B]\subseteq R[A-B]$.

证明 只证(2)和(3),其他留作思考题.

(2) 对任意的 y,可得

$$\begin{aligned}
y \in R[\bigcup A] &\Leftrightarrow y \in \operatorname{ran}(R \upharpoonright \bigcup A) \\
&\Leftrightarrow (\exists x)(x \in \bigcup A \wedge \langle x,y\rangle \in R) \\
&\Leftrightarrow (\exists x)(\exists B)(B \in A \wedge x \in B \wedge \langle x,y\rangle \in R) \\
&\Leftrightarrow (\exists B)(B \in A \wedge (\exists x)(x \in B \wedge \langle x,y\rangle \in R))
\end{aligned}$$

$$\Leftrightarrow (\exists B)(B \in A \wedge y \in R[B])$$
$$\Leftrightarrow (\exists B)(y \in R[B] \wedge R[B] \in \{R[B] \mid B \in A\})$$
$$\Leftrightarrow y \in \bigcup \{R[B] \mid B \in A\}$$

所以,$R[\bigcup A]=\bigcup\{R[B]|B\in A\}$.

(3) 对任意的 y,可得

$$y \in R[A \cap B] \Leftrightarrow (\exists x)(x \in A \cap B \wedge \langle x,y\rangle \in R)$$
$$\Leftrightarrow (\exists x)(x \in A \wedge x \in B \wedge \langle x,y\rangle \in R)$$
$$\Rightarrow (\exists x)(x \in A \wedge \langle x,y\rangle \in R) \wedge (\exists x)(x \in B \wedge \langle x,y\rangle \in R)$$
$$\Leftrightarrow y \in R[A] \wedge y \in R[B]$$
$$\Leftrightarrow y \in R[A] \cap R[B]$$

所以,$R[A\cap B]\subseteq R[A]\cap R[B]$.

定理中有三个结论是包含关系.下面举出真包含的例子.

例 4 设整数集合 $\mathbf{Z}$ 上的关系 R 为

$R=\{\langle x,y\rangle|x\in\mathbf{Z}\wedge y\in\mathbf{Z}\wedge y=x^2\}$,集合 $A=\{1,2\}$,$B=\{0,-1,-2\}$.

于是,$R[A]=\{1,4\}$,$R[B]=\{0,1,4\}$.$R[A]\cap R[B]=\{1,4\}$.但是,$A\cap B$ 是$\varnothing$,$R[A\cap B]=\varnothing$.

此外,$A-B=\{1,2\}$,$R[A-B]=\{1,4\}$.但是 $R[A]-R[B]=\varnothing$.

10.4 关系的性质

在实际问题中,我们感兴趣的往往不是一般的关系,而是具有某些特殊性质的关系.为了更好地处理这些关系,有必要深入研究关系的性质.对 A 上的关系来说,主要的性质有:自反性、非自反性、对称性、反对称性、传递性.这一节定义这些性质,并给出若干结论.

10.4.1 定义

定义 10.4.1 对 A 上的关系 R,若对任意的 $x\in A$ 都有 xRx,则称 R 为 A 上自反的关系;若对任意的 $x\in A$ 都有 $x\not R x$,则称 R 为 A 上非自反的关系.

这个定义也可以写成:

R 是 A 上自反的$\Leftrightarrow(\forall x)(x\in A\rightarrow xRx)$,

R 是 A 上非自反的$\Leftrightarrow(\forall x)(x\in A\rightarrow x\not R x)$.

例 1 在非空集合 A 上的恒等关系 I_A 和全关系 E_A 都是自反的.

在集合 $B=\{x|x\in\mathbf{N}\wedge x\neq 0\}$上的整除关系 D_B 和小于等于关系 L_B 都是自反的.

在集合 A 的幂集 $P(A)$上的包含关系$\subseteq$和相等关系$=$都是自反的.

这些关系都不是非自反的.

例 2 在非空集合 A 上的空关系$\varnothing$是非自反的.在集合 $\mathbf{N}$ 上的小于关系$<$是非自反的.在集合 A 的幂集 $P(A)$上的真包含关系$\subsetneq$是非自反的.

这些关系都不是自反的.

例 3 在集合 $A=\{1,2,3\}$上的关系

$$R = \{\langle 1,1\rangle, \langle 2,2\rangle, \langle 3,1\rangle\}$$

不是自反的，也不是非自反的. 但是在非空集合 A 上，不存在一个关系，它是自反的又是非自反的.

如果 R 是 A 上自反的，则关系矩阵 $\boldsymbol{M}(R)$ 的主对角线元素都是 1(即 r_{ii} 都是 1)，关系图 $G(R)$ 的每个顶点都有自圈. 如果 R 是 A 上非自反的，则 $\boldsymbol{M}(R)$ 的主对角线元素都是 0，$G(R)$ 的每个顶点都没有自圈.

定义 10.4.2 R 为 A 上的关系，对任意的 $x, y \in A$，若 $xRy \to yRx$，则称 R 为 A 上对称的关系；若 $(xRy \wedge yRx) \to (x=y)$，则称 R 为 A 上反对称的关系.

这个定义也可以写成

R 是 A 上对称的 $\Leftrightarrow (\forall x)(\forall y)$

$$((x \in A \wedge y \in A \wedge xRy) \to yRx)$$

R 是 A 上反对称的 $\Leftrightarrow (\forall x)(\forall y)$

$$((x \in A \wedge y \in A \wedge xRy \wedge yRx) \to x = y)$$

反对称性还有另一种等价的定义

R 是 A 上反对称的 $\Leftrightarrow (\forall x)(\forall y)$

$$((x \in A \wedge y \in A \wedge xRy \wedge x \neq y) \to y\not R x).$$

例 4 在非空集合 A 上的全关系是对称的，不是反对称的.

例 5 在 $B=\{x \mid x \in \mathbf{N} \wedge x \neq 0\}$ 上的整除关系、小于或等于关系、小于关系都是反对称的，且不是对称的.

例 6 在非空集合 A 上的恒等关系和空关系都是对称的，也都是反对称的.

例 7 在集合 $A=\{1,2,3\}$ 上的关系

$$R = \{\langle 1,2\rangle, \langle 2,1\rangle, \langle 1,3\rangle\}$$

不是对称的，也不是反对称的.

例 6 和例 7 说明，对称性和反对称性既可以同时满足，也可以都不满足.

如果 R 是 A 上对称的，则 $\boldsymbol{M}(R)$ 是对称矩阵(对任意的 i 和 j，$r_{ij}=r_{ji}$)，$G(R)$ 中任意两个顶点之间或者没有有向边，或者互有有向边 e_{ij} 和 e_{ji}(不会只有 e_{ij} 没有 e_{ji}). 如果 R 是 A 上反对称的，则 $\boldsymbol{M}(R)$ 是反对称矩阵(对任意的 $i \neq j$，若 $r_{ij}=1$ 则 $r_{ji}=0$)，$G(R)$ 中任意两个顶点之间或者没有有向边，或者仅有一条有向边(不会同时有 e_{ij} 和 e_{ji}).

定义 10.4.3 R 为 A 上的关系，对任意的 $x, y, z \in A$，若 $(xRy \wedge yRz) \to xRz$，则称 R 为 A 上传递的关系.

这个定义也可以写成

R 是 A 上传递的 $\Leftrightarrow (\forall x)(\forall y)(\forall z)$

$$((x \in A \wedge y \in A \wedge z \in A \wedge xRy \wedge yRz) \to xRz).$$

例 8 在集合 A 上的全关系、恒等关系、空关系都是传递的.

在 $B=\{x \mid x \in \mathbf{N} \wedge x \neq 0\}$ 上的整除关系、小于或等于关系、小于关系都是传递的.

例 9 在集合 $A=\{1,2,3\}$ 上的关系

$$R = \{\langle 1,2\rangle, \langle 2,3\rangle\}$$

不是传递的关系，因为 $\langle 1,2\rangle \in R$，$\langle 2,3\rangle \in R$，但是 $\langle 1,3\rangle \notin R$.

10.4.2 几个结论

下列结论可以判断一些关系具有某种性质.

定理 10.4.1 R_1,R_2 是 A 上自反的关系,则 $R_1^{-1},R_1\cap R_2,R_1\cup R_2$ 也是 A 上自反的关系.

证明 对任意的 x,有

$$x\in A\Rightarrow\langle x,x\rangle\in R_1\wedge\langle x,x\rangle\in R_2$$
$$\Leftrightarrow\langle x,x\rangle\in R_1\cap R_2$$

所以,$R_1\cap R_2$ 是 A 上自反的关系.

对 R_1^{-1} 和 $R_1\cup R_2$ 的证明类似.

定理 10.4.2 R_1、R_2 是 A 上对称的关系,则 R_1^{-1}、$R_1\cap R_2$、$R_1\cup R_2$ 也是 A 上对称的关系.

证明 对任意的$\langle x,y\rangle$,有

$$\langle x,y\rangle\in R_1\cup R_2\Leftrightarrow\langle x,y\rangle\in R_1\vee\langle x,y\rangle\in R_2$$
$$\Leftrightarrow\langle y,x\rangle\in R_1\vee\langle y,x\rangle\in R_2\Leftrightarrow\langle y,x\rangle\in R_1\cup R_2$$

所以,$R_1\cup R_2$ 是 A 上对称的关系.

对 R_1^{-1} 和 $R_1\cap R_2$ 的证明类似.

定理 10.4.3 R_1,R_2 是 A 上传递的关系,则 $R_1^{-1},R_1\cap R_2$ 是 A 上传递的关系.

证明 对任意的$\langle x,y\rangle,\langle y,z\rangle$,有

$$\langle x,y\rangle\in R_1^{-1}\wedge\langle y,z\rangle\in R_1^{-1}$$
$$\Leftrightarrow\langle y,x\rangle\in R_1\wedge\langle z,y\rangle\in R_1$$
$$\Rightarrow\langle z,x\rangle\in R_1\Leftrightarrow\langle x,z\rangle\in R_1^{-1}$$

所以,R_1^{-1} 是 A 上传递的关系.

$$\langle x,y\rangle\in R_1\cap R_2\wedge\langle y,z\rangle\in R_1\cap R_2$$
$$\Leftrightarrow\langle x,y\rangle\in R_1\wedge\langle x,y\rangle\in R_2\wedge\langle y,z\rangle\in R_1\wedge\langle y,z\rangle\in R_2$$
$$\Rightarrow\langle x,z\rangle\in R_1\wedge\langle x,z\rangle\in R_2$$
$$\Leftrightarrow\langle x,z\rangle\in R_1\cap R_2$$

所以,$R_1\cap R_2$ 是 A 上传递的关系.

注意,$R_1\cup R_2$ 不一定是传递的.

例 10 在 $A=\{1,2,3\}$上的关系 $R_1=\{\langle 1,2\rangle\}$,$R_2=\{\langle 2,3\rangle\}$都是 A 上传递的关系.但是,$R_1\cup R_2=\{\langle 1,2\rangle,\langle 2,3\rangle\}$不是 A 上传递的.

定理 10.4.4 R_1,R_2 是 A 上反对称的关系,则 $R_1^{-1},R_1\cap R_2$ 是 A 上反对称的关系.

证明 为了证明方便,把反对称性的充要条件等价地改写为

$$(\forall x)(\forall y)(x\neq y\rightarrow(\langle x,y\rangle\notin R\vee\langle y,x\rangle\notin R))$$

对任意的 $x,y\in A$,有

$$x\neq y\rightarrow(\langle x,y\rangle\notin R_1\vee\langle y,x\rangle\notin R_1)$$
$$\Leftrightarrow x\neq y\rightarrow(\langle y,x\rangle\notin R_1^{-1}\vee\langle x,y\rangle\notin R_1^{-1})$$

所以,R_1^{-1} 是 A 上反对称的.

$(x \neq y \rightarrow (\langle x,y\rangle \notin R_1 \vee \langle y,x\rangle \notin R_1)) \wedge (x \neq y \rightarrow (\langle x,y\rangle \notin R_2 \vee \langle y,x\rangle \notin R_2))$

$\Leftrightarrow x \neq y \rightarrow ((\langle x,y\rangle \notin R_1 \vee \langle y,x\rangle \notin R_1) \wedge (\langle x,y\rangle \notin R_2 \vee \langle y,x\rangle \notin R_2))$

$\Rightarrow x \neq y \rightarrow (\langle x,y\rangle \notin R_1 \vee \langle y,x\rangle \notin R_1 \vee \langle x,y\rangle \notin R_2 \vee \langle y,x\rangle \notin R_2)$

$\Leftrightarrow x \neq y \rightarrow (\neg(\langle x,y\rangle \in R_1 \wedge \langle x,y\rangle \in R_2) \vee \neg(\langle y,x\rangle \in R_1 \wedge \langle y,x\rangle \in R_2))$

$\Leftrightarrow x \neq y \rightarrow (\langle x,y\rangle \notin R_1 \cap R_2 \vee \langle y,x\rangle \notin R_1 \cap R_2)$

所以,$R_1 \cap R_2$ 是 A 上反对称的.

注意,这时 $R_1 \cup R_2$ 不一定是反对称的.

例 11 在 $A=\{1,2,3\}$上的关系 $R_1=\{\langle 1,2\rangle\}$,$R_2=\{\langle 2,1\rangle\}$都是 A 上反对称的.但是,$R_1 \cup R_2=\{\langle 1,2\rangle,\langle 2,1\rangle\}$不是 A 上反对称的.

定理 10.4.5 对 A 上的关系 R,则

(1) R 是对称的$\Leftrightarrow R=R^{-1}$,可得

(2) R 是反对称的$\Leftrightarrow R \cap R^{-1} \subseteq I_A$.

证明

(1) 先设 R 是对称的,对任意的$\langle x,y\rangle$,可得

$$\langle x,y\rangle \in R \Leftrightarrow \langle y,x\rangle \in R \Leftrightarrow \langle x,y\rangle \in R^{-1},$$

所以,$R=R^{-1}$.

再设 $R=R^{-1}$,对任意的$\langle x,y\rangle$,可得

$$\langle x,y\rangle \in R \Leftrightarrow \langle x,y\rangle \in R^{-1} \Leftrightarrow \langle y,x\rangle \in R$$

所以,R 是对称的.

(2) 先设 R 是反对称的,对任意的$\langle x,y\rangle$,可得

$$\begin{aligned}\langle x,y\rangle \in R \cap R^{-1} &\Leftrightarrow \langle x,y\rangle \in R \wedge \langle x,y\rangle \in R^{-1}\\ &\Leftrightarrow \langle x,y\rangle \in R \wedge \langle y,x\rangle \in R\\ &\Rightarrow x = y \Rightarrow \langle x,y\rangle \in I_A\end{aligned}$$

所以,$R \cap R^{-1} \subseteq I_A$.

再设 $R \cap R^{-1} \subseteq I_A$,对任意的$\langle x,y\rangle$,可得

$$\begin{aligned}&\langle x,y\rangle \in R \wedge \langle y,x\rangle \in R\\ &\Leftrightarrow \langle x,y\rangle \in R \wedge \langle x,y\rangle \in R^{-1}\\ &\Leftrightarrow \langle x,y\rangle \in R \cap R^{-1}\\ &\Rightarrow \langle x,y\rangle \in I_A \Rightarrow x = y\end{aligned}$$

所以,R 是反对称的.

10.5 关系的闭包

我们经常希望关系具有自反性、对称性和传递性.对于不具有这些性质的关系,可以扩充这个关系为更大的关系(原关系的超集合),使新关系有这些性质.这种作法就是闭包的思想.闭包是数学上常用的概念.下面先介绍多个关系的合成,再介绍闭包的定义、性质和构造方法.

10.5.1 多个关系的合成

在10.3节介绍了两个关系的合成，下面推广到多个关系的合成.

定义 10.5.1 对A上的关系R，$n\in\mathbf{N}$，关系R的n次幂R^n定义如下：

(1) $R^0=\{\langle x,x\rangle \mid x\in A\}=I_A$，

(2) $R^{n+1}=R^n\circ R \quad (n\geqslant 0)$.

注意，n个关系R的合成简写为R^n，n个集合A的笛卡儿积经常也简写为A^n. 二者的概念不同，却使用了相同的表示. 应该注意应用的场合，以免理解错误.

例 1 集合$A=\{a,b,c,d\}$上的关系R为

$$R=\{\langle a,b\rangle,\langle b,a\rangle,\langle b,c\rangle,\langle c,d\rangle\}.$$

则R^0、R^1、R^2、R^3、R^4、R^5的关系图如图10.5.1所示.

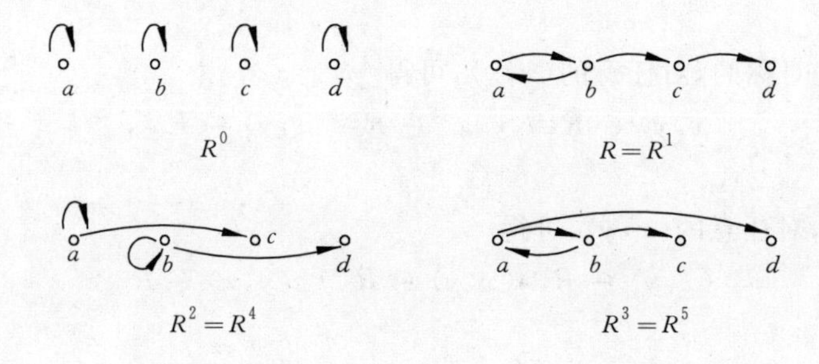

图 10.5.1

在例1中有一种有意义的现象，$R^2=R^4=R^6=\cdots$和$R^3=R^5=R^7=\cdots$. 这种现象是否普遍存在呢？下面考虑这个问题.

定理 10.5.1 设A是有限集合，$|A|=n$，R是A上的关系，则存在自然数s和t，$s\neq t$，使得$R^s=R^t$.

证明 对$i\in\mathbf{N}$，R^i都是A上的关系，它们都是$P(A\times A)$的元素. 因$|A|=n$，则$|A\times A|=n^2$，$|P(A\times A)|=2^{(n^2)}$. 列出R的各次幂，$R^0,R^1,R^2,\cdots,R^{2^{n^2}},\cdots$. 由鸽巢原理，至少有两个幂是相等的，即存在自然数s和t，$s\neq t$，使$R^s=R^t$.

（注：鸽巢原理是组合学的基本原理. 它指出：如果$n+1$个物体放入n个盒子里，则有一个盒子中有两个物体.）

定理 10.5.2 设A是有限集合，R是A上的关系，m和n是非零自然数，则

(1) $R^m\circ R^n=R^{m+n}$，

(2) $(R^m)^n=R^{mn}$.

证明

(1) 对任意的m，施归纳于n.

当$n=1$时，$R^m\circ R^1=R^m\circ R=R^{m+1}$.

假设$n=k(k\geqslant 1)$时结论成立，即有$R^m\circ R^k=R^{m+k}$. 令$n=k+1$，则

$$\begin{aligned} R^m\circ R^{k+1} &= R^m\circ(R^k\circ R)\\ &=(R^m\circ R^k)\circ R=R^{m+k}\circ R \end{aligned}$$

$$=R^{m+k+1}$$

所以,结论得证.

(2) 对任意的 m,施归纳于 n.

当 $n=1$ 时,$(R^m)^1=R^m=R^{m\cdot 1}$.

假设 $n=k(k\geqslant 1)$时有$(R^m)^k=R^{mk}$. 令 $n=k+1$,则

$$\begin{aligned}(R^m)^{k+1}&=(R^m)^k\circ(R^m)\\&=R^{mk}\circ R^m=R^{mk+m}\\&=R^{m(k+1)}\end{aligned}$$

所以,结论得证.

定理 10.5.3 设 A 是有限集合,R 是 A 上的关系,若存在自然数 s 和 t,$s<t$,使得 $R^s=R^t$,则

(1) $R^{s+k}=R^{t+k}$,其中 k 为自然数;

(2) $R^{s+kp+i}=R^{s+i}$,k 和 i 为自然数,$p=t-s$;

(3) 令 $B=\{R^0,R^1,\cdots,R^{t-1}\}$,则 R 的各次幂均为 B 的元素,即对任意的自然数 q,有$R^q\in B$.

证明

(1) $R^{s+k}=R^s\circ R^k=R^t\circ R^k=R^{t+k}$.

(2) 施归纳于 k.

当 $k=0$ 时,$R^{s+0+i}=R^{s+i}$.

假设 $k=n$ 时有 $R^{s+np+i}=R^{s+i}$,其中 $p=t-s$. 令 $k=n+1$,

$$\begin{aligned}R^{s+(n+1)p+i}&=R^{s+np+p+i}\\&=R^{s+np+i}\circ R^p=R^{s+i}\circ R^p\\&=R^{s+p+i}=R^{t+i}=R^{s+i}.\end{aligned}$$

所以,结论得证.

(3) 若 $q<t$,由 B 的定义,$R^q\in B$.

若 $q\geqslant t$,则 $q-s>0$. 一定存在自然数 k 和 i,使得 $q=s+kp+i$,其中 $0\leqslant i\leqslant p-1$. 于是,$R^q=R^{s+kp+i}=R^{s+i}$. 此外,$s+i\leqslant s+p-1=t-1$. 所以,$R^q=R^{s+i}\in B$.

例 2 对例 1 中的关系 R,$R^2=R^4$. 于是对应的 $s=2$,$t=4$. $B=\{R^0,R^1,R^2,R^3\}$. R 的幂中不相同的只有以上 4 种.

10.5.2 闭包的定义

设 R 是 A 上的关系,有时希望给 R 增加一些有序对构成新关系 R'(显然 $R\subseteq R'$),使得 R'具有自反性或对称性或传递性. 但不希望 R'太大,希望增加的有序对尽量少. 这就是建立 R 的闭包的基本思想.

定义 10.5.2 对非空集合 A 上的关系 R,如果有 A 上另一个关系 R'满足:

(1) R'是自反的(对称的,传递的),

(2) $R\subseteq R'$,

(3) 对 A 上任何自反的(对称的,传递的)关系 R'',

$$R\subseteq R''\rightarrow R'\subseteq R'',$$

则称关系 R' 为 R 的自反(对称,传递)闭包,记作 $r(R)(s(R),t(R))$.

这一个定义中定义了三个闭包:自反闭包 $r(R)$,对称闭包 $s(R)$,传递闭包 $t(R)$. 直观上说,$r(R)$ 是有自反性的 R 的"最小"超集合,$s(R)$ 是有对称性的 R 的"最小"超集合,$t(R)$ 是有传递性的 R 的"最小"超集合.

例 3 对例 1 中的关系 R,R 的 $r(R)$,$s(R)$,$t(R)$ 的关系图如图 10.5.2 所示.

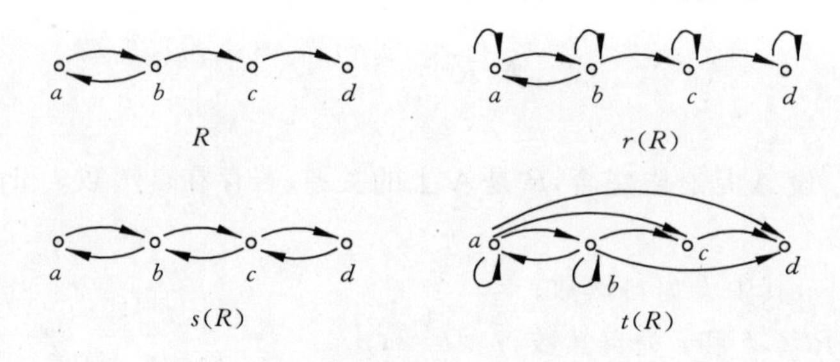

图 10.5.2

10.5.3 闭包的性质

定理 10.5.4 对非空集合 A 上的关系 R,有

(1) R 是自反的 $\Leftrightarrow r(R)=R$,

(2) R 是对称的 $\Leftrightarrow s(R)=R$,

(3) R 是传递的 $\Leftrightarrow t(R)=R$.

证明

(1) 先设 R 是自反的. 因为 $R\subseteq R$,且任何包含 R 的自反关系 R'',有 $R\subseteq R''$. 所以,R 满足 $r(R)$ 的定义,$r(R)=R$.

再设 $r(R)=R$. 由 $r(R)$ 的定义,R 是自反的.

(2) 和(3)的证明类似.

定理 10.5.5 对非空集合 A 上的关系 R_1,R_2,若 $R_1\subseteq R_2$,则

(1) $r(R_1)\subseteq r(R_2)$,

(2) $s(R_1)\subseteq s(R_2)$,

(3) $t(R_1)\subseteq t(R_2)$.

证明留作思考题.

定理 10.5.6 对非空集合 A 上的关系 R_1、R_2,则

(1) $r(R_1)\cup r(R_2)=r(R_1\cup R_2)$,

(2) $s(R_1)\cup s(R_2)=s(R_1\cup R_2)$,

(3) $t(R_1)\cup t(R_2)\subseteq t(R_1\cup R_2)$.

证明

(1) 因为 $r(R_1)$ 和 $r(R_2)$ 都是 A 上自反的关系,所以 $r(R_1)\cup r(R_2)$ 是 A 上自反的关系. 由 $R_1\subseteq r(R_1)$ 和 $R_2\subseteq r(R_2)$,有 $R_1\cup R_2\subseteq r(R_1)\cup r(R_2)$. 所以 $r(R_1)\cup r(R_2)$ 是包含 $R_1\cup R_2$

的自反关系. 由自反闭包定义，$r(R_1 \cup R_2) \subseteq r(R_1) \cup r(R_2)$.

因为 $R_1 \subseteq R_1 \cup R_2$，有 $r(R_1) \subseteq r(R_1 \cup R_2)$. 类似地 $r(R_2) \subseteq r(R_1 \cup R_2)$. 则 $r(R_1) \cup r(R_2) \subseteq r(R_1 \cup R_2)$.

(2) 和(3)的证明留作思考题.

注意，定理的结论(3)是包含关系，不是相等关系. 下面是真包含的例子.

例 4 集合 $A=\{a,b,c\}$上的关系 R_1 和 R_2 为，$R_1=\{\langle a,b\rangle\}$，$R_2=\{\langle b,c\rangle\}$. 于是，$t(R_1)=R_1=\{\langle a,b\rangle\}$，$t(R_2)=R_2=\{\langle b,c\rangle\}$. 则有 $t(R_1) \cup t(R_2)=\{\langle a,b\rangle,\langle b,c\rangle\}$. 但是 $R_1 \cup R_2=\{\langle a,b\rangle,\langle b,c\rangle\}$，$t(R_1 \cup R_2)=\{\langle a,b\rangle,\langle b,c\rangle,\langle a,c\rangle\}$. 显然 $t(R_1) \cup t(R_2) \subsetneqq t(R_1 \cup R_2)$.

10.5.4 闭包的构造方法

下面介绍如何求出已知关系 R 的三种闭包.

定理 10.5.7 对非空集合 A 上的关系 R，有

$$r(R) = R \cup R^0.$$

证明 对任意的 $x \in A$，$\langle x,x\rangle \in R^0$，于是$\langle x,x\rangle \in R \cup R^0$，所以 $R \cup R^0$ 是 A 上自反的. 显然 $R \subseteq R \cup R^0$，所以 $R \cup R^0$ 是包含 R 的自反关系. 对 A 上任意的自反关系 R''，如果 $R \subseteq R''$，则对任意的$\langle x,y\rangle$，若$\langle x,y\rangle \in R \cup R^0$，则或者$\langle x,y\rangle \in R$，或者$\langle x,y\rangle \in R^0$. 当$\langle x,y\rangle \in R$，由 $R \subseteq R''$有$\langle x,y\rangle \in R''$. 若$\langle x,y\rangle \in R^0$，则 $x=y$，由 R''的自反性有$\langle x,y\rangle \in R''$. 两种情况都有$\langle x,y\rangle \in R''$. 因此，$R \cup R^0 \subseteq R''$. 总之，$R \cup R^0$ 满足 $r(R)$的定义，$r(R)=R \cup R^0$.

由定理可知，很容易构造 R 的自反闭包，只要把所有的 $x \in A$ 构成的$\langle x,x\rangle$加入 R 中.

定理 10.5.8 对非空集合 A 上的关系 R，有

$$s(R) = R \cup R^{-1}.$$

证明 对任意的$\langle x,y\rangle$，可得

$$\langle x,y\rangle \in R \cup R^{-1} \Leftrightarrow \langle x,y\rangle \in R \lor \langle x,y\rangle \in R^{-1}$$
$$\Leftrightarrow \langle y,x\rangle \in R^{-1} \lor \langle y,x\rangle \in R \Leftrightarrow \langle y,x\rangle \in R \cup R^{-1}$$

所以，$R \cup R^{-1}$是 A 上对称的关系.

显然有 $R \subseteq R \cup R^{-1}$.

对 A 上任意的包含 R 的对称关系 R''，对任意的$\langle x,y\rangle$，若$\langle x,y\rangle \in R \cup R^{-1}$，则$\langle x,y\rangle \in R$ 或$\langle x,y\rangle \in R^{-1}$，当$\langle x,y\rangle \in R$，由 $R \subseteq R''$有$\langle x,y\rangle \in R''$. 当$\langle x,y\rangle \in R^{-1}$，则$\langle y,x\rangle \in R$，$\langle y,x\rangle \in R''$，因 R''是对称的，故$\langle x,y\rangle \in R''$. 两种情况都有$\langle x,y\rangle \in R''$，则 $R \cup R^{-1} \subseteq R''$.

总之，$R \cup R^{-1}$满足 $s(R)$的定义，所以 $s(R)=R \cup R^{-1}$.

由定理可知，很容易构造 R 的对称闭包，只要对任何$\langle x,y\rangle \in R$ 且$\langle y,x\rangle \notin R$ 把$\langle y,x\rangle$加入 R 中.

定理 10.5.9 对非空集合 A 上的关系 R，有

$$t(R) = R \cup R^2 \cup R^3 \cup \cdots.$$

证明 先证 $R \cup R^2 \cup R^3 \cup \cdots \subseteq t(R)$. 为此只要证明对任意的 $n \geqslant 1$，$n \in \mathbf{N}$，有 $R^n \subseteq t(R)$. 施归纳于 n.

当 $n=1$ 时，$R^1=R \subseteq t(R)$.

假设 $n=k$ 时有 $R^k \subseteq t(R)$. 令 $n=k+1$，对任意的$\langle x,y\rangle$有

$$\begin{aligned}\langle x,y\rangle \in R^{k+1} &\Leftrightarrow \langle x,y\rangle \in R^k \circ R\\ &\Leftrightarrow (\exists z)(\langle x,z\rangle \in R \wedge \langle z,y\rangle \in R^k)\\ &\Rightarrow (\exists z)(\langle x,z\rangle \in t(R) \wedge \langle z,y\rangle \in t(R))\\ &\Rightarrow \langle x,y\rangle \in t(R)\end{aligned}$$

所以，$R^{k+1}\subseteq t(R)$. 由归纳法，对 $n\in\mathbf{N}$, $n\geqslant 1$，有 $R^n\subseteq t(R)$. 于是 $R\cup R^2\cup R^3\cup\cdots\subseteq t(R)$.

再证 $t(R)\subseteq R\cup R^2\cup R^3\cup\cdots$. 对任意的 $\langle x,y\rangle$ 和 $\langle y,z\rangle$，可得

$$\begin{aligned}&\langle x,y\rangle \in R\cup R^2\cup R^3\cup\cdots \wedge \langle y,z\rangle \in R\cup R^2\cup\cdots\\ &\Leftrightarrow (\exists s)(\langle x,y\rangle \in R^s) \wedge (\exists t)(\langle y,z\rangle \in R^t)\end{aligned}$$

其中 s 和 t 是非零自然数

$$\begin{aligned}&\Rightarrow (\exists s)(\exists t)(\langle x,z\rangle \in R^t\circ R^s)\\ &\Leftrightarrow (\exists s)(\exists t)(\langle x,z\rangle \in R^{t+s})\\ &\Rightarrow \langle x,z\rangle \in R\cup R^2\cup R^3\cup\cdots\end{aligned}$$

所以，$R\cup R^2\cup R^3\cup\cdots$ 是传递的，此外它包含 R. 所以

$$t(R)\subseteq R\cup R^2\cup R^3\cup\cdots.$$

总之，$t(R)=R\cup R^2\cup R^3\cup\cdots$.

通常简写为

$$R^+=\bigcup_{k=1}^{\infty}R^k=R\cup R^2\cup R^3\cup\cdots,$$

而且

$$R^*=\bigcup_{k=0}^{\infty}R^k=R^0\cup R\cup R^2\cup R^3\cup\cdots.$$

定理 10.5.3 指出，在 $R,R^2,\cdots$ 中只有有限个不同的合成关系. 所以在计算 $t(R)=R^+$ 时，可以只用有限个合成关系.

定理 10.5.10 A 为非空有限集合，$|A|=n$, R 是 A 上的关系，则存在一个正整数 $k\leqslant n$，使得

$$t(R)=R^+=R\cup R^2\cup\cdots\cup R^k.$$

证明 设有 $\langle x,y\rangle\in R^+$，则存在整数 $p>0$，使得 $\langle x,y\rangle\in R^p$，即存在序列 $x_0=x,x_1,x_2,\cdots,x_{p-1},x_p=y$，有 $\langle x_0,x_1\rangle\in R,\langle x_1,x_2\rangle\in R,\cdots,\langle x_{p-1},x_p\rangle\in R$. 设满足上述条件的最小的 p，有 $p>n$，则 $p+1$ 个元素 $x_0,x_1,x_2,\cdots,x_{p-1},x_p$ 都是 A 中的 n 个元素，$p+1$ 个元素中必有两个相等，即有 $0\leqslant t<q\leqslant p$ 使 $x_t=x_q$，因此序列可以去掉中间一段成为

$\langle x_0,x_1\rangle\in R,\cdots,\langle x_{t-1},x_t\rangle\in R$，和 $\langle x_t,x_{q+1}\rangle\in R,\cdots,\langle x_{p-1},x_p\rangle\in R$ 两段. 第一段有 t 个有序对，第二段有 $p-q$ 个有序对. 因此，$\langle x_0,x_p\rangle=\langle x,y\rangle\in R^k$，其中 $k=t+p-q=p-(q-t)<p$. 这与 p 为最小的假设矛盾. 故 $p>n$ 不成立.

由此定理可知，这时的 R^+ 不妨写成

$$R^+=t(R)=R\cup R^2\cup R^3\cup\cdots\cup R^n.$$

例 5 集合 $A=\{a,b,c\}$ 上的关系 R 为

$$R=\{\langle a,b\rangle,\langle b,c\rangle,\langle c,a\rangle\}.$$

则
$$\begin{aligned}r(R)&=R\cup R^0\\ &=\{\langle a,b\rangle,\langle b,c\rangle,\langle c,a\rangle,\langle a,a\rangle,\langle b,b\rangle,\langle c,c\rangle\}.\end{aligned}$$

而
$$s(R)=R\cup R^{-1}$$

$$=\{\langle a,b\rangle,\langle b,a\rangle,\langle b,c\rangle,\langle c,b\rangle,\langle c,a\rangle,\langle a,c\rangle\}.$$

由

$$\boldsymbol{M}(R)=\begin{pmatrix}0&1&0\\0&0&1\\1&0&0\end{pmatrix}$$

$$\boldsymbol{M}(R^2)=\begin{pmatrix}0&0&1\\1&0&0\\0&1&0\end{pmatrix}$$

$$\boldsymbol{M}(R^3)=\begin{pmatrix}1&0&0\\0&1&0\\0&0&1\end{pmatrix}$$

则

$$\begin{aligned}t(R)&=R\cup R^2\cup R^3\\&=\{\langle a,b\rangle,\langle a,c\rangle,\langle b,c\rangle,\langle b,a\rangle,\langle c,a\rangle,\langle c,b\rangle,\\&\quad\langle a,a\rangle,\langle b,b\rangle,\langle c,c\rangle\}.\end{aligned}$$

当有限集合 A 的元素较多时，用矩阵运算求 A 上的关系 R 的传递闭包仍很复杂. 1962 年 Warshall 提出了一种有效的算法.

Warshall 算法：(令 $\boldsymbol{B}[j,i]$表示矩阵 $\boldsymbol{B}$ 第 j 行第 i 列的元素)

(1) 令矩阵 $\boldsymbol{B}=\boldsymbol{M}(R)$，

(2) 令 $i=1, n=|A|$，

(3) 对 $1\leqslant j\leqslant n$，如果 $\boldsymbol{B}[j,i]=1$，则对 $1\leqslant k\leqslant n$，令

$$\boldsymbol{B}[j,k]=\boldsymbol{B}[j,k]\vee\boldsymbol{B}[i,k],$$

(4) i 加 1，

(5) 若 $i\leqslant n$，则转到(3)，否则停止，且

$$\boldsymbol{M}(R^+)=\boldsymbol{B}.$$

例 6 A 上的关系 R 的关系矩阵为

$$\boldsymbol{M}(R)=\begin{pmatrix}1&1&0&0\\0&0&0&1\\0&0&0&0\\0&1&0&0\end{pmatrix}$$

令 $\boldsymbol{B}=\boldsymbol{M}(R)$.

$i=1$ 时，第 1 列只有 $\boldsymbol{B}[1,1]=1$，将第 1 行与第 1 行各对应元素作逻辑加，仍记于第1 行.

$$\boldsymbol{B}=\begin{pmatrix}1&1&0&0\\0&0&0&1\\0&0&0&0\\0&1&0&0\end{pmatrix}$$

$i=2$ 时，第 2 列中 $\boldsymbol{B}[1,2]=1$，将第 1 行与第 2 行各对应元素作逻辑加，记于第 1 行. 第 2 列还有 $\boldsymbol{B}[4,2]=1$，将第 4 行与第 2 行对应加，记于第 4 行.

$$\boldsymbol{B}=\begin{pmatrix}1&1&0&1\\0&0&0&1\\0&0&0&0\\0&1&0&1\end{pmatrix}$$

$i=3$ 时,第 3 列全是 0,$\boldsymbol{B}$ 不变.

$i=4$ 时,第 4 列中 $\boldsymbol{B}[1,4]=\boldsymbol{B}[2,4]=\boldsymbol{B}[4,4]=1$,将 1,2,4 这 3 行分别与第 4 行对应元素逻辑加,分别记于 1,2,4 这 3 行.

$$\boldsymbol{B}=\begin{pmatrix}1&1&0&1\\0&1&0&1\\0&0&0&0\\0&1&0&1\end{pmatrix}\quad \text{这就是 } \boldsymbol{M}(R^+).$$

有时希望所求的闭包具有两种或三种性质.应该先作哪种闭包运算呢?下面分析这个问题.

定理 10.5.11 对非空集合 A 上的关系 R,有

(1) 若 R 是自反的,则 $s(R)$ 和 $t(R)$ 是自反的,

(2) 若 R 是对称的,则 $r(R)$ 和 $t(R)$ 是对称的,

(3) 若 R 是传递的,则 $r(R)$ 是传递的.

证明 只证(2),其他留作思考题.

(2) 先证 $r(R)$ 是对称的.对任意的 $x,y\in A$,如果 $x=y$,则

$$\langle x,y\rangle \in r(R)\Leftrightarrow\langle y,x\rangle \in r(R),$$

如果 $x\neq y$,则

$$\begin{aligned}\langle x,y\rangle \in r(R)&\Leftrightarrow\langle x,y\rangle \in R\cup R^0\\&\Rightarrow\langle x,y\rangle \in R &&(\text{因 } x\neq y)\\&\Rightarrow\langle y,x\rangle \in R &&(R\text{ 是对称的})\\&\Rightarrow\langle y,x\rangle \in R\cup R^0\Leftrightarrow\langle y,x\rangle \in r(R).\end{aligned}$$

总之,$r(R)$ 是对称的.

再证 $t(R)$ 是对称的.为此先证,若 R 对称,则对非零自然数 n,有 R^n 是对称的.施归纳于 n.

当 $n=1$ 时,$R^1=R$ 是对称的.

假设 $n=k(k\geqslant1)$ 时 R^k 是对称的.令 $n=k+1$,对任意的 $\langle x,y\rangle$,可得

$$\begin{aligned}\langle x,y\rangle \in R^{k+1}&\Leftrightarrow\langle x,y\rangle \in R^k\circ R\\&\Leftrightarrow(\exists z)(\langle x,z\rangle \in R\wedge\langle z,y\rangle \in R^k)\\&\Rightarrow(\exists z)(\langle z,x\rangle \in R\wedge\langle y,z\rangle \in R^k)\\&\Leftrightarrow\langle y,x\rangle \in R\circ R^k\Leftrightarrow\langle y,x\rangle \in R^{k+1}\end{aligned}$$

则 R^{k+1} 是对称的.对非零自然数 n,有 R^n 是对称的.

对任意的 $\langle x,y\rangle$,可得

$$\begin{aligned}\langle x,y\rangle \in t(R)&\Leftrightarrow(\exists n)(\langle x,y\rangle \in R^n)\\&\Rightarrow(\exists n)(\langle y,x\rangle \in R^n)\Leftrightarrow\langle y,x\rangle \in t(R)\end{aligned}$$

所以,$t(R)$ 是对称的.

定理 10.5.12　对非空集合 A 上的关系 R，有

(1) $rs(R)=sr(R)$，

(2) $rt(R)=tr(R)$，

(3) $st(R)\subseteq ts(R)$.

其中 $rs(R)=r(s(R))$，其他类似.

证明

(1) $sr(R)=s(R\cup R^0)$

$=(R\cup R^0)\cup(R\cup R^0)^{-1}$

$=R\cup R^0\cup R^{-1}\cup(R^0)^{-1}=R\cup R^{-1}\cup R^0$

$=(R\cup R^{-1})\cup(R\cup R^{-1})^0=rs(R)$.

(2) 先证 $(R\cup R^0)^n=R^0\cup R^1\cup\cdots\cup R^n$. 施归纳于 n.

当 $n=1$ 时，$(R\cup R^0)^1=R\cup R^0=R^0\cup R^1$.

假设 $n=k(k\geqslant 1)$ 时有 $(R\cup R^0)^k=R^0\cup R^1\cup\cdots\cup R^k$. 令 $n=k+1$，则有

$$\begin{aligned}(R\cup R^0)^{k+1}&=(R\cup R^0)^k\circ(R\cup R^0)\\&=(R^0\cup R^1\cup\cdots\cup R^k)\circ(R\cup R^0)\\&=((R^0\cup R^1\cup\cdots\cup R^k)\circ R)\cup((R^0\cup R^1\cup\cdots\cup R^k)\circ R^0)\\&=(R^1\cup R^2\cup\cdots\cup R^{k+1})\cup(R^0\cup R^1\cup\cdots\cup R^k)\\&=R^0\cup R^1\cup\cdots\cup R^{k+1}.\end{aligned}$$

利用这个结论

$$\begin{aligned}tr(R)&=t(R\cup R^0)\\&=(R\cup R^0)\cup(R\cup R^0)^2\cup(R\cup R^0)^3\cup\cdots\\&=(R^0\cup R^1)\cup(R^0\cup R^1\cup R^2)\cup\cdots\\&=R^0\cup R^1\cup R^2\cup R^3\cup\cdots=R^0\cup t(R)\\&=t(R)\cup(t(R))^0=rt(R).\end{aligned}$$

(3) 因为 $R\subseteq s(R)$，所以 $t(R)\subseteq ts(R)$ 和 $st(R)\subseteq sts(R)$. 因为 $ts(R)$ 是对称的，所以 $sts(R)=ts(R)$. 因此 $st(R)\subseteq ts(R)$.

由定理可知，若要求出 R 的自反、对称且传递的闭包，则应先求 $r(R)$，再求 $sr(R)$，最后求 $tsr(R)$. 若先求 $tr(R)$，再求 $str(R)$，则 $str(R)$ 不一定是传递的.

10.6　等价关系和划分

在实数之间的相等关系、在集合之间的相等关系、在谓词公式之间的等值关系具有类似的性质. 它们都具有自反性、对称性和传递性. 下面把具有这三种性质的关系称为等价关系. 这是一类很重要的关系，可以用集合上的等价关系把该集合划分成等价类.

10.6.1　等价关系

定义 10.6.1　对非空集合 A 上的关系 R，如果 R 是自反的、对称的和传递的，则称 R 为 A 上的等价关系.

例 1 在非空集合 A 上的恒等关系 I_A 和全关系 E_A 都是等价关系. 在所有谓词公式的集合上的等值关系$\Leftrightarrow$也是等价关系.

例 2 集合 $A=\{1,2,\cdots,8\}$上的关系

$$R=\{\langle x,y\rangle \mid x\equiv y(\mathrm{mod}\ 3)\}.$$

其中 $x\equiv y(\mathrm{mod}\ 3)$表示 $x-y$ 可被 3 整除.

对任意的 $x,y,z\in A$, $x-x$ 可被 3 整除. 若 $x-y$ 可被 3 整除，则 $y-x$ 也可被 3 整除. 若 $x-y$ 和 $y-z$ 可被 3 整除，则 $x-z=(x-y)+(y-z)$可被 3 整除. 所以，R 具有自反性、对称性和传递性，R 是 A 上的等价关系.

R 的关系图如图 10.6.1 所示. 在图中，A 的元素被分成三组，每组中任两个元素之间都有关系，而不同组的元素之间都没有关系. 这样的组称为等价类.

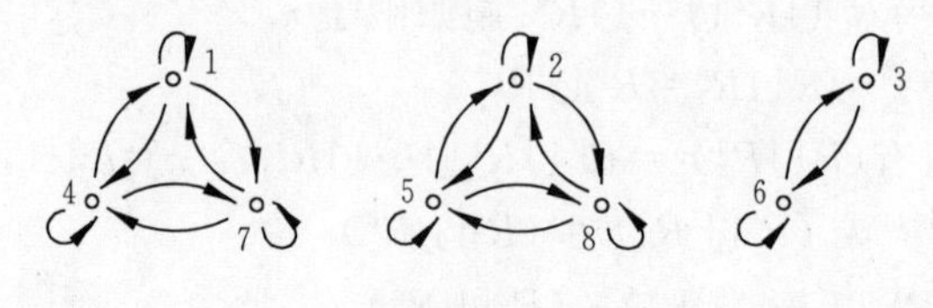

图 10.6.1

第 9 章给出了用平面坐标系中的矩形表示笛卡儿积 $A\times B$ 的图形表示法. 显然可以用正方形表示 $A\times A$，如图 10.6.2(a)所示. A 上的关系是 $A\times A$ 的子集，因此可以用正方形的子集表示. A 上的等价关系可以用正方形的一条对角线和线上的若干正方形表示. 如图 10.6.2(b)所示. 但是图 10.6.2(c)所表示的关系不是等价关系. 它包括了对角线，所以有自反性. 它以对角线为对称轴，所以有对称性. 但它没有传递性. 因为 R 中的 a 和 b 点对应的有序对，经传递得到 c 点对应的有序对应在 R 中，但 c 点不在 R 中.

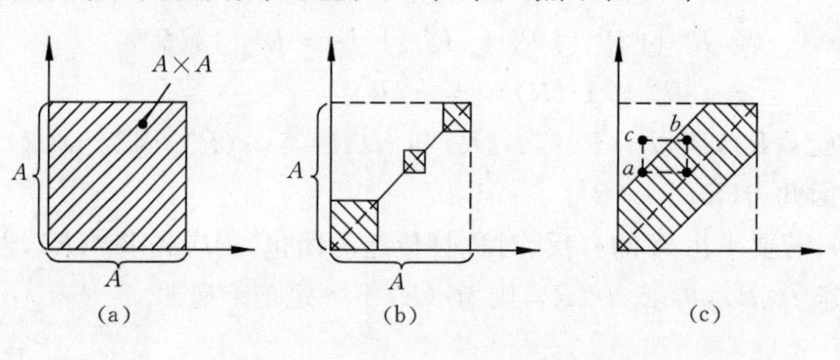

图 10.6.2

定义 10.6.2 R 是非空集合 A 上的等价关系，对任意的 $x\in A$，令

$$[x]_R=\{y \mid y\in A\wedge xRy\},$$

则称集合$[x]_R$ 为 x 关于 R 的等价类，简称 x 的等价类，也可记作$[x]$或 $\bar{x}$.

例 3 对例 2 的等价关系 R，有三个不同的等价类：

$[1]_R=\{1,4,7\}=[4]_R=[7]_R$,

$[2]_R=\{2,5,8\}=[5]_R=[8]_R$,

$[3]_R=\{3,6\}=[6]_R$.

A 的 8 个元素各有一个等价类. 各等价类之间，或者相等，或者不相交. 而且所有等价类的并集就是 A.

定理 10.6.1 R 是非空集合 A 上的等价关系,对任意的 $x,y\in A$,成立

(1) $[x]_R\neq\varnothing$ 且 $[x]_R\subseteq A$,

(2) 若 xRy, 则 $[x]_R=[y]_R$,

(3) 若 $x\not R y$, 则 $[x]_R\cap[y]_R=\varnothing$,

(4) $\bigcup\{[x]_R\mid x\in A\}=A$.

证明

(1) 对任意的 $x\in A$,xRx,则 $x\in[x]_R$,因此 $[x]_R\neq\varnothing$. 由等价类定义,显然 $[x]_R\subseteq A$.

(2) 对任意的 $x_0\in[x]_R$,有 xRx_0. 由对称性,有 x_0Rx. 由 xRy 和传递性,有 x_0Ry,yRx_0,所以 $x_0\in[y]_R$. 类似可证 $x_0\in[y]_R\rightarrow x_0\in[x]_R$. 因此,$[x]_R=[y]_R$.

(3) 假设 $[x]_R\cap[y]_R\neq\varnothing$. 则存在 x_0,使得 $x_0\in[x]_R$ 且 $x_0\in[y]_R$. 即 xRx_0 且 yRx_0,由对称性 x_0Ry,由传递性 xRy. 与已知矛盾.

(4) 对任意的 $x\in A$,$[x]_R\subseteq A$. 则有 $\bigcup\{[x]_R\mid x\in A\}\subseteq A$. 反之,对任意的 $x\in A$,$x\in[x]_R$. 则有 $x\in\bigcup\{[x]_R\mid x\in A\}$. 所以,$A\subseteq\bigcup\{[x]_R\mid x\in A\}$. 因此 $\bigcup\{[x]_R\mid x\in A\}=A$.

由定理可知,对 A 上的等价关系 R,所有等价类的集合具有很好的性质.

定义 10.6.3 对非空集合 A 上的关系 R,以 R 的不相交的等价类为元素的集合称为 A 的商集,记作 A/R.

这个定义也可以写成

$$A/R=\{y\mid(\exists x)(x\in A\wedge y=[x]_R)\}.$$

例 4 对例 2 中的 A 和 R,商集是

$$\begin{aligned}A/R&=\{[1]_R,[2]_R,[3]_R\}\\&=\{\{1,4,7\},\{2,5,8\},\{3,6\}\}.\end{aligned}$$

10.6.2 划分

定义 10.6.4 对非空集合 A,若存在集合 π 满足下列条件:

(1) $(\forall x)(x\in\pi\rightarrow x\subseteq A)$,

(2) $\varnothing\notin\pi$,

(3) $\bigcup\pi=A$,

(4) $(\forall x)(\forall y)((x\in\pi\wedge y\in\pi\wedge x\neq y)\rightarrow x\cap y=\varnothing)$,则称 π 为 A 的一个划分,称 π 中的元素为 A 的划分块.

A 的一个划分 π,是 A 的非空子集的集合(即 $\pi\subseteq P(A)$ 且 $\varnothing\notin\pi$),A 的这些子集互不相交,且它们的并集为 A.

例 5 对集合 $A=\{a,b,c,d\}$. 则

$$\pi_1=\{\{a\},\{b,c\},\{d\}\}$$

和

$$\pi_2=\{\{a,b,c,d\}\}$$

都是 A 的划分. $\{a\}$,$\{b,c\}$,$\{d\}$ 为 π_1 的划分块. 但是

$$\pi_3=\{\{a,b\},\{c\},\{a,d\}\}$$

和

$$\pi_4=\{\{a,b,d\}\}$$

都不是 A 的划分.

定理 10.6.2 对非空集合 A 上的等价关系 R，A 的商集 A/R 就是 A 的划分，它称为由等价关系 R 诱导出来的 A 的划分，记作 π_R.

证明可以由定义 10.6.3、定义 10.6.4 和定理 10.6.1 直接得到.

上面说明，由 A 上的等价关系 R 可以诱导出 A 的一个划分. 下面考虑，由 A 的一个划分如何诱导出 A 上的一个等价关系.

定理 10.6.3 对非空集合 A 的一个划分 π，令 A 上的关系 R_π 为

$$R_\pi=\{\langle x,y\rangle \mid (\exists z)(z\in\pi\land x\in z\land y\in z)\}$$

则 R_π 为 A 上的等价关系，它称为划分 π 诱导出的 A 上的等价关系.

证明留作思考题.

定理 10.6.4 对非空集合 A 的一个划分 π 和 A 上的等价关系 R，π 诱导 R 当且仅当 R 诱导 π.

证明 先证必要性. 若 π 诱导 R，且 R 诱导 π'. 对任意的 $x\in A$，设 x 在 π 的划分块 B 中，也在 π' 的划分块 B' 中. 对任意的 $y\in A$，有

$$\begin{aligned} y\in B &\Leftrightarrow xRy && (x\in B \text{ 且 } \pi \text{ 诱导 } R)\\ &\Leftrightarrow [x]_R=[y]_R && (R \text{ 为等价关系})\\ &\Leftrightarrow y\in B' && (x\in B' \text{ 且 } R \text{ 诱导 } \pi') \end{aligned}$$

所以，$B=B'$. 由 x 的任意性，$\pi=\pi'$.

再证充分性. 若 R 诱导 π，且 π 诱导 R'. 对任意的 $x,y\in A$，可得

$$\begin{aligned} xRy &\Leftrightarrow [x]_R=[y]_R \Leftrightarrow x\in[x]_R \land y\in[x]_R\\ &\Leftrightarrow x \text{ 和 } y \text{ 在 } \pi \text{ 的同一划分块中}\\ &\Leftrightarrow xR'y \end{aligned}$$

所以，$R=R'$.

由定理可知，集合 A 的划分和 A 上的等价关系可以建立一一对应.

例 6 在集合 $A=\{1,2,3\}$ 上求出尽可能多的等价关系.

先求 A 的所有划分，如图 10.6.3 所示.

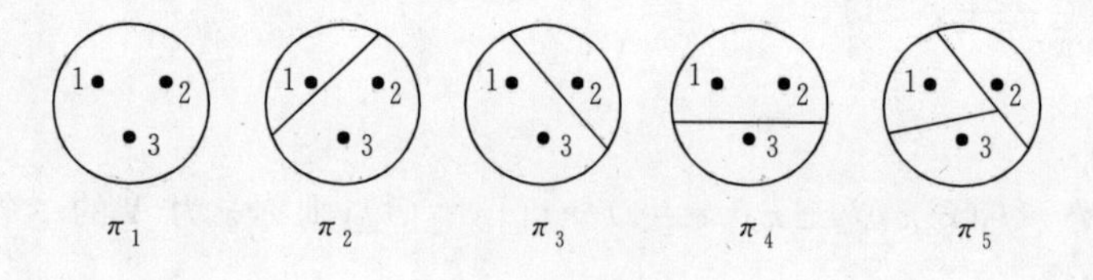

图 10.6.3

于是可得到 5 个等价关系.

$R_1=\{\langle 1,2\rangle,\langle 2,1\rangle,\langle 1,3\rangle,\langle 3,1\rangle,\langle 2,3\rangle,\langle 3,2\rangle,\langle 1,1\rangle,\langle 2,2\rangle,\langle 3,3\rangle\}$,

$R_2=\{\langle 2,3\rangle,\langle 3,2\rangle,\langle 1,1\rangle,\langle 2,2\rangle,\langle 3,3\rangle\}$,

$R_3=\{\langle 1,3\rangle,\langle 3,1\rangle,\langle 1,1\rangle,\langle 2,2\rangle,\langle 3,3\rangle\}$,

$R_4=\{\langle 1,2\rangle,\langle 2,1\rangle,\langle 1,1\rangle,\langle 2,2\rangle,\langle 3,3\rangle\}$,

$R_5=\{\langle 1,1\rangle,\langle 2,2\rangle,\langle 3,3\rangle\}$.

10.7 相容关系和覆盖

10.7.1 相容关系

定义 10.7.1 对非空集合 A 上的关系 R,如果 R 是自反的、对称的,则称 R 为 A 上的相容关系.

例 1 A 是英文单词的集合

$$A=\{\text{cat, teacher, cold, desk, knife, by}\},$$

A 上的关系 R 为

$$R=\{\langle x,y\rangle \mid x \text{ 和 } y \text{ 至少有一相同字母}\}.$$

显然,R 是自反的、对称的,但不是传递的. 因此,R 是相容关系.

相容关系的关系图中,每个顶点都有自圈,而且若一对顶点间有边则有向边成对出现. 因此可以简化关系图,可以不画自圈,并用无向边代替一对来回的有向边. 对例 1 的 R,设

$$x_1=\text{cat}, x_2=\text{teacher}, x_3=\text{cold},$$

$$x_4=\text{desk}, x_5=\text{knife}, x_6=\text{by},$$

则关系图可以简化为图 10.7.1.

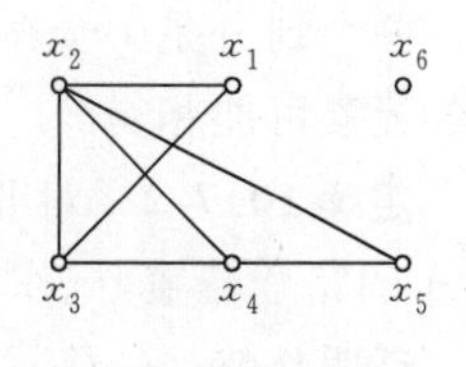

图 10.7.1

定义 10.7.2 对非空集合 A 上的相容关系 R,若 $C\subseteq A$,且 C 中任意两个元素 x 和 y 有 xRy,则称 C 是由相容关系 R 产生的相容类,简称相容类.

这个定义也可以写成

$$C=\{x \mid x\in A \wedge (\forall y)(y\in C\rightarrow xRy)\}.$$

例 2 对例 1 中的相容关系 R,相容类有 $\{x_1, x_2\}$, $\{x_3, x_4\}$, $\{x_6\}$, $\{x_2, x_4, x_5\}$ 等. 前两个相容类都可以加入其他元素,构成更大的相容类. 如 $\{x_1, x_2\}$ 加入 x_3 得到另一相容类 $\{x_1, x_2, x_3\}$. 后两个相容类再加入任何新元素都不是相容类了,这两个相容类称为最大相容类.

定义 10.7.3 对非空集合 A 上的相容关系 R,一个相容类若不是任何相容类的真子集,就称为最大相容类,记作 C_R.

对最大相容类 C_R 有下列性质:

$$(\forall x)(\forall y)((x\in C_R \wedge y\in C_R)\rightarrow xRy)$$

和

$$(\forall x)(x\in A-C_R\rightarrow(\exists y)(y\in C_R \wedge x\not R y)).$$

在相容关系的简化图中,最大完全多边形是每个顶点与其他所有顶点相连的多边形. 这种最大完全多边形的顶点集合,才是最大相容类. 此外,一个孤立点的集合也是最大相容类;如果两点连线不是最大完全多边形的边,这两个顶点的集合也是最大相容类.

例 3 对例 1 中的相容关系 R,最大相容类有 $\{x_1,x_2,x_3\}$, $\{x_2,x_3,x_4\}$, $\{x_2,x_4,x_5\}$ 和 $\{x_6\}$.

定理 10.7.1 对非空有限集合 A 上的相容关系 R,若 C 是一个相容类,则存在一个最大相容类 C_R,使 $C\subseteq C_R$.

证明 设 $A=\{a_1,a_2,\cdots,a_n\}$. 构造相容类的序列

$$C_0\subset C_1\subset C_2\subset\cdots$$

使 $C_0=C, C_{i+1}=C_i\cup\{a_j\}$，而 j 是满足 $a_j\notin C_i$ 且 a_j 与 C_j 中各元素有关系 R 的最小下标.

因为 $|A|=n$，所以至多经过 $n-|C|$ 步，过程就结束，而且序列中最后一个相容类是 C_R. 结论得证.

对任意的 $a\in A$，有相容类 $\{a\}$. 它必定包含在某个 C_R 中. 所以，C_R 的集合覆盖住 A.

10.7.2 覆盖

定义 10.7.4 对非空集合 A，若存在集合 Ω 满足下列条件：

(1) $(\forall x)(x\in\Omega\to x\subseteq A)$，

(2) $\varnothing\notin\Omega$，

(3) $\bigcup\Omega=A$，

则称 Ω 为 A 的一个覆盖，称 Ω 中的元素为 Ω 的覆盖块.

一个划分是一个覆盖，但一个覆盖不一定是一个划分. 因为划分中各元素不相交，覆盖中各元素可能相交.

定理 10.7.2 对非空集合 A 上的相容关系 R，最大相容类的集合是 A 的一个覆盖，称为 A 的完全覆盖，记作 $C_R(A)$. 而且 $C_R(A)$ 是唯一的.

证明从略.

定理 10.7.3 对非空集合 A 的一个覆盖 $\Omega=\{A_1,A_2,\cdots,A_n\}$，由 Ω 确定的关系

$$R=A_1\times A_1\cup A_2\times A_2\cup\cdots\cup A_n\times A_n$$

是 A 上的相容关系.

证明从略.

由 A 上的一个相容关系 R，可以确定一个 A 的完全覆盖 $C_R(A)$. 由 A 的一个覆盖，也可确定一个 A 上的相容关系. 但是不同的覆盖，可能确定同一个相容关系.

例 4 集合 $A=\{1,2,3,4\}$ 的两个覆盖

$$\Omega_1=\{\{1,2,3\},\{3,4\}\}$$

和

$$\Omega_2=\{\{1,2\},\{2,3\},\{3,1\},\{3,4\}\}$$

可以确定相同的相容关系

$$R=\{\langle 1,2\rangle,\langle 2,1\rangle,\langle 1,3\rangle,\langle 3,1\rangle,\langle 2,3\rangle,\langle 3,2\rangle,\langle 3,4\rangle,\langle 4,3\rangle,\langle 1,1\rangle,\langle 2,2\rangle,\langle 3,3\rangle,\langle 4,4\rangle\}.$$

10.8 偏序关系

在实数之间的小于或等于关系，在集合之间的包含关系具有类似的性质. 它们都具有自反性、反对称性和传递性. 下面把具有这三种性质的关系称为偏序关系. 它和等价关系同为很重要的关系.

10.8.1 偏序关系和拟序关系

定义 10.8.1 对非空集合 A 上的关系 R，如果 R 是自反的、反对称的和传递的，则称 R

为 A 上的偏序关系.

在不会产生误解时,偏序关系 R 通常记作$\leqslant$. 当 xRy 时,可记作 $x\leqslant y$,读作 x"小于或等于"y.

例 1 在集合 $\mathbf{N}-\{0\}$上的小于或等于关系和整除关系,都是偏序关系. 对集合 A,在 $P(A)$上的包含关系也是偏序关系.

定义 10.8.2 对非空集合 A 上的关系 R,如果 R 是非自反的和传递的,则称 R 为 A 上的拟序关系.

在不会产生误解时,拟序关系 R 通常记作$<$. 当 xRy 时,可记作 $x<y$,读作 x"小于"y.

例 2 在集合 $\mathbf{N}$ 上的小于关系是拟序关系. 对集合 A,在 $P(A)$上的真包含关系也是拟序关系.

偏序关系又称弱偏序关系,或半序关系. 拟序关系又称强偏序关系.

定理 10.8.1 R 为 A 上的拟序关系,则 R 是反对称的.

证明 假设 R 不是反对称的. 则存在 $x\in A,y\in A,x\neq y$,使$\langle x,y\rangle\in R$ 且$\langle y,x\rangle\in R$. 由传递性,$\langle x,x\rangle\in R$. 与非自反性矛盾.

有的书上把反对称性也作为拟序关系定义的一个条件. 定理表明,这是不必要的.

定理 10.8.2 对 A 上的拟序关系 R,$R\cup R^0$ 是 A 上的偏序关系.

证明从略.

定理 10.8.3 对 A 上的偏序关系 R,$R-R^0$ 是 A 上的拟序关系.

证明从略.

拟序关系和偏序关系的区别只是自反性. 由于它们类似,只要把偏序关系搞清,拟序关系也容易搞清. 以下只讨论偏序关系.

定义 10.8.3 集合 A 与 A 上的关系 R 一起称为一个结构. 集合 A 与 A 上的偏序关系 R 一起称为一个偏序结构,或称偏序集,并记作$\langle A,R\rangle$.

例 3 $\langle\mathbf{N},\leqslant\rangle$和$\langle P(A),\subseteq\rangle$都是偏序集.

10.8.2 哈斯图

利用偏序关系的良好性质,可以把它的关系图简化为较简单的哈斯图,首先,由于自反性,每个顶点都有自圈,则可不画自圈. 其次,由于反对称性,两个顶点之间至多一条有向边,则可约定箭头指向上方或斜上方并适当安排顶点位置,以便用无向边代替有向边. 最后,由于传递性,依传递可得到的有向边可以不画. 下面定义盖住关系,并给出作图规则.

定义 10.8.4 对偏序集$\langle A,\leqslant\rangle$,如果 $x,y\in A,x\leqslant y,x\neq y$,且不存在元素 $z\in A$ 使得 $x\leqslant z$ 且 $z\leqslant y$,则称 y 盖住 x. A 上的盖住关系 $\mathrm{cov}A$ 定义为

$$\mathrm{cov}A=\{\langle x,y\rangle \mid x\in A\wedge y\in A\wedge y\text{ 盖住 }x\}.$$

例 4 集合 $A=\{1,2,3,4,6,12\}$上的整除关系 D_A 是 A 上的偏序关系. 则 A 上的盖住关系 $\mathrm{cov}A$ 为

$$\mathrm{cov}A=\{\langle 1,2\rangle,\langle 1,3\rangle,\langle 2,4\rangle,\langle 2,6\rangle,\langle 3,6\rangle,\langle 4,12\rangle,\langle 6,12\rangle\}.$$

对偏序集$\langle A,\leqslant\rangle$,$A$ 上的盖住关系 $\mathrm{cov}A$ 是唯一的. 可以用盖住关系画偏序集的哈斯图. 作图规则为:

(1) 每个顶点代表 A 的一个元素，

(2) 若 $x\leqslant y$ 且 $x\neq y$，则顶点 y 在顶点 x 上方，

(3) 若 $\langle x,y\rangle\in \mathrm{cov}A$，则 x,y 间连无向边.

例 5 例 4 中偏序集的哈斯图如图 10.8.1 所示.

例 6 对 $A=\{a,b,c\}$，$\langle P(A),\subseteq\rangle$ 是偏序集，它的哈斯图如图 10.8.2 所示.

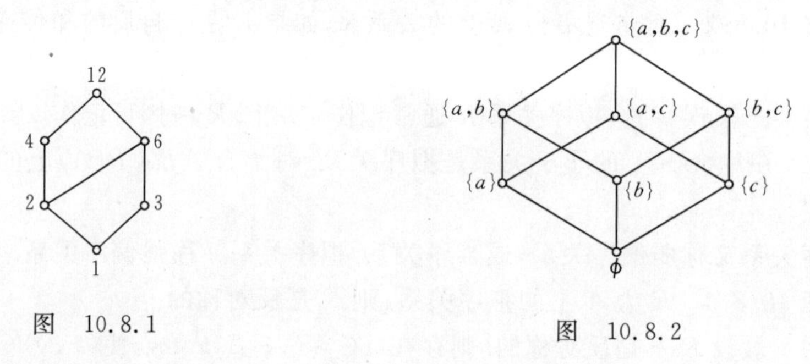

图 10.8.1　　　　图 10.8.2

10.8.3 上确界和下确界

定义 10.8.5 对偏序集 $\langle A,\leqslant\rangle$，且 $B\subseteq A$，进一步

(1) 若 $(\exists y)(y\in B\wedge(\forall x)(x\in B\rightarrow y\leqslant x))$，则称 y 为 B 的最小元，

(2) 若 $(\exists y)(y\in B\wedge(\forall x)(x\in B\rightarrow x\leqslant y))$，则称 y 为 B 的最大元，

(3) 若 $(\exists y)(y\in B\wedge(\forall x)((x\in B\wedge x\leqslant y)\rightarrow x=y))$，则称 y 为 B 的极小元，

(4) 若 $(\exists y)(y\in B\wedge(\forall x)((x\in B\wedge y\leqslant x)\rightarrow x=y))$，则称 y 为 B 的极大元.

例 7 在例 4 的偏序集 $\langle A,D_A\rangle$ 的哈斯图中. 令 $B_1=\{2,4,6,12\}$，则 B_1 的最大元和极大元是 12，最小元和极小元是 2. 令 $B_2=\{2,3,4,6\}$，则 B_2 的极大元是 4 和 6，极小元是 2 和 3，没有最大元和最小元.

注意区别最小元与极小元. B 的最小元应小于或等于 B 中其他各元. B 的极小元应不大于 B 中其他各元（它小于或等于 B 中一些元，并与 B 中另一些元无关系）. 最小元（最大元）不一定存在，若存在必唯一. 在非空有限集合 B 中，极小元（极大元）必存在，不一定唯一.

定义 10.8.6 对偏序集 $\langle A,\leqslant\rangle$，且 $B\subseteq A$，进一步

(1) 若 $(\exists y)(y\in A\wedge(\forall x)(x\in B\rightarrow x\leqslant y))$，则称 y 为 B 的上界，

(2) 若 $(\exists y)(y\in A\wedge(\forall x)(x\in B\rightarrow y\leqslant x))$，则称 y 为 B 的下界，

(3) 若集合 $C=\{y\mid y$ 是 B 的上界$\}$，则 C 的最小元称为 B 的上确界或最小上界，

(4) 若集合 $C=\{y\mid y$ 是 B 的下界$\}$，则 C 的最大元称为 B 的下确界或最大下界.

例 8 集合 $A=\{2,3,4,6,9,12,18\}$，A 上的整除关系 D_A 是偏序关系. 偏序集 $\langle A,D_A\rangle$ 的哈斯图如图 10.8.3 所示.

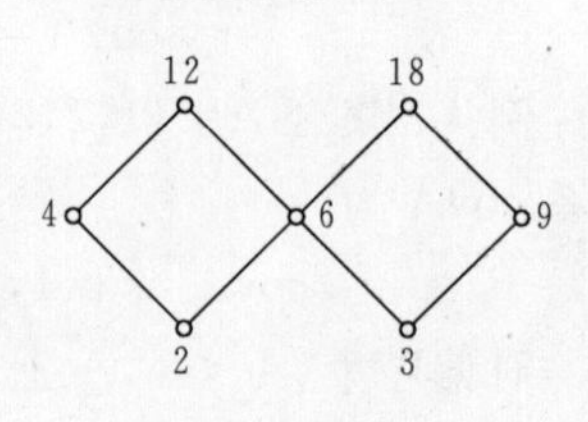

图 10.8.3

$B_1=\{2,4\}$ 的上界是 4 和 12，上确界是 4，下界和下确界是 2. $B_2=\{4,6,9\}$ 没有上下界，没有上下确界. $B_3=\{2,3\}$ 的上界是 6,12,18，上确界是 6，没有下界和下确界.

B 的上下界和上下确界可能在 B 中，可能不在 B 中，但一

定在 A 中.上界(下界)不一定存在,不一定唯一.上确界(下确界)不一定存在,若存在必唯一.

10.8.4 全序关系和链

定义 10.8.7 对偏序集 $\langle A,\leqslant\rangle$,对任意的 $x,y\in A$,若有 $x\leqslant y$ 或 $y\leqslant x$,则称 x 和 y 是可比的.

定义 10.8.8 对偏序集 $\langle A,\leqslant\rangle$,如果对任意的 $x,y\in A$,x 和 y 都可比,则称 $\leqslant$ 为 A 上的全序关系,或称线序关系.并称 $\langle A,\leqslant\rangle$ 为全序集.

例 9 $\mathbf{N}$ 上的小于等于关系是全序关系,所以 $\langle\mathbf{N},\leqslant\rangle$ 是全序集.$\mathbf{N}-\{0\}$ 上的整除关系不是全序关系.对非空集合 A,$P(A)$ 上的包含关系不是全序关系.

定义 10.8.9 对偏序集 $\langle A,\leqslant\rangle$,且 $B\subseteq A$,进一步

(1) 如果对任意的 $x,y\in B$,x 和 y 都是可比的,则称 B 为 A 上的链,B 中元素个数称为链的长度.

(2) 如果对任意的 $x,y\in B$,x 和 y 都不是可比的,则称 B 为 A 上的反链,B 中元素个数称为反链的长度.

例 10 对例 8 中的偏序集.$\{2,4,12\}$,$\{3,6,18\}$,$\{3,9\}$,$\{18\}$ 都是链.$\{4,6,9\}$,$\{12,18\}$,$\{4,9\}$ 都是反链.

对全序集 $\langle A,\leqslant\rangle$,显然 A 是链.A 的任何子集都是链.

定理 10.8.4 对偏序集 $\langle A,\leqslant\rangle$,设 A 中最长链的长度是 n,则将 A 中元素分成不相交的反链,反链个数至少是 n.

证明 施归纳于 n.

当 $n=1$ 时,A 本身就是一条反链,定理结论成立.(这时 $\leqslant$ 是恒等关系)

假设对于 $n=k$,结论成立.考虑 $n=k+1$ 的情况.当 A 中最长链的长度为 $k+1$ 时,令 M 为 A 中极大元的集合,显然 M 是一条反链.而且 $A-M$ 中最长链的长度为 k.由归纳假设,可以把 $A-M$ 分成至少 k 个不相交的反链,加上反链 M,则 A 可分成至少 $k+1$ 条反链.

这个定理称为偏序集的分解定理,这是组合学三大存在性定理之一,有广泛的应用.

定理 10.8.5 对偏序集 $\langle A,\leqslant\rangle$,若 A 中元素为 $mn+1$ 个,则 A 中或者存在一条长度为 $m+1$ 的反链,或者存在一条长度为 $n+1$ 的链.

10.8.5 良序关系

定义 10.8.10 对偏序集 $\langle A,\leqslant\rangle$,如果 A 的任何非空子集都有最小元,则称 $\leqslant$ 为良序关系,称 $\langle A,\leqslant\rangle$ 为良序集.

例 11 $\langle\mathbf{N},\leqslant\rangle$ 是全序集,也是良序集.$\langle\mathbf{Z},\leqslant\rangle$ 是全序集,不是良序集.其中 $\mathbf{Z}$ 是整数集.因为 $\mathbf{Z}\subseteq\mathbf{Z}$,但是 $\mathbf{Z}$ 没有最小元.

定理 10.8.6 一个良序集一定是全序集.

证明 设 $\langle A,\leqslant\rangle$ 是良序集.对任意的 $x,y\in A$,可构成 $\{x,y\}\subseteq A$,它有最小元.该最小元或为 x 或为 y,则 $x\leqslant y$ 或 $y\leqslant x$.所以,$\langle A,\leqslant\rangle$ 是全序集.

定理 10.8.7 一个有限的全序集一定是良序集.

证明 设 $A=\{a_1,a_2,\cdots,a_n\}$,且 $\langle A,\leqslant\rangle$ 是全序集. 假设 $\langle A,\leqslant\rangle$ 不是良序集,则存在非空子集 $B\subseteq A$,B 中没有最小元. 因为 B 是有限集合,所以存在 $x,y\in B$,使 x 和 y 无关系. 与全序集矛盾.

对一个非良序的集合,可以定义集合上的一个全序关系,使该集合成为良序集. 例如,$\langle \mathbf{Z},\leqslant\rangle$ 不是良序集. 在 $\mathbf{Z}$ 上定义全序关系 R 为:对 $a,b\in\mathbf{Z}$,若 $|a|\leqslant|b|$,则 aRb;若 $a>0$,则 $-aRa$. 于是

$0R-1,-1R1,1R-2,-2R2,\cdots$ 这样,$\mathbf{Z}$ 的最小元是 0,$\mathbf{Z}$ 的子集都有最小元. $\langle\mathbf{Z},R\rangle$ 是良序集. 这个定义 R 的过程称为良序化.

定理 10.8.8(良序定理) 任意的集合都是可以良序化的.

良序定理可以由 Zorn 引理证明,它们都是选择公理的等价形式. 这里不给出证明.

设 $\mathbf{R}$ 是实数集合,$\leqslant$ 是 $\mathbf{R}$ 上的小于等于关系. 显然,$\langle\mathbf{R},\leqslant\rangle$ 是全序集,不是良序集. 可以在 $\langle\mathbf{R},\leqslant\rangle$ 上定义常用的区间.

定义 10.8.11 在全序集 $\langle\mathbf{R},\leqslant\rangle$ 上,对于 $a,b\in\mathbf{R}$,$a\neq b$,$a\leqslant b$,则

(1) $[a,b]=\{x\mid x\in\mathbf{R}\wedge a\leqslant x\leqslant b\}$,称为从 a 到 b 的闭区间,

(2) $(a,b)=\{x\mid x\in\mathbf{R}\wedge a\leqslant x\leqslant b\wedge x\neq a\wedge x\neq b\}$,称为从 a 到 b 的开区间,

(3) $[a,b)=\{x\mid x\in\mathbf{R}\wedge a\leqslant x\leqslant b\wedge x\neq b\}$,$(a,b]=\{x\mid x\in\mathbf{R}\wedge a\leqslant x\leqslant b\wedge x\neq a\}$ 都称为从 a 到 b 的半开区间,

(4) 还可以定义下列区间

$(-\infty,a]=\{x\mid x\in\mathbf{R}\wedge x\leqslant a\}$,

$(-\infty,a)=\{x\mid x\in\mathbf{R}\wedge x\leqslant a\wedge x\neq a\}$,

$[a,\infty)=\{x\mid x\in\mathbf{R}\wedge a\leqslant x\}$,

$(a,\infty)=\{x\mid x\in\mathbf{R}\wedge a\leqslant x\wedge x\neq a\}$,

$(-\infty,\infty)=\mathbf{R}$.

习 题 10

1. 列出下列关系 R 的元素.

   (1) $A=\{0,1,2\}$, $B=\{0,2,4\}$,而

   $$R=\{\langle x,y\rangle\mid x,y\in A\cap B\}.$$

   (2) $A=\{1,2,3,4,5\}$,$B=\{1,2,3\}$,而

   $$R=\{\langle x,y\rangle\mid x\in A\wedge y\in B\wedge x=y^2\}.$$

2. 设 $A=\{\langle 1,2\rangle,\langle 2,4\rangle,\langle 3,3\rangle\}$, $B=\{\langle 1,3\rangle,\langle 2,4\rangle,\langle 4,2\rangle\}$.

   求 $A\cup B$,$A\cap B$,$\mathrm{dom}(A)$, $\mathrm{dom}(B)$, $\mathrm{ran}(A)$ $\mathrm{ran}(B)$, $\mathrm{dom}(A\cup B)$, $\mathrm{ran}(A\cap B)$.

3. 证明:$\mathrm{dom}(R\cup S)=\mathrm{dom}(R)\cup\mathrm{dom}(S)$,$\mathrm{dom}(R\cap S)\subseteq\mathrm{dom}(R)\cap\mathrm{dom}(S)$.

4. 设 $A=\{1,2,3\}$,在 A 上有多少不同的关系? 设 $|A|=n$,在 A 上有多少不同的关系?

5. 列出所有从 $A=\{a,b,c\}$ 到 $B=\{d\}$ 的关系.

6. 对 $n\in\mathbf{N}$ 且 $n>2$,用二元关系定义 n 元关系.

7. 对 $A=\{0,1,2,3,4\}$ 上的下列关系,给出关系图和关系矩阵.

(1) $R_1=\{\langle x,y\rangle \mid 2\leqslant x\wedge y\leqslant 2\}$,

(2) $R_2=\{\langle x,y\rangle \mid 0\leqslant (x-y)<3\}$,

(3) $R_3=\{\langle x,y\rangle \mid x$ 和 y 是互质的$\}$,

(4) $R_4=\{\langle x,y\rangle \mid x<y$ 或 x 是质数$\}$.

8. 设 $R=\{\langle 0,1\rangle,\langle 0,2\rangle,\langle 0,3\rangle,\langle 1,2\rangle,\langle 1,3\rangle,\langle 2,3\rangle\}$. 写出 $R\circ R, R\upharpoonright\{1\}, R^{-1}\upharpoonright\{1\}$, $R[\{1\}], R^{-1}[\{1\}]$.

9. 设 $A=\{\langle\varnothing,\{\varnothing,\{\varnothing\}\}\rangle,\langle\{\varnothing\},\varnothing\rangle\}$. 写出 $A\circ A, A^{-1}, A\upharpoonright\varnothing, A\upharpoonright\{\varnothing\}, A\upharpoonright\{\varnothing,\{\varnothing\}\}, A[\varnothing], A[\{\varnothing\}], A[\{\varnothing,\{\varnothing\}\}]$.

10. 设 R,S 和 T 是 A 上的关系,证明

$$R\circ(S\cup T)=(R\circ S)\cup(R\circ T).$$

11. 设 S 为 X 到 Y 的关系,T 为 Y 到 Z 的关系,A 为集合,B 为集合. 证明:

(1) $S[A]\subseteq Y$,

(2) $(T\circ S)[A]=T[S[A]]$,

(3) $S[A\cup B]=S[A]\cup S[B]$,

(4) $S[A\cap B]\subseteq S[A]\cap S[B]$.

12. 对 A 上的关系 R_1,集合 A_1 和 A_2,证明:

(1) $A_1\subseteq A_2\Rightarrow R_1[A_1]\subseteq R_1[A_2]$,

(2) $R_1\upharpoonright(A_1\cup A_2)=R_1\upharpoonright A_1\cup R_1\upharpoonright A_2$.

13. 对 A 到 B 的关系 R, $a\in A$,定义 B 的一个子集 $R(a)=\{b\mid aRb\}$. 在 $C=\{-4,-3,-2,-1,0,1,2,3,4\}$ 上定义 $R=\{\langle x,y\rangle \mid x<y\}$, $S=\{\langle x,y\rangle \mid x-1<y<x+2\}$, $T=\{\langle x,y\rangle \mid x^2\leqslant y\}$. 写出集合 $R(0), R(1), S(0), S(-1), T(0), T(-1)$.

14. 对命题:"集合 A 上的一个关系 R,如果是对称的和传递的,就一定是自反的. 因为 xRy 和 yRx 蕴涵 xRx."依据定义找出错误. 在$\{1,2,3\}$上构造一个关系,它是对称的和传递的,但不是自反的.

15. 对集合 $A=\{1,2,3\}$上,下列 8 种关系图,说明每个关系具有的性质.

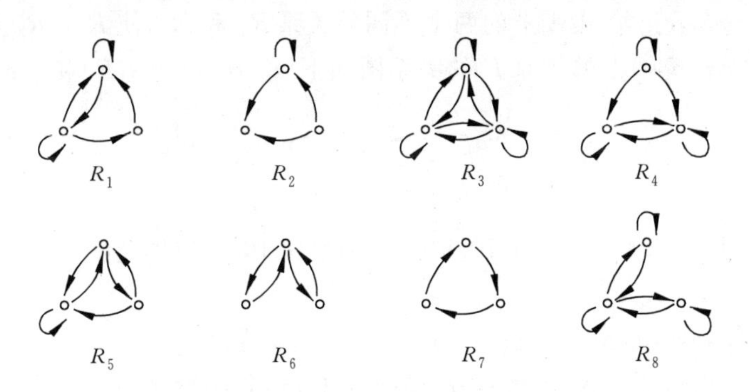

16. 对集合 $A=\{1,2,\cdots,10\}$, A 上的关系 R 和 S 各有什么性质.

$R=\{\langle x,y\rangle \mid x+y=10\}$,

$S=\{\langle x,y\rangle \mid x+y$ 是偶数$\}$.

17. 对 A 上的关系 R,证明

(1) R 是自反的$\Leftrightarrow I_A \subseteq R$,

(2) R 是非自反的$\Leftrightarrow I_A \cap R = \varnothing$,

(3) R 是传递的$\Leftrightarrow (R \circ R) \subseteq R$.

18. 对 A 上的关系 R_1 和 R_2,判定下列命题的真假.真的证明之,假的举反例.

(1) 若 R_1 和 R_2 是自反的,则 $R_1 \circ R_2$ 是自反的,

(2) 若 R_1 和 R_2 是非自反的,则 $R_1 \circ R_2$ 是非自反的,

(3) 若 R_1 和 R_2 是对称的,则 $R_1 \circ R_2$ 是对称的,

(4) 若 R_1 和 R_2 是传递的,则 $R_1 \circ R_2$ 是传递的.

19. 对集合 $A=\{1,2,3\}$,给出 A 上的关系 R 的例子,使它有下列性质.

(1) 对称的且反对称的且传递的,

(2) 不是对称的且不是反对称的且传递的.

20. 对集合 $A=\{1,2,3,4\}$,A 上的关系 R 为

$$R = \{\langle 1,2\rangle,\langle 4,3\rangle,\langle 2,2\rangle,\langle 2,1\rangle,\langle 3,1\rangle\}.$$

说明 R 不是传递的.构造 A 上的关系 R_1,使 $R \subseteq R_1$ 且 R_1 是传递的.

21. 对集合 $A=\{a,b,c,d,e,f,g,h\}$ 上的关系 R 的关系图如下.求出最小的自然数 m 和 n,使 $m<n$ 且 $R^m=R^n$.

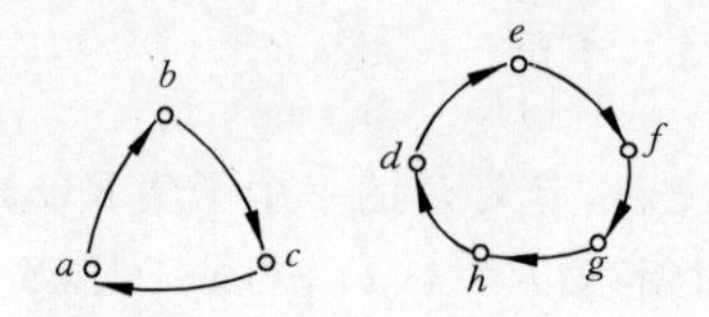

22. 对集合 $A=\{a,b,c,d\}$ 上的两个关系

$$R_1 = \{\langle a,a\rangle,\langle a,b\rangle,\langle b,d\rangle\},$$

$$R_2 = \{\langle a,d\rangle,\langle b,c\rangle,\langle b,d\rangle,\langle c,b\rangle\}.$$

求 $R_1 \circ R_2$,$R_2 \circ R_1$,R_1^2,R_2^2.

23. 对 $A=\{a,b,c\}$,给出 A 上的两个不同的关系 R_1 和 R_2,使 $R_1^2=R_2$ 且 $R_2^2=R_1$.

24. $A=\{a,b,c,d,e\}$ 上的关系 R 的关系图如下.给出 $r(R)$,$s(R)$ 和 $t(R)$ 的关系图.

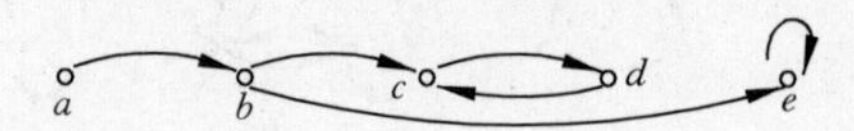

25. 证明定理 10.5.4(2),定理 10.5.5(2)和定理 10.5.6(2).

26. 证明定理 10.5.11.

27. 对 $A=\{a,b,c,d\}$ 上的关系

$$R = \{\langle a,b\rangle,\langle b,a\rangle,\langle b,c\rangle,\langle c,d\rangle\},$$

(1) 分别用矩阵运算和作图法求 $r(R)$,$s(R)$ 和 $t(R)$.

(2) 用 Warshall 算法求 $t(R)$.

28. 对有限集合 A,在 A 上给出最多个等价类和最少个等价类的等价关系各是什么?

29. 设 R 是 A 上传递和自反的关系,T 是 A 上的关系,$aTb \Leftrightarrow aRb \wedge bRa$.证明 T 是等价关系.

30. 对 $A=\{a,b,c,d\}$，R 是 A 上的等价关系，且

$$R=\{\langle a,a\rangle,\langle a,b\rangle,\langle b,a\rangle,\langle b,b\rangle,\langle c,c\rangle,\langle c,d\rangle,\langle d,c\rangle,\langle d,d\rangle\}.$$

画 R 的关系图，求 A 中各元素的等价类.

31. 设 $\mathbf{Z}_+=\{x\mid x\in\mathbf{Z}\wedge x>0\}$，判定下列集合 π 是否构成 $\mathbf{Z}_+$ 的划分.

(1) $S_1=\{x\mid x\in\mathbf{Z}_+\wedge x$ 是素数$\}$，$S_2=\mathbf{Z}_+-S_1$，$\pi=\{S_1,S_2\}$.

(2) $\pi=\{\{x\}\mid x\in\mathbf{Z}_+\}$.

32. 对非空集合 A，$P(A)-\{\varnothing\}$是否构成 A 的划分.

33. 有 4 个元素的集合上，不同的等价关系的数目是多少？

34. 设 R 和 S 是 A 上的关系，且

$$S=\{\langle a,b\rangle\mid(\exists c)(aRc\wedge cRb)\},$$

证明若 R 是等价关系，则 S 是等价关系.

35. 设 $\mathbf{Z}_+$ 是正整数集合，$A=\mathbf{Z}_+\times\mathbf{Z}_+$，$A$ 上的关系

$$R=\{\langle\langle x,y\rangle,\langle u,v\rangle\rangle\mid xv=yu\}.$$

证明 R 是等价关系.

36. 设 R_1 和 R_2 是非空集合 A 上的等价关系，判断下列关系是否 A 上的等价关系，若不是则给出反例.

(1) $(A\times A)-R_1$，

(2) R_1^2，

(3) R_1-R_2，

(4) $r(R_1-R_2)$.

37. 设 R 是 A 上的关系，证明 $S=I_A\cup R\cup R^{-1}$ 是 A 上的相容关系.

38. 设 $A=\{x_1,x_2,x_3,x_4,x_5,x_6\}$，$R$ 是 A 上的相容关系，R 的简化关系图如下. 求出 A 的完全覆盖.

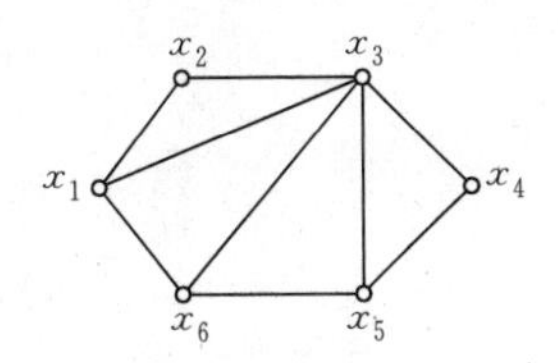

39. 对下列集合上的整除关系画出哈斯图.

(1) $\{1,2,3,4,6,8,12,24\}$，

(2) $\{1,2,3,4,5,6,7,8,9\}$.

40. 写出下列哈斯图的集合和集合上的偏序关系.

41. 画出下列偏序集$\langle A,R\rangle$的哈斯图，并写出 A 的极大元、极小元、最大元、最小元.

(1) $A=\{a,b,c,d,e\}$，

$R=\{\langle a,d\rangle,\langle a,c\rangle,\langle a,b\rangle,\langle a,e\rangle,\langle b,e\rangle,\langle c,e\rangle,\langle d,e\rangle\}\cup I_A$，

(2) $A=\{a,b,c,d\}$，

$R=\{\langle c,d\rangle\}\cup I_A$.

42. 设 $\mathbf{Z}_+=\{x\mid x\in\mathbf{Z}\wedge x>0\}$，$D$ 是 $\mathbf{Z}_+$ 上的整除关系，$T=\{1,2,\cdots,10\}\subseteq\mathbf{Z}_+$. 在偏序集$\langle\mathbf{Z}_+,D\rangle$中，求 T 的上界，下界，上确界，下确界.

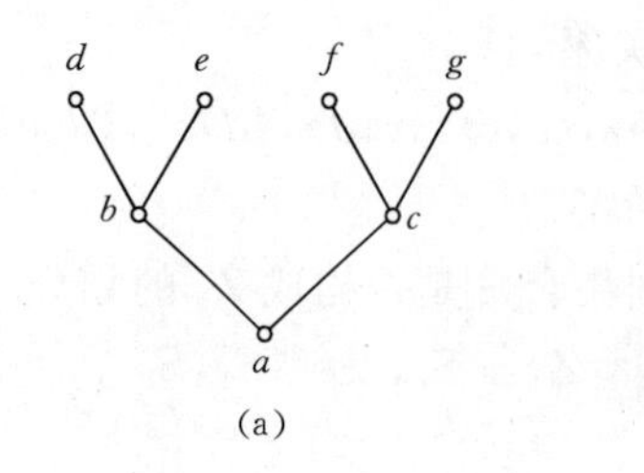

(a)

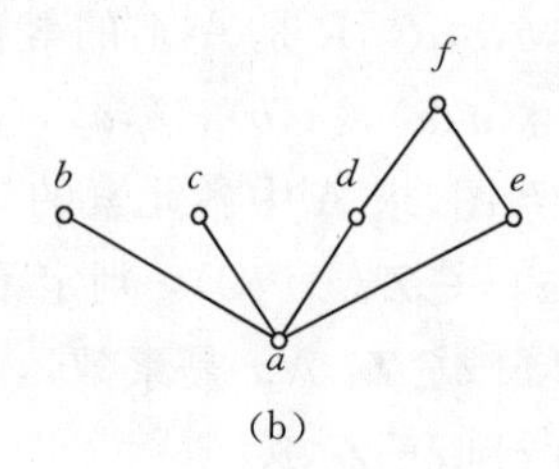

(b)

43. 设 R 是 A 上的偏序关系，$B \subseteq A$. 证明 $R \cap (B \times B)$ 是 B 上的偏序关系.

44. 设 $\langle A, R_1 \rangle$ 和 $\langle B, R_2 \rangle$ 是两个偏序集，定义 $A \times B$ 上的关系 R 为，对 $a_1, a_2 \in A$ 和 b_1, $b_2 \in B$, $\langle a_1, b_1 \rangle R \langle a_2, b_2 \rangle \Leftrightarrow a_1 R_1 a_2 \wedge b_1 R_2 b_2$. 证明 R 是 $A \times B$ 上的偏序关系.

45. 给出 $A = \{0,1,2\}$ 上所有的偏序关系的哈斯图.

46. 对集合 A，下列的 R 都是 $P(A) \times P(A)$ 上的关系. R 是否偏序关系，是否全序关系.

    (1) $\langle P, Q \rangle R \langle X, Y \rangle \Leftrightarrow (P \oplus Q) \subseteq (X \oplus Y)$,

    (2) $\langle P, Q \rangle R \langle X, Y \rangle \Leftrightarrow P \subseteq X \wedge Q \subseteq Y$.

47. 找出在集合 $\{0,1,2,3\}$ 上包含 $\langle 0,3 \rangle$ 和 $\langle 2,1 \rangle$ 的全序关系.

48. 构造下列集合的例子.

    (1) 非空全序集，它的某些子集无最小元，

    (2) 非空偏序集，不是全序集，它的某些子集没有最大元，

    (3) 非空偏序集，它有一个子集没有最小元，但具有下确界，

    (4) 非空偏序集，它有一个子集具有上界但没有上确界.

第11章　函　　数

上一章研究了关系的自反、传递、对称等性质，并针对这些性质研究了一些特殊的关系，如等价关系、偏序关系. 这一章研究的各类函数是另外一些特殊的关系，这是从它们的单值性、定义域和值域的性质来讨论的. 函数是一个基本的数学概念. 通常的实函数是在实数集合上讨论的. 这里推广了实函数概念，讨论在任意集合上的函数.

11.1　函数和选择公理

11.1.1　函数定义

定义 11.1.1　对集合 A 到集合 B 的关系 f，若满足下列条件：

(1) 对任意的 $x\in \mathrm{dom}(f)$，存在唯一的 $y\in \mathrm{ran}(f)$，使 xfy 成立；

(2) $\mathrm{dom}(f)=A$

则称 f 为从 A 到 B 的函数，或称 f 把 A 映射到 B（有的书称 f 为全函数、映射、变换）.

一个从 A 到 B 的函数 f，可以写成 $f:A\rightarrow B$. 这时若 xfy，则可记作 $f:x\mapsto y$ 或 $f(x)=y$.

若 A 到 B 的关系 f 只满足条件(1)，且有 $\mathrm{dom}(f)\subset A$，则称 f 为从 A 到 B 的部分函数（有的书上称 f 为函数）.

函数的两个条件可以写成

(1) $(\forall x)(\forall y_1)(\forall y_2)((xfy_1\land xfy_2)\rightarrow y_1=y_2)$，

(2) $(\forall x)(x\in A\rightarrow(\exists y)(y\in B\land xfy))$.

函数的第一个条件是单值性，定义域中任一 x 与 B 中唯一的 y 有关系. 因此可以用 $f(x)$ 表示这唯一的 y. 第二个条件是 A 为定义域，A 中任一 x 都与 B 中某个 y 有关系. 注意不能把单值性倒过来. 对 A 到 B 的函数 f，当 x_1fy 且 x_2fy 成立时，不一定 $x_1=x_2$. 因此，函数的逆关系不一定是函数.

如果一个关系是函数，则它的关系矩阵中每行恰好有一个 1，其余为 0，它的关系图中每个 A 中的顶点恰好发出一条有向边.

例 1　对实数集 $\mathbf{R}$，$\mathbf{R}$ 上的关系 f 为

$$f=\{\langle x,y\rangle \mid y=x^3\}$$

f 是从 $\mathbf{R}$ 到 $\mathbf{R}$ 的函数，记作 $f:\mathbf{R}\rightarrow\mathbf{R}$，并记作 $f:x\mapsto x^3$ 或 $f(x)=x^3$.

例 2　集合 $A=\{1,2,3\}$ 上的两个关系

$$g=\{\langle 1,2\rangle,\langle 2,3\rangle,\langle 3,1\rangle,\langle 3,2\rangle\}$$

和

$$h=\{\langle 1,2\rangle,\langle 2,3\rangle\}$$

都不是从 A 到 A 的函数.

因为 g 没有单值性，即 $\langle 3,1\rangle \in g$ 且有 $\langle 3,2\rangle \in g$，而对关系 h，$\mathrm{dom}(h)=\{1,2\}\neq A$. 但是，$h$ 是从 $\{1,2\}$ 到 A 的函数.

定义 11.1.2 对集合 A 和 B，从 A 到 B 的所有函数的集合记为 A_B（有的书记为 B^A）. 于是，$A_B=\{f \mid f:A\to B\}$.

例 3 对 $A=\{1,2,3\}$，$B=\{a,b\}$. 从 A 到 B 的函数有 8 个：

$$f_1=\{\langle 1,a\rangle,\langle 2,a\rangle,\langle 3,a\rangle\}$$
$$f_2=\{\langle 1,a\rangle,\langle 2,a\rangle,\langle 3,b\rangle\}$$
$$f_3=\{\langle 1,a\rangle,\langle 2,b\rangle,\langle 3,a\rangle\}$$
$$f_4=\{\langle 1,a\rangle,\langle 2,b\rangle,\langle 3,b\rangle\}$$
$$f_5=\{\langle 1,b\rangle,\langle 2,a\rangle,\langle 3,a\rangle\}$$
$$f_6=\{\langle 1,b\rangle,\langle 2,a\rangle,\langle 3,b\rangle\}$$
$$f_7=\{\langle 1,b\rangle,\langle 2,b\rangle,\langle 3,a\rangle\}$$
$$f_8=\{\langle 1,b\rangle,\langle 2,b\rangle,\langle 3,b\rangle\}$$

于是
$$A_B=\{f_1,f_2,f_3,\cdots,f_8\}$$

若 A 和 B 是有限集合，且 $|A|=m$，$|B|=n$，则 $|A_B|=n^m$. 从 $\varnothing$ 到 $\varnothing$ 的函数只有 $f=\varnothing$，从 $\varnothing$ 到 B 的函数只有 $f=\varnothing$. 若 $A\neq\varnothing$，从 A 到 $\varnothing$ 的函数不存在. 因此，$\varnothing_\varnothing=\varnothing_B=\{\varnothing\}$，$A_\varnothing=\varnothing$（对 $A\neq\varnothing$）.

定义 11.1.3 设 $f:A\to B$，$A_1\subseteq A$，定义 A_1 在 f 下的象 $f[A_1]$ 为

$$f[A_1]=\{y \mid (\exists x)(x\in A_1 \land y=f(x))\}.$$

把 $f[A]$ 称为函数的象.

设 $B_1\subseteq B$，定义 B_1 在 f 下的完全原象 $f^{-1}[B_1]$ 为

$$f^{-1}[B_1]=\{x \mid x\in A \land f(x)\in B_1\}$$

注意，在上一章 f^{-1} 表示 f 的逆关系. 这个定义中的 $f^{-1}[B_1]$ 表示完全原象，可以认为其中的 f^{-1} 是 f 的逆关系. 因为函数的逆关系不一定是函数，所以 f^{-1} 一般只表示逆关系，不是逆函数（除非特别说明）.

例 4 $f:\mathbf{Z}\to\mathbf{Z}$ 定义为

$$f(x)=\begin{cases}\dfrac{x}{2}, & \text{当 } x \text{ 为偶数}\\[2mm] \dfrac{x-1}{2}, & \text{当 } x \text{ 为奇数}\end{cases}$$

则
$$f[\mathbf{N}]=\mathbf{N},\ f[\{-1,0,1\}]=\{-1,0\},$$
$$f^{-1}[\{2,3\}]=\{4,5,6,7\}.$$

特别地
$$f[\varnothing]=f^{-1}[\varnothing]=\varnothing.$$

11.1.2 特殊的函数

等价关系和函数都是特殊的关系. 同样可以定义一些特殊的函数，它们是具有某种性质的函数.

定义 11.1.4 设 $f:A\to B$.

(1) 若 $\operatorname{ran}(f)=B$,则称 f 是满射的,或称 f 是 A 到 B 上的;

(2) 若对任意的 $x_1, x_2 \in A, x_1 \neq x_2$,都有

$f(x_1) \neq f(x_2)$,则称 f 是单射的,或内射的,或一对一的;

(3) 若 f 是满射的又是单射的,则称 f 是双射的,或一对一 A 到 B 上的. 简称双射.

如果 $f: A \to B$ 是满射的,则对任意的 $y \in B$,存在 $x \in A$,使 $f(x)=y$. 如果 $f: A \to B$ 是单射的,则对任意的 $y \in \operatorname{ran}(f)$,存在唯一的 $x \in A$,使 $f(x)=y$.

例 5 $f:\{1,2\} \to \{0\}, f(1)=f(2)=0$,是满射的,不是单射的. $f: \mathbf{N} \to \mathbf{N}, f(x)=2x$,是单射的,不是满射的. $f: \mathbf{Z} \to \mathbf{Z}, f(x)=x+1$,是双射的.

特别地,$\varnothing: \varnothing \to B$ 是单射的,$\varnothing: \varnothing \to \varnothing$ 是双射的.

给定两个集合 A 和 B,是否存在从 A 到 B 的双射函数?怎样构造从 A 到 B 的双射函数?这是两个很重要的问题. 第一个问题在下一章讨论. 下面举例说明第二个问题.

例 6 对下列的集合 A 和 B,分别构造从 A 到 B 的双射函数:

(1) $A=\mathbf{R}, B=\mathbf{R}$, $\mathbf{R}$ 是实数集.

(2) $A=\mathbf{R}, B=\mathbf{R}_+=\{x \mid x \in \mathbf{R} \wedge x>0\}$.

(3) $A=[0,1), B=\left(\frac{1}{4}, \frac{1}{2}\right]$都是实数区间.

(4) $A=\mathbf{N} \times \mathbf{N}, B=\mathbf{N}$.

解

(1) 令 $f: \mathbf{R} \to \mathbf{R}, f(x)=x$.

(2) 令 $f: \mathbf{R} \to \mathbf{R}_+, f(x)=\mathrm{e}^x$.

(3) 令 $f:[0,1) \to \left(\frac{1}{4}, \frac{1}{2}\right], f(x)=\frac{1}{2}-\frac{x}{4}$.

(4) $\mathbf{N} \times \mathbf{N}$ 是由自然数构成的所有有序对的集合. 这些有序对可以排列在直角坐标系一个象限中,构成一个无限的点阵. 如图 11.1.1 所示. 构造要求的双射函数,就是在点阵中有序对与 $\mathbf{N}$ 的元素间建立一一对应,也就是把点阵中有序对排成一列并依次编号 $0,1,2,\cdots$.

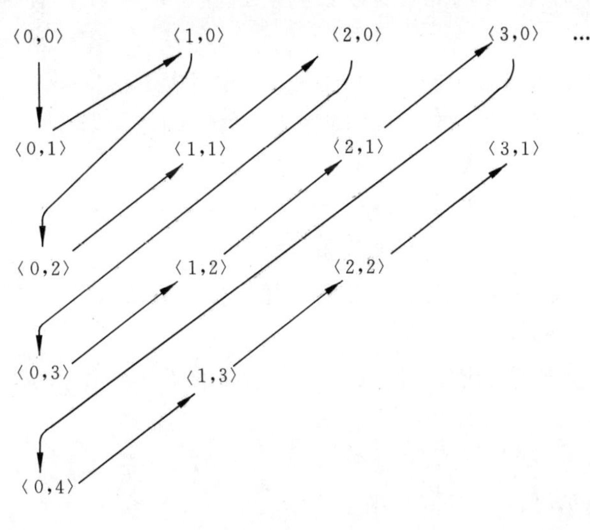

图 11.1.1

$\mathbf{N}\times\mathbf{N}$ 中元素的排列次序是：$\langle 0,0\rangle,\langle 0,1\rangle,\langle 1,0\rangle,\langle 0,2\rangle,\langle 1,1\rangle,\langle 2,0\rangle,\langle 0,3\rangle,\cdots$. 图中用箭头表示次序. 这相当于 $f(\langle 0,0\rangle)=0, f(\langle 0,1\rangle)=1, f(\langle 1,0\rangle)=2, f(\langle 0,2\rangle)=3,\cdots$.

显然，$\langle m,n\rangle$ 所在的斜线上有 $m+n+1$ 个点. 在此斜线上方，各行元素分别有 $1,2,\cdots,m+n$ 个，这些元素排在 $\langle m,n\rangle$ 以前. 在此斜线上，m 个元素排在 $\langle m,n\rangle$ 以前. 排在 $\langle m,n\rangle$ 以前的元素共有 $[1+2+\cdots+(m+n)]+m$ 个. 于是，双射函数 $f:\mathbf{N}\times\mathbf{N}\to\mathbf{N}$ 为

$$f(\langle m,n\rangle)=\frac{(m+n)(m+n+1)}{2}+m.$$

对无限集合 A，若存在从 A 到 $\mathbf{N}$ 的双射函数，就可仿照这种方法，把 A 中元素排成一个有序图形，按次序数遍 A 中元素. 这就构造了从 A 到 $\mathbf{N}$ 的双射函数.

11.1.3 常用的函数

定义 11.1.5 设 $f:A\to B$，如果存在一个 $y\in B$，使得对所有的 $x\in A$，有 $f(x)=y$，即有 $f[A]=\{y\}$，则称 $f:A\to B$ 为常函数.

定义 11.1.6 A 上的恒等关系 $I_A:A\to A$ 称为恒等函数. 于是，对任意的 $x\in A$，有 $I_A(x)=x$.

定义 11.1.7 对实数集 $\mathbf{R}$，设 $f:\mathbf{R}\to\mathbf{R}$，如果 $(x\leqslant y)\to(f(x)\leqslant f(y))$，则称 f 为单调递增的；如果 $(x<y)\to(f(x)<f(y))$，则称 f 为严格单调递增的. 类似可定义单调递减和严格单调递减的函数.

定义 11.1.8 对集合 A，$n\in\mathbf{N}$，把函数 $f:A^n\to A$ 称为 A 上的 n 元运算.

运算是算术运算概念的推广. 在代数结构课程中将对运算作深入研究. 运算的例子有数字的运算，集合的运算，关系的运算，逻辑联结词是在 $\{\mathrm{T},\mathrm{F}\}$ 上的运算.

定义 11.1.9 设 A,B,C 是集合，B_C 为从 B 到 C 的所有函数的集合，则 $F:A\to B_C$ 称为一个泛函(有时 $G:B_C\to A$ 称为一个泛函).

泛函 F 也是函数，它把 A 的元素 a 映射到从 B 到 C 的函数 $f:B\to C$. 即函数值 $F(a)$ 是函数 $f:B\to C$.

例 7 泛函 $F:\mathbf{R}\to\mathbf{R}_{\mathbf{R}}$，$F(a)=(f(x)=x+a)$. 或写成 $F:a\mapsto[x\mapsto x+a]$. 于是

$$F(2)\ \text{对应函数}\quad x\mapsto x+2,$$
$$F(2)(3)=3+2=5.$$
$$F(6)\ \text{对应函数}\quad x\mapsto x+6,$$
$$F(6)(3)=3+6=9.$$

泛函值 $F(2)$ 有双重含义：一方面表示 2 下 F 的函数值为 $F(2)$，另一方面这个值是一个函数 $F(2):\mathbf{R}\to\mathbf{R}$，$F(2):x\mapsto x+2$.

定义 11.1.10 设 E 是全集，对任意的 $A\subseteq E$，A 的特征函数 χ_A 定义为：

$$\chi_A:E\to\{0,1\},\ \chi_A(a)=\begin{cases}1, & a\in A\\ 0, & a\notin A.\end{cases}$$

例 8 设 $E=\{a,b,c\}$，$A=\{a,c\}$，则

$$\chi_A(a)=1,\ \chi_A(b)=0,\ \chi_A(c)=1.$$

特征函数是集合的另一种表示方法. 模糊集合论就是参照特征函数的思想，用隶属函数

定义模糊集合.

定义 11.1.11 设 R 是 A 上的等价关系,令 $g:A\to A/R, g(a)=[a]_R$,则称 g 为从 A 到商集 A/R 的典型映射或自然映射.

例 9 设 $A=\{1,2,3\}$, R 是 A 上的等价关系,它诱导的等价类是 $\{1,2\},\{3\}$ 则从 A 到 A/R 的自然映射 g 为

$$g:\{1,2,3\}\to\{\{1,2\},\{3\}\},$$
$$g(1)=\{1,2\}, g(2)=\{1,2\}, g(3)=\{3\}.$$

11.1.4 选择公理

选择公理(形式 1) 对任意的关系 R,存在函数 f,使得 $f\subseteq R$ 且 $\mathrm{dom}(f)=\mathrm{dom}(R)$.

选择公理是一个重要的数学公理,有时记作 AC. 选择公理还有其他的等价形式. 这里的形式最直观,最容易理解.

一般的关系 R 不是函数,因为 R 不是单值的. 也就是对某些 $x\in\mathrm{dom}(R)$,有多于一个 $y_1,y_2,\cdots$,使 $y_1\in\mathrm{ran}(R), y_2\in\mathrm{ran}(R),\cdots$,且 $\langle x,y_1\rangle\in R,\langle x,y_2\rangle\in R,\cdots$. 这时 x 有多个值 $y_1,y_2,\cdots$ 与之对应. 为了构造函数 f,只要对任意的 $x\in\mathrm{dom}(R)$,从 $\langle x,y_1\rangle,\langle x,y_2\rangle,\cdots$ 中任取一个放入 f 中. 则 f 是单值的, $f\subseteq R$,且有 $\mathrm{dom}(f)=\mathrm{dom}(R)$. f 是函数 $f:\mathrm{dom}(R)\to\mathrm{ran}(R)$. 因为多个有序对中可任选其一,所以构造的 f 可以有多个.

例 10 设关系 $R=\{\langle 1,a\rangle,\langle 1,b\rangle,\langle 2,b\rangle\}$,则 $f_1=\{\langle 1,a\rangle,\langle 2,b\rangle\}$ 和 $f_2=\{\langle 1,b\rangle,\langle 2,b\rangle\}$ 都是满足条件的函数.

11.2 函数的合成与函数的逆

函数是特殊的关系,所以关于关系合成与关系的逆的定理,都适用于函数. 下面讨论函数的一些特殊性质.

11.2.1 函数的合成

定理 11.2.1 设 $g:A\to B, f:B\to C$,则

(1) $f\circ g$ 是函数 $f\circ g:A\to C$,

(2) 对任意的 $x\in A$,有 $(f\circ g)(x)=f(g(x))$.

证明

(1) 因为 $g:A\to B$,则 $(\forall x)(x\in A\to(\exists y)(y\in B\wedge\langle x,y\rangle\in g))$. 又因 $f:B\to C$,则 $(\forall y)(y\in B\to(\exists z)(z\in C\wedge\langle y,z\rangle\in f))$. 由任意的 $x\in A$,存在 $y\in B$ 有 $\langle x,y\rangle\in g$,对 $y\in B$ 存在 $z\in C$ 有 $\langle y,z\rangle\in f$,因此对 $x\in A$ 存在 $z\in C$ 使 $\langle x,y\rangle\in g\wedge\langle y,z\rangle\in f$,使 $\langle x,z\rangle\in f\circ g$. 所以 $\mathrm{dom}(f\circ g)=A$.

假设对任意的 $x\in A$,存在 y_1 和 y_2,使得 $\langle x,y_1\rangle\in f\circ g$ 且 $\langle x,y_2\rangle\in f\circ g$. 则

$$(\exists t_1)(\exists t_2)((xgt_1\wedge t_1fy_1)\wedge(xgt_2\wedge t_2fy_2)).$$

因为 g 是函数,则 $t_1=t_2$;又因 f 是函数,则 $y_1=y_2$. 所以 $f\circ g$ 是函数.

(2) 对任意的 $x\in A$,因为 $\langle x,g(x)\rangle\in g$,$\langle g(x),f(g(x))\rangle\in f$,故 $\langle x,f(g(x))\rangle\in f\circ g$. 又因 $f\circ g$ 是函数,则可写为 $(f\circ g)(x)=f(g(x))$.

函数的合成可以用图 11.2.1 表示. 从图中可见 $\mathrm{dom}(g)=A$,$\mathrm{ran}(g)\subseteq B=\mathrm{dom}(f)$,$\mathrm{ran}(f)\subseteq C$. 而 $\mathrm{dom}(f\circ g)=A$,$\mathrm{ran}(f\circ g)\subseteq C$.

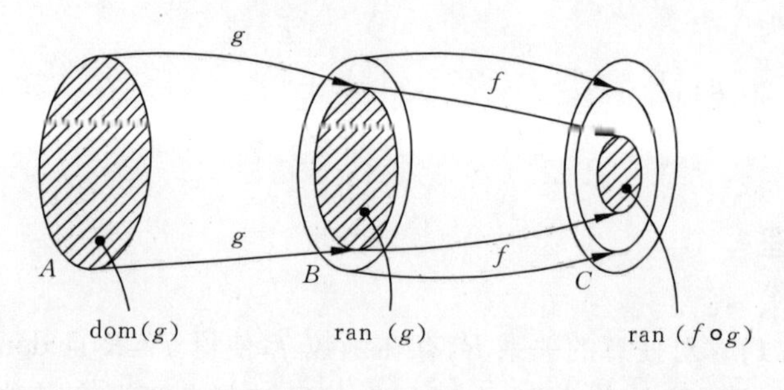

图 11.2.1

定理 11.2.2 设 $g:A\to B$,$f:B\to C$,则有

(1) 若 f,g 是满射的,则 $f\circ g$ 是满射的,

(2) 若 f,g 是单射的,则 $f\circ g$ 是单射的,

(3) 若 f,g 是双射的,则 $f\circ g$ 是双射的.

证明

(1) 对任意的 $z\in C$,因为 f 是满射的,故 $\exists y\in B$,使 $f(y)=z$. 对这个 $y\in B$,因为 g 是满射的,故 $\exists x\in A$,使 $g(x)=y$. 所以,$z=f(y)=f(g(x))=(f\circ g)(x)$. $f\circ g$ 是满射的.

(2) 对任意的 $z\in\mathrm{ran}(f\circ g)$,若存在 x_1,x_2,使 $(f\circ g)(x_1)=z$ 且 $(f\circ g)(x_2)=z$. 则存在 y_1,y_2,使 $x_1gy_1\wedge y_1fz$ 且 $x_2gy_2\wedge y_2fz$. 因为 f 是单射的,故 $y_1=y_2$;又因 g 是单射的,故 $x_1=x_2$. 所以,$f\circ g$ 是单射的.

(3) 由(1)、(2) 得证.

这个定理的逆定理是否成立呢? 请看下列定理.

定理 11.2.3 设 $g:A\to B$,$f:B\to C$,则有

(1) 若 $f\circ g$ 是满射的,则 f 是满射的,

(2) 若 $f\circ g$ 是单射的,则 g 是单射的,

(3) 若 $f\circ g$ 是双射的,则 f 是满射的,g 是单射的.

证明

(1) 对任意的 $z\in C$,因为 $f\circ g$ 是满射的,故 $\exists x\in A$,使 $x(f\circ g)z$. 则 $\exists y\in B$,使 $xgy\wedge yfz$. 则 $\exists y\in B$,使 $f(y)=z$. f 是满射的.

(2) 对任意的 $y\in\mathrm{ran}(g)$,若存在 $x_1,x_2\in A$,使 $x_1gy\wedge x_2gy$,即 $g(x_1)=y=g(x_2)$. 对这个 $y\in B$,(因 $\mathrm{ran}(g)\subseteq B$),存在 $z\in C$,使得 $f(y)=z$. 则 $f(g(x_1))=z=f(g(x_2))$,于是 $x_1(f\circ g)z\wedge x_2(f\circ g)z$. 因为 $f\circ g$ 是单射的,故 $x_1=x_2$. 所以 g 是单射的.

(3) 由(1),(2) 得证.

注意,当 $f\circ g$ 是满射的,g 不一定是满射的;当 $f\circ g$ 是单射的,f 不一定是单射的.

例 1 设 $g:A\to B$,$f:B\to C$,$A=\{a\}$,$B=\{b,d\}$,$C=\{c\}$. 且 $g=\{\langle a,b\rangle\}$,$f=\{\langle b,c\rangle,\langle d,c\rangle\}$,则 $f\circ g=\{\langle a,c\rangle\}$. $f\circ g$ 是满射的,但是 g 不是满射的.

例 2　设 $g:A\to B$，$f:B\to C$，$A=\{a\}$，$B=\{b,d\}$，$C=\{c\}$，且 $g=\{\langle a,b\rangle\}$，$f=\{\langle b,c\rangle,\langle d,c\rangle\}$，则 $f\circ g=\{\langle a,c\rangle\}$. $f\circ g$ 是单射的，但是 f 不是单射的.

定理 11.2.4　设 $f:A\to B$，则 $f=f\circ I_A=I_B\circ f$.

证明留作思考题.

11.2.2　函数的逆

一个关系的逆不一定是函数，一个函数的逆也不一定是函数.

例 3　对 $A=\{a,b,c\}$. A 上的关系 R 为

$$R=\{\langle a,b\rangle,\langle a,c\rangle,\langle a,a\rangle\},$$

从 A 到 A 的函数 f 为

$$f=\{\langle a,c\rangle,\langle b,c\rangle,\langle c,a\rangle\}.$$

则它们的逆为

$R^{-1}=\{\langle b,a\rangle,\langle c,a\rangle,\langle a,a\rangle\}$ 是 A 到 A 的函数，

$f^{-1}=\{\langle c,a\rangle,\langle c,b\rangle,\langle a,c\rangle\}$ 不是 A 到 A 的函数.

定理 11.2.5　若 $f:A\to B$ 是双射的，则 f^{-1} 是函数 $f^{-1}:B\to A$.

证明　对任意的 $y\in B$，因为 f 是双射的，所以存在 $x\in A$，使 $\langle x,y\rangle\in f$，$\langle y,x\rangle\in f^{-1}$. 所以，$\mathrm{dom}(f^{-1})=B$.

对任意的 $y\in B$，若存在 $x_1,x_2\in A$，使得 $\langle y,x_1\rangle\in f^{-1}$ 且 $\langle y,x_2\rangle\in f^{-1}$，则 $\langle x_1,y\rangle\in f$ 且 $\langle x_2,y\rangle\in f$. 因为 f 是双射的，故 $x_1=x_2$. 所以，f^{-1} 是函数 $f^{-1}:B\to A$.

定义 11.2.1　设 $f:A\to B$ 是双射的，则称 $f^{-1}:B\to A$ 为 f 的反函数.

定理 11.2.6　若 $f:A\to B$ 是双射的，则 $f^{-1}:B\to A$ 是双射的.

证明　对任意的 $x\in A$，因为 f 是从 A 到 B 的函数，故存在 $y\in B$，使 $\langle x,y\rangle\in f$，$\langle y,x\rangle\in f^{-1}$. 所以，$f^{-1}$ 是满射的.

对任意的 $x\in A$，若存在 $y_1,y_2\in B$，使得 $\langle y_1,x\rangle\in f^{-1}$ 且 $\langle y_2,x\rangle\in f^{-1}$，则有 $\langle x,y_1\rangle\in f$ 且 $\langle x,y_2\rangle\in f$. 因为 f 是函数，则 $y_1=y_2$. 所以，f^{-1} 是单射的. 它是双射的.

例 4　$f:\left[-\frac{\pi}{2},\frac{\pi}{2}\right]\to[-1,1]$，$f(x)=\sin x$ 是双射函数. 所以，$f^{-1}:[-1,1]\to\left[-\frac{\pi}{2},\frac{\pi}{2}\right]$，$f^{-1}(y)=\arcsin y$ 是 f 的反函数.

对实数集合 $\mathbf{R}$，正实数集合 $\mathbf{R}_+$. $g:\mathbf{R}\to\mathbf{R}_+$，$g(x)=2^x$ 是双射的. 所以，$g^{-1}:\mathbf{R}_+\to\mathbf{R}$，$g^{-1}(y)=\log_2 y$ 是 g 的反函数.

定理 11.2.7　若 $f:A\to B$ 是双射的，则对任意的 $x\in A$，有 $f^{-1}(f(x))=x$，对任意的 $y\in B$，有 $f(f^{-1}(y))=y$.

证明　对任意的 $x\in A$，因为 f 是函数，则有 $\langle x,f(x)\rangle\in f$，有 $\langle f(x),x\rangle\in f^{-1}$. 因为 f^{-1} 是函数，则可写为 $f^{-1}(f(x))=x$.

对任意的 $y\in B$，类似可证 $f(f^{-1}(y))=y$.

由定理，对任意的 $x\in A$，$f^{-1}(f(x))=x$，则 $(f^{-1}\circ f)(x)=x$，于是 $f^{-1}\circ f=I_A$. 同理也有，$f\circ f^{-1}=I_B$. 对非双射的函数 $f:A\to B$，是否存在函数 $g:B\to A$ 使 $g\circ f=I_A$ 呢？是否存在

函数 $h:B\to A$ 使 $f\circ h=I_B$ 呢?

定义 11.2.2 设 $f:A\to B$,$g:B\to A$,如果 $g\circ f=I_A$,则称 g 为 f 的左逆;如果 $f\circ g=I_B$,则称 g 为 f 的右逆.

例 5 设

$$f_1:\{a,b\}\to\{0,1,2\},$$
$$f_2:\{a,b,c\}\to\{0,1\},$$
$$f_3:\{a,b,c\}\to\{0,1,2\},$$

如图 11.2.2 所示.则 f_1 存在左逆 g_1,不存在右逆.f_2 存在右逆 h_2,不存在左逆.f_3 即存在左逆 g_3,又存在右逆 h_3,且 $g_3=h_3=f_3^{-1}$.如图 11.2.2 所示.

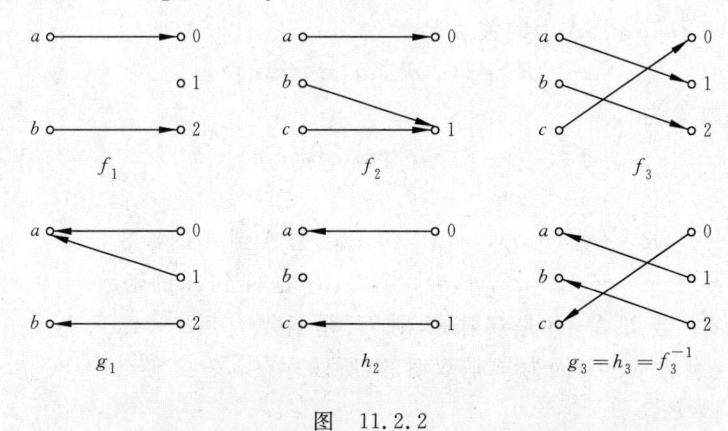

图 11.2.2

定理 11.2.8 设 $f:A\to B$,$A\neq\varnothing$,则

(1) f 存在左逆,当且仅当 f 是单射的;

(2) f 存在右逆,当且仅当 f 是满射的;

(3) f 存在左逆又存在右逆,当且仅当 f 是双射的;

(4) 若 f 是双射的,则 f 的左逆等于右逆.

证明

(1) 先证必要性.设存在 $x_1,x_2\in A$,使得 $f(x_1)=f(x_2)$.设 g 为 f 的左逆,则

$$\begin{aligned}x_1&=(g\circ f)(x_1)=g(f(x_1))=g(f(x_2))\\&=(g\circ f)(x_2)=x_2\end{aligned}$$

所以,f 是单射的.

再证充分性.因为 f 是单射的,所以 $f:A\to \mathrm{ran}(f)$ 是双射的.则 $f^{-1}:\mathrm{ran}(f)\to A$ 也是双射的.已知 $A\neq\varnothing$,则 $\exists a\in A$,构造 $g:B\to A$ 为

$$g(y)=\begin{cases}f^{-1}(y), & \text{当 } y\in \mathrm{ran}(f)\\ a, & \text{当 } y\in B-\mathrm{ran}(f)\end{cases}$$

显然,g 是函数 $g:B\to A$.对任一 $x\in A$,有

$$(g\circ f)(x)=g(f(x))=f^{-1}(f(x))=x,$$

所以,$g\circ f=I_A$,g 的构造如图 11.2.3,实箭头表示 g,虚箭头表示 f.

(2) 先证必要性.设 f 的右逆为 $h:B\to A$,有 $f\circ h=I_B$.则对任意的 $y\in B$,存在 $x\in A$,使 $h(y)=x$,则

$y=I_B(y)=(f\circ h)(y)=f(h(y))=f(x)$,所以,$f$ 是满射的.

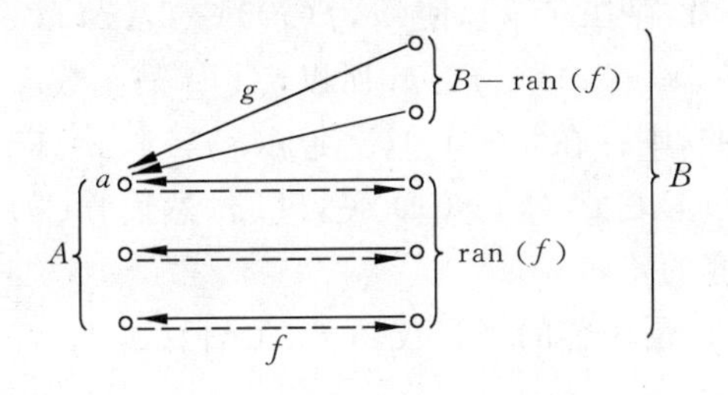

图 11.2.3　f 的左逆 g

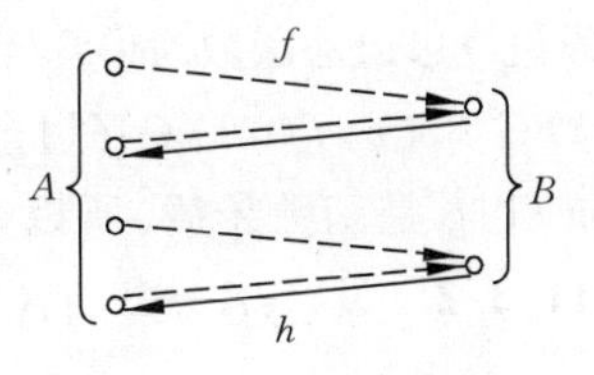

图 11.2.4　f 的右逆 h

再证充分性.（注意，不能取 $h=f^{-1}$，因为 f^{-1} 不一定是函数，只是关系.）因为 f 是满射的，所以 $\mathrm{ran}(f)=\mathrm{dom}(f^{-1})=B$. 依据选择公理，对关系 f^{-1}，存在函数 $h\subseteq f^{-1}$，且有 $\mathrm{dom}(h)=\mathrm{dom}(f^{-1})=B$，且 $\mathrm{ran}(h)\subseteq\mathrm{ran}(f^{-1})=A$. 即 $h:B\to A$，对任意的 $y\in B$，存在 $x\in A$，使 $h(y)=x$ 且 $f(x)=y$. 则

$$(f\circ h)(y)=f(h(y))=f(x)=y.$$

所以，$f\circ h=I_B$，h 是 f 的右逆. h 的构造如图 11.2.4. 实箭头表示 h，虚箭头表示 f.

(3) 由(1)，(2)得证.

(4) 设 f 的左逆为 $g:B\to A$，右逆为 $h:B\to A$，则 $g\circ f=I_A$，$f\circ h=I_B$.

$$g=g\circ I_B=g\circ(f\circ h)=(g\circ f)\circ h=I_A\circ h=h$$

所以，$g=h$.

11.3　函数的性质

11.3.1　函数的相容性

定义 11.3.1　设 $f:A\to B$，$g:C\to D$，如果对任意的 $x\in A\cap C$，都有 $f(x)=g(x)$，就说 f 和 g 是相容的.

定义 11.3.2　设 C 是由一些函数组成的集合，如果 C 中任意两个函数 f 和 g 都是相容的，就说 C 是相容的.

例 1　设 $C=\{f,g,h\}$，其中

$$f:\{a,b\}\to\{1,2\},f=\{\langle a,1\rangle,\langle b,2\rangle\},$$
$$g:\{a,c\}\to\{1,2\},g=\{\langle a,1\rangle,\langle c,2\rangle\},$$
$$h:\{b,c\}\to\{1,2\},h=\{\langle b,2\rangle,\langle c,1\rangle\}.$$

于是，f 与 g 相容，f 与 h 相容，但 g 与 h 不相容. 所以 C 不是相容的.

定理 11.3.1　设 $f:A\to B$，$g:C\to D$，则 f 和 g 是相容的当且仅当 $f\cup g$ 是函数.

证明　先假设 f 和 g 是相容的. 对任意的

$$x\in(A\cup C)-(A\cap C),$$

有$(x\in A\land x\notin C)$或$(x\notin A\land x\in C)$. 对于 $x\in A\land x\notin C$，有$(f\cup g)(x)=f(x)$，$\langle x,f(x)\rangle\in f\cup g$. 并对任意的 y，若 $y\neq f(x)$，则$\langle x,y\rangle\notin f\cup g$. 对于 $x\notin A\land x\in C$，类似地有$\langle x,g(x)\rangle\in f\cup g$. 并对任意的 z，若 $z\neq g(x)$，则$\langle x,z\rangle\notin f\cup g$. 此外，对于 $x\in A\land x\in C$，由相容性 $f(x)=g(x)$，故$\langle x,f(x)\rangle\in f\cup g$. 并对任意的 u，若 $u\neq f(x)=g(x)$，则$\langle x,u\rangle\notin f\cup g$.

对任意的 $x\in A\cup C$，有 $x\in A\vee x\in C$. 当 $x\in A$，存在 $f(x)$，使 $\langle x,f(x)\rangle\in f$，$\langle x,f(x)\rangle\in f\cup g$. 当 $x\in C$，存在 $g(x)$，使 $\langle x,g(x)\rangle\in g$，使 $\langle x,g(x)\rangle\in f\cup g$. 所以，$f\cup g$ 是函数.

其次假设 $f\cup g$ 是函数. 而 f 与 g 不是相容的，则存在 $x\in A\cap C$，使 $f(x)\neq g(x)$. 于是有 $\langle x,f(x)\rangle\in f$，$\langle x,f(x)\rangle\in f\cup g$；又有 $\langle x,g(x)\rangle\in g$，$\langle x,g(x)\rangle\in f\cup g$，然而 $f(x)\neq g(x)$，这与 $f\cup g$ 是函数矛盾. 所以，f 与 g 是相容的.

定理 11.3.2 设 $f:A\to B$，$g:C\to D$，则 f 与 g 是相容的当且仅当 $f\upharpoonright(A\cap C)=g\upharpoonright(A\cap C)$.

证明可以由定义 11.3.1 得到.

定理 11.3.3 对函数的集合 C，若 C 是相容的，且 $F=\bigcup C$，则 F 是函数 $F:\mathrm{dom}(F)\to\mathrm{ran}(F)$，且

$$\mathrm{dom}(F)=\bigcup\{\mathrm{dom}(f)\mid f\in C\}.$$

证明 先证 F 是一个关系. 对任意的 $u\in\bigcup C$，存在 $f\in C$，且 $u\in f$. 因为 u 是函数 f 的元素，所以 u 是有序对，所以 F 是一个关系.

再证 F 是一个函数. 对任意的 x,y_1,y_2，若 $\langle x,y_1\rangle\in F$ 且 $\langle x,y_2\rangle\in F$，则存在 $f_1\in C$ 和 $f_2\in C$，使 $\langle x,y_1\rangle\in f_1$ 且 $\langle x,y_2\rangle\in f_2$. 因为 C 是相容的，则 f_1 与 f_2 是相容的，且有 $x\in\mathrm{dom}(f_1)\cap\mathrm{dom}(f_2)$，所以 $y_1=f_1(x)=f_2(x)=y_2$. 所以，$F:\mathrm{dom}(F)\to\mathrm{ran}(F)$.

最后是关于定义域的证明. 首先，对任意的 $x\in\mathrm{dom}(F)$，存在 y，使 $\langle x,y\rangle\in F$，即 $\langle x,y\rangle\in\bigcup C$. 于是，存在 $f\in C$ 使 $\langle x,y\rangle\in f$. 因此，$x\in\mathrm{dom}(f)$，$x\in U\{\mathrm{dom}(f)\mid f\in C\}$. 其次，对任意的 $x\in U\{\mathrm{dom}(f)\mid f\in C\}$. 存在 $f\in C$ 使 $x\in\mathrm{dom}(f)$. 则存在 y 使 $\langle x,y\rangle\in f$. 于是，$\langle x,y\rangle\in\bigcup C$，$\langle x,y\rangle\in F$. $x\in\mathrm{dom}(F)$. 总之，$\mathrm{dom}(F)=\bigcup\{\mathrm{dom}(f)\mid f\in C\}$.

定理说明，由一个相容的函数集合 C，可以构造一个函数 F，这个 F 开拓了 C 中所有的函数.

11.3.2 函数与等价关系的相容性

定义 11.3.3 设 R 是 A 上的等价关系，且 $f:A\to A$，如果对任意的 $x,y\in A$，有 $\langle x,y\rangle\in R\Rightarrow\langle f(x),f(y)\rangle\in R$，则称关系 R 与函数 f 是相容的.

例 2 设 $A=\{1,2,3\}$，R 是 A 上的等价关系，商集 $A/R=\{\{1,2\},\{3\}\}$. 设 $f:A\to A$ 定义为 $f(1)=3$，$f(2)=3$，$f(3)=1$. 则 R 与 f 是相容的. 因为，对 $\langle 1,2\rangle\in R$，有

$$\langle f(1),f(2)\rangle=\langle 3,3\rangle\in R;$$

对 $\langle 3,3\rangle\in R$，有

$$\langle f(3),f(3)\rangle=\langle 1,1\rangle\in R$$

等.

定理 11.3.4 设 R 是 A 上的等价关系，且 $f:A\to A$，如果 R 与 f 是相容的，则存在唯一的函数 $F:A/R\to A/R$，使 $F([x]_R)=[f(x)]_R$；如果 R 与 f 不相容，则不存在这样的函数 F.

证明

(1) 假设 R 与 f 是相容的. 定义关系

$$F=\{\langle[x]_R,[f(x)]_R\rangle\mid x\in A\}.$$

先证明 F 是函数. 对任意的 $x,y\in A$,显然 $\langle [x]_R,[f(x)]_R\rangle\in F$,$\langle [y]_R,[f(y)]_R\rangle\in F$,于是

$$\begin{aligned}[x]_R=[y]_R&\Leftrightarrow\langle x,y\rangle\in R\\ &\Rightarrow\langle f(x),f(y)\rangle\in R\\ &\Leftrightarrow[f(x)]_R=[f(y)]_R.\end{aligned}$$

此外,由 F 的定义,$\mathrm{dom}(F)=A/R$,且有 $\mathrm{ran}(F)\subseteq A/R$. 因此,$F:A/R\to A/R$,且

$$F([x]_R)=[f(x)]_R.$$

再证 F 是唯一的. 假设 F_1 和 F_2 都是这样的函数. 对任意的 $x\in A$,$\langle [x]_R,[f(x)]_R\rangle\in F_1$,则 $[x]_R\in A/R$,$[x]_R\in\mathrm{dom}(F_2)$. 于是,$\langle [x]_R,[f(x)]_R\rangle\in F_2$. $F_1\subseteq F_2$. 类似可证 $F_2\subseteq F_1$. 于是 $F_1=F_2$.

(2) 假设 R 与 f 不相容. 则存在 $x,y\in A$,使 $\langle x,y\rangle\in R$ 且 $\langle f(x),f(y)\rangle\notin R$. 则 $[x]_R=[y]_R$,且 $[f(x)]_R\neq[f(y)]_R$. 但是 $F([x]_R)=[f(x)]_R$,$F([y]_R)=[f(y)]_R$. 于是 F 不是函数,与已知矛盾. 所以不存在这样的 F.

例 3 设 $A=\{1,2,3,4,5,6,7\}$,R 是 A 上的等价关系,商集 $A/R=\{\{1,2,3\},\{4,5\},\{6,7\}\}$. 设 $f:A\to A$,$f=\{\langle 1,4\rangle,\langle 2,5\rangle,\langle 3,5\rangle,\langle 4,3\rangle,\langle 5,2\rangle,\langle 6,1\rangle,\langle 7,3\rangle\}$. 则 R 与 f 是相容的. 可以构造 $F:A/R\to A/R$,

$$\begin{aligned}F=\{&\langle\{1,2,3\},\{4,5\}\rangle,\\ &\langle\{4,5\},\{1,2,3\}\rangle,\\ &\langle\{6,7\},\{1,2,3\}\rangle\},\end{aligned}$$

有 $F([x]_R)=[f(x)]_R$.

11.4 开集与闭集

开集与闭集是在实数集合上的开区间与闭区间概念的推广. 下面先在实数集 $\mathbf{R}$ 上定义距离的概念,再定义 $\mathbf{R}$ 上的开集和闭集. 如果在实数集 $\mathbf{R}$ 的 n 阶笛卡儿积 $\mathbf{R}^n$ 上定义距离,也可以建立 $\mathbf{R}^n$ 上的开集和闭集.

11.4.1 距离

定义 11.4.1 对实数集 $\mathbf{R}$,若 ρ: $\mathbf{R}\times\mathbf{R}\to\mathbf{R}$ 定义为 $\rho(\langle x,y\rangle)=|x-y|$,其中 $|x-y|$ 是 $x-y$ 的绝对值,则称 ρ 为 $\mathbf{R}$ 上的距离函数,对任意的 $\langle x,y\rangle\in\mathbf{R}\times\mathbf{R}$,把 $\rho(\langle x,y\rangle)$ 称为 x 和 y 的距离,并可写为 $\rho(x,y)=|x-y|$.

这里定义的距离就是实轴上两点之间常用的距离.

对于 $\mathbf{R}$ 的 n 阶笛卡儿积 $\mathbf{R}^n$,可以定义 $\mathbf{R}^n$ 上的距离函数为 $\rho:\mathbf{R}^n\times\mathbf{R}^n\to\mathbf{R}$,

$$\begin{aligned}&\rho(\langle\langle x_1,\cdots,x_n\rangle,\langle y_1,\cdots,y_n\rangle\rangle)\\ &=((x_1-y_1)^2+\cdots+(x_n-y_n)^2)^{\frac{1}{2}}.\end{aligned}$$

其中 $\langle x_1,\cdots,x_n\rangle\in\mathbf{R}^n$,$\langle y_1,\cdots,y_n\rangle\in\mathbf{R}^n$.

在 $\mathbf{R}^2$ 和 $\mathbf{R}^3$ 上定义的距离就是在二维平面和三维空间中两点间的直线距离.

下面在 $\mathbf{R}$ 上定义开集和闭集.

11.4.2 极限点与闭集

定义 11.4.2 对实数集 $\mathbf{R}$,$<$是 $\mathbf{R}$ 上的小于关系,ρ 是 $\mathbf{R}$ 上的距离函数,若 $x_0\in\mathbf{R}$,$\varepsilon\in\mathbf{R}$ 且 $\varepsilon>0$,则集合

$$\{x \mid x\in\mathbf{R}\wedge\rho(x_0,x)<\varepsilon\}$$

称为 x_0 的 ε 邻域.

定义 11.4.3 对实数集 $\mathbf{R}$,$A\subseteq\mathbf{R}$,$x_0\in\mathbf{R}$,如果在 x_0 的任一个 ε 邻域中,都存在不等于 x_0 的元素 x,且 $x\in A$,则称 x_0 是 A 的一个极限点(或凝聚点).

定义的条件可以写成

$$(\forall\varepsilon)((\varepsilon\in\mathbf{R}\wedge\varepsilon>0)\rightarrow(\exists x)(x\in A\wedge x\neq x_0\wedge\rho(x,x_0)<\varepsilon)).$$

x_0 是 A 的极限点意味着,A 中的元素可以无限接近 x_0,即存在一个 A 的不含有 x_0 的子集,可以排列成极限为 x_0 的序列. 直观地说,在 x_0 附近,A 的点是稠密的. x_0 不一定在A 中.

例 1 对 $A=(a,b)$,其中 $a\in\mathbf{R}$,$b\in\mathbf{R}$,$a<b$,开区间 A 中的元素和 a、b 都是 A 的极限点,即 A 的极限点的集合是$[a,b]$.

对 $A=[a,b]$,其中 $a\in\mathbf{R}$,$b\in\mathbf{R}$,$a<b$,闭区间 A 的极限点的集合是 A.

例 2 对 $A=\left\{1,\frac{1}{2},\frac{1}{3},\cdots\right\}$,$A$ 的极限点是 0.

空集没有极限点. 有限集合 $A\subseteq\mathbf{R}$ 没有极限点. 有理数集 $\mathbf{Q}$ 的极限点集合是实数集 $\mathbf{R}$,因为在任一实数附近,有理数和无理数都是稠密的.

定理 11.4.1 对实数集 $\mathbf{R}$,$A\subseteq\mathbf{R}$,$x_0\in\mathbf{R}$,x_0 是 A 的极限点当且仅当在 A 中存在点列

$$\{x_n \mid x_n\in A\wedge x_n\neq x_0\wedge(m\neq n\rightarrow x_m\neq x_n)\},$$

使得$\lim\limits_{n\to\infty}x_n=x_0$.

定理 11.4.2 若 $A\subseteq\mathbf{R}$ 是有界无限集,则 A 具有极限点.

例 3 设 $A=\{1,2,3,\cdots\}$,则 A 没有极限点.

定义 11.4.4 对实数集 $\mathbf{R}$,$A\subseteq\mathbf{R}$,$x_0\in A$,若 x_0 不是 A 的极限点,则称 x_0 为 A 的孤立点.

A 的极限点可以在 A 中,也可不在 A 中. A 的孤立点一定在 A 中. A 中的点,或为 A 的极限点,或为 A 的孤立点.

定义 11.4.5 对实数集 $\mathbf{R}$,$A\subseteq\mathbf{R}$,A 的所有极限点的集合称为A 的导集,记作 A'. 如果 $A'\subseteq A$,则称 A 为闭集.

对于闭集 A,导集 A'是 A 的子集,即 A 的极限点都在 A 中.

例 4 对 $a\in\mathbf{R}$,$b\in\mathbf{R}$,$a<b$,则有

$A_1=(a,b)$,$A_1'=[a,b]$,A_1 不是闭集.

$A_2=[a,b]$,$A_2'=[a,b]$,A_2 是闭集.

$A_3=\{1,2,3\}$,$A_3'=\varnothing$,A_3 是闭集.

$A_4=\left\{1,\frac{1}{2},\frac{1}{3},\cdots\right\}$,$A_4'=\{0\}$,$A_4$ 不是闭集.

因为 $\mathbf{R}'=\mathbf{R}$，所以 $\mathbf{R}$ 是闭集. 因为 $\mathbf{Q}'=\mathbf{R}$，所以有理数集 $\mathbf{Q}$ 不是闭集. 因为 $\varnothing'=\varnothing$，所以 $\varnothing$ 是闭集.

定理 11.4.3 对实数集 $\mathbf{R}$，$A\subseteq\mathbf{R}$，则 A' 是闭集，即 $(A')'\subseteq A'$.

定理 11.4.4 任意个闭集的交集是闭集. 有限个闭集的并集是闭集.

例 5 设 $A=\{A_1,A_2,A_3,\cdots\}$，其中 $A_n=\left[\frac{1}{n},1\right]$ 都是闭集. 但是 $\bigcup A=(0,1]$ 不是闭集. 由此可见，无限个闭集的并集不一定是闭集.

11.4.3 内点和开集

定义 11.4.6 对实数集 $\mathbf{R}$，$A\subseteq\mathbf{R}$，$x_0\in\mathbf{R}$，如果存在 x_0 的 ε 邻域，其中全是 A 的元素，则称 x_0 为 A 的一个内点.

定义的条件可以写成

$$(\exists\varepsilon)(\varepsilon\in\mathbf{R}\wedge\varepsilon>0\wedge(\forall x)((x\in\mathbf{R}\wedge\rho(x,x_0)<\varepsilon)\rightarrow x\in A)).$$

定义 11.4.7 对实数集 $\mathbf{R}$，$A\subseteq\mathbf{R}$，若 A 的元素都是 A 的内点，则称 A 为开集.

例 6 对 $a\in\mathbf{R}$，$b\in\mathbf{R}$，$a<b$，

$$A_1=(a,b)\text{ 的内点集合是}(a,b),$$
$$A_2=[a,b]\text{ 的内点集合是}(a,b).$$

所以，A_1 是开集，A_2 不是开集.

$\mathbf{R}$ 的内点集合是 $\mathbf{R}$，$\mathbf{R}$ 是开集. $\varnothing$ 也是开集. $\mathbf{Q}$ 没有内点(因为 $\mathbf{Q}$ 的元素的任一个 ε 邻域内都有无理数)，所以 $\mathbf{Q}$ 不是开集.

值得注意，$\mathbf{R}$ 和 $\varnothing$ 都是开集，也都是闭集；$\mathbf{Q}$ 和 $\mathbf{R}-\mathbf{Q}$ 都不是开集，也都不是闭集.

定理 11.4.5 任意个开集的并集是开集，有限个开集的交集是开集.

例 7 设 $A=\{A_1,A_2,A_3,\cdots\}$，其中 $A_n=\left(0,1+\frac{1}{n}\right)$ 都是开集. 但是 $\bigcap A=(0,1]$ 不是开集. 由此可见，无限个开集的交集不一定是开集.

定理 11.4.6 对实数集 $\mathbf{R}$，$A\subseteq\mathbf{R}$，则

(1) 若 A 是开集，则 $\mathbf{R}-A$ 是闭集.

(2) 若 A 是闭集，则 $\mathbf{R}-A$ 是开集.

11.5 模糊子集

一个集合表示一个确定的概念，论域中任一元素是否属于一个集合，回答是确定的. 例如 $2\in\mathbf{N}$ 和 $\pi\notin\mathbf{N}$ 都是确定的. 但在人类知识的领域中，还有很多不确定的概念. 年老就是不确定的，一般认为 70 岁以上是年老的，30 岁以下不是年老的，但是对 50 多岁是否算年老的没有确定的回答. 这类概念没有明确的外延，称为模糊概念. 可以用模糊集合论研究这类概念. 模糊集合论是美国学者 L. A. Zaden 在 1965 年创立的.

模糊集合论是模糊数学的基础. 模糊数学不是让数学变成模糊的东西，而是让数学进入描述模糊现象的领域. 模糊数学借用数学工具，通过模仿人类思维，描述和处理模糊概念. 这

一节简要介绍模糊集合论的基本概念.

在模糊集合论中,用隶属函数表示模糊子集.隶属函数模仿了可以表示集合的特征函数,下面先介绍特征函数.

11.5.1 集合的特征函数

定义 11.1.10 已经对集合的特征函数作了规定.设 E 是全集,对 $A\subseteq E$,A 的特征函数是

$$\chi_A: E \to \{0,1\}, \chi_A(a) = \begin{cases} 1, & a \in A \\ 0, & a \notin A. \end{cases}$$

特征函数有下列性质,其中+,-,* 是算术加、减、乘法.

定理 11.5.1 设 E 是论域,$A\subseteq E$,$B\subseteq E$,则

(1) $(\forall x)(\chi_A(x)=0)\Leftrightarrow A=\varnothing$,

(2) $(\forall x)(\chi_A(x)=1)\Leftrightarrow A=E$,

(3) $(\forall x)(\chi_A(x)\leqslant\chi_B(x))\Leftrightarrow A\subseteq B$,

(4) $(\forall x)(\chi_A(x)=\chi_B(x))\Leftrightarrow A=B$,

(5) $\chi_{A\cap B}(x)=\chi_A(x)*\chi_B(x)$,

(6) $\chi_{A\cup B}(x)=\chi_A(x)+\chi_B(x)-\chi_{A\cap B}(x)$,

(7) $\chi_{A-B}(x)=\chi_A(x)-\chi_{A\cap B}(x)$,

(8) $\chi_{-A}(x)=1-\chi_A(x)$.

证明 只证(5),其余留作思考题.

(5) $\chi_{A\cap B}(x)=1\Leftrightarrow x\in A\cap B\Leftrightarrow x\in A\wedge x\in B$

$$\Leftrightarrow\chi_A(x)=1\wedge\chi_B(x)=1$$

$$\Leftrightarrow\chi_A(x)*\chi_B(x)=1,$$

此外

$$\chi_{A\cap B}(x)=0\Leftrightarrow x\notin A\cap B\Leftrightarrow x\notin A\vee x\notin B$$

$$\Leftrightarrow\chi_A(x)=0\vee\chi_B(x)=0$$

$$\Leftrightarrow\chi_A(x)*\chi_B(x)=0.$$

所以,结论得证.

利用特征函数的性质,可以证明集合恒等式.

例 1 对集合 A,B 和 C,证明

$$A\cap(B\cup C)=(A\cap B)\cup(A\cap C).$$

证明 $\chi_{A\cap(B\cup C)}(x)=\chi_A(x)*\chi_{B\cup C}(x)$

$=\chi_A(x)*(\chi_B(x)+\chi_C(x)-\chi_{B\cap C}(x))$

$=\chi_A(x)*\chi_B(x)+\chi_A(x)*\chi_C(x)-$

$\chi_A(x)*\chi_B(x)*\chi_A(x)*\chi_C(x)$

$=\chi_{A\cap B}(x)+\chi_{A\cap C}(x)-\chi_{A\cap B}(x)*\chi_{A\cap C}(x)$

$=\chi_{(A\cap B)\cup(A\cap C)}(x)$.

于是依(4),结论得证.

注意,证明中使用的 $\chi_A(x)=\chi_A(x)*\chi_A(x)$ 很容易证明.

11.5.2 模糊子集

定义 11.5.1 设 E 是论域，E 上的一个模糊子集 $\underset{\sim}{A}$ 是指：存在一个函数 $\mu_{\underset{\sim}{A}}:E\to[0,1]$，并称 $\mu_{\underset{\sim}{A}}$ 为 $\underset{\sim}{A}$ 的隶属函数.

定义实质上是说，用隶属函数 $\mu_{\underset{\sim}{A}}$ 表示模糊集合. 对任意的 $x\in E$，都有唯一的隶属函数值 $\mu_{\underset{\sim}{A}}(x)\in[0,1]$，$\mu_{\underset{\sim}{A}}(x)$ 表示 x 属于 $\underset{\sim}{A}$ 的程度. $\mu_{\underset{\sim}{A}}(x)=1$ 表示 $x\in\underset{\sim}{A}$，$\mu_{\underset{\sim}{A}}(x)=0$ 表示 $x\notin\underset{\sim}{A}$. 但在 $0<\mu_{\underset{\sim}{A}}(x)<1$ 时，表示 x 在一定程度上属于 $\underset{\sim}{A}$，这时 $x\in\underset{\sim}{A}$ 和 $x\notin\underset{\sim}{A}$ 都不成立.

例 2 在图 11.5.1 中给出了 5 个图形，它们组成全集 $E=\{a,b,c,d,e\}$.

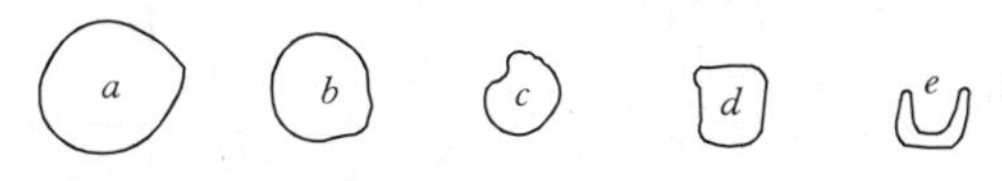

图 11.5.1

对 E 中每个元素给出一个隶属程度：

$$\mu_{\underset{\sim}{A}}(a)=1,\quad \mu_{\underset{\sim}{A}}(b)=0.9,\quad \mu_{\underset{\sim}{A}}(c)=0.4,$$

$$\mu_{\underset{\sim}{A}}(d)=0.2,\quad \mu_{\underset{\sim}{A}}(e)=0.$$

这定义了一个隶属函数 $\mu_{\underset{\sim}{A}}:E\to[0,1]$，并用 $\mu_{\underset{\sim}{A}}$ 定义了 E 的一个模糊子集 $\underset{\sim}{A}$. $\underset{\sim}{A}$ 表示了"圆形"这个模糊概念.

在 E 是有限集合时，可以用 3 种方法表示 $\mu_{\underset{\sim}{A}}$.

(1) 用有序对的集合表示，如

$$\underset{\sim}{A}=\{\langle a,1\rangle,\langle b,0.9\rangle,\langle c,0.4\rangle,\langle d,0.2\rangle,\langle e,0\rangle\}$$

(2) 用 Zaden 的记号表示，如

$$\underset{\sim}{A}=1/a+0.9/b+0.4/c+0.2/d+0/e.$$

(3) 用 n 元组(向量)表示，如

$$\underset{\sim}{A}=\langle 1,0.9,0.4,0.2,0\rangle$$

3 种表示方法中所给的例子，都表示了例 2 中的 $\underset{\sim}{A}$. 第 3 种方法要求 E 中元素排成对应的 n 元组.

模糊概念由模糊子集表示. 模糊子集由其隶属函数来描述，这类似于普通集合由其特征函数来描述. 集合的特征函数值是 1 或是 0，这表示一元素是否属于一集合. 模糊子集的隶属函数值是在[0,1]区间中，该值表示该元素隶属于该集合的程度. 例 2 就是在 5 个形状的全集中建立"圆形"这个模糊概念. 用 E 上的这个模糊子集 $\underset{\sim}{A}$ 表示"圆形"这个模糊概念，并用隶属函数 $\mu_{\underset{\sim}{A}}(x)$ 表示这个模糊子集 $\underset{\sim}{A}$. $\mu_{\underset{\sim}{A}}(a)=1$ 表示 $a\in\underset{\sim}{A}$，$\mu_{\underset{\sim}{A}}(e)=0$ 表示 $e\notin\underset{\sim}{A}$，而 b、c、d 则在不同程度上属于 $\underset{\sim}{A}$.

对于全集 E 的一个普通子集 A，任一个 $a\in E$，有 $a\in A\vee a\notin A$，用特征函数值 $\chi_A(a)$ 取 1、取 0 表示 a 属于、不属于 A. 可以用谓词 $Q(x)$ 表示 $x\in A$，则 $Q(a)$ 或真或假，是二值逻辑中的一个命题.

对于 E 的一个模糊子集 $\underset{\sim}{A}$，任一个 $a\in E$，或者 $a\in\underset{\sim}{A}$，或者 $a\notin\underset{\sim}{A}$，或者 a 只在一定程度上属于 $\underset{\sim}{A}$，若以 $R(x)$ 表示 $x\in\underset{\sim}{A}$，则 $R(a)$ 可取真，可取假，也可以不真也不假(只在一定程度

上真). 这种 $R(x)$ 是多值逻辑中的谓词,可见模糊集合是与多值逻辑有关的概念.

注意区别隶属函数和概率. 对所有 $x \in E$, $\mu_{\underset{\sim}{A}}(x)$ 之和不是 1,这与概率不同. 概率反映客观事件发生的可能性,隶属函数反映主观认为隶属程度的大小.

当 $\mu_{\underset{\sim}{A}}$ 的值域为 $\{0,1\}$ 时, $\mu_{\underset{\sim}{A}}$ 就蜕化为一个特征函数, $\underset{\sim}{A}$ 就蜕化为一个普通集合. 所以,集合是模糊子集的特例.

令 $F(E)$ 表示 E 上全体模糊子集组成的集合, $P(E)$ 是 E 的幂集. 则 $P(E) \subseteq F(E)$. 当 $\underset{\sim}{A} \in (F(E) - P(E))$ 时, $\underset{\sim}{A}$ 称为真模糊子集,这时存在 $x \in E$,使 $\mu_{\underset{\sim}{A}}(x) \notin \{0,1\}$.

例 3 以年龄为论域,令 $E = \{0,1,\cdots,200\}$. Zaden 给出了"年老" $\underset{\sim}{O}$ 和"年轻" $\underset{\sim}{Y}$ 这两个模糊子集的隶属函数,见图 11.5.2.

$$\mu_{\underset{\sim}{O}}(x) = \begin{cases} 0, & \text{当 } 0 \leqslant x \leqslant 50 \\ \left[1 + \left(\dfrac{x-50}{5}\right)^{-2}\right]^{-1}, & \text{当 } 50 < x \leqslant 200 \end{cases}$$

$$\mu_{\underset{\sim}{Y}}(x) = \begin{cases} 1, & \text{当 } 0 \leqslant x \leqslant 25 \\ \left[1 + \left(\dfrac{x-25}{5}\right)^{2}\right]^{-1}, & \text{当 } 25 < x \leqslant 200. \end{cases}$$

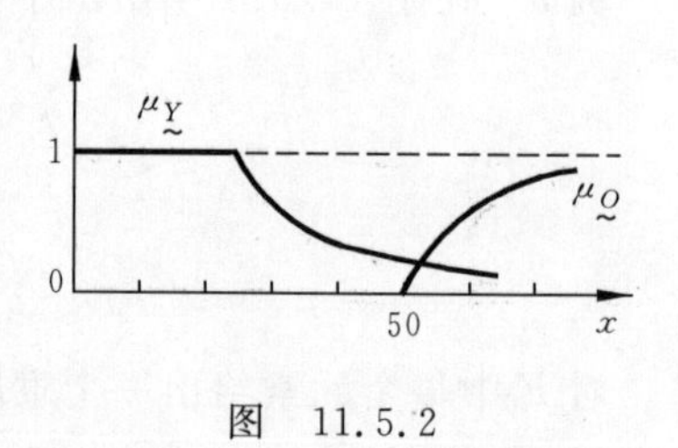

图 11.5.2

11.5.3 模糊子集的运算

对模糊子集的运算有不同的定义方法. 使用较多的是 Zaden 给出的下列定义.

定义 11.5.2 设 E 是全集, $\underset{\sim}{A}, \underset{\sim}{B} \in F(E)$,则 $\underset{\sim}{A} \cup \underset{\sim}{B}$, $\underset{\sim}{A} \cap \underset{\sim}{B}$, $-\underset{\sim}{A}$ 具有下列隶属函数

$$\mu_{\underset{\sim}{A} \cup \underset{\sim}{B}}(x) = \max(\mu_{\underset{\sim}{A}}(x), \mu_{\underset{\sim}{B}}(x)),$$

$$\mu_{\underset{\sim}{A} \cap \underset{\sim}{B}}(x) = \min(\mu_{\underset{\sim}{A}}(x), \mu_{\underset{\sim}{B}}(x)),$$

$$\mu_{-\underset{\sim}{A}}(x) = 1 - \mu_{\underset{\sim}{A}}(x).$$

$\underset{\sim}{A} \cup \underset{\sim}{B}$, $\underset{\sim}{A} \cap \underset{\sim}{B}$, $-\underset{\sim}{A}$ 分别称为并集、交集、绝对补集.

例 4 在图 11.5.1 的论域 $E = \{a,b,c,d,e\}$ 上,定义两个模糊子集 $\underset{\sim}{A}$(圆形)和 $\underset{\sim}{B}$(方形).

		a	b	c	d	e
	$\underset{\sim}{A}$(圆形)	=(1,	0.9,	0.4,	0.2,	0)
	$\underset{\sim}{B}$(方形)	=(0.2,	0.3,	0.6,	0.1	0)
则	$\underset{\sim}{A} \cup \underset{\sim}{B}$(或方或圆)	=(1,	0.9,	0.6,	0.2,	0)
	$\underset{\sim}{A} \cap \underset{\sim}{B}$(亦方亦圆)	=(0.2,	0.3,	0.4,	0.1,	0)
	$-\underset{\sim}{A}$(不圆)	=(0,	0.1,	0.6,	0.8,	1).

例 5 对例 3 中的 $\underset{\sim}{O}$ 和 $\underset{\sim}{Y}$,"或年老或年轻"可以表示为

$$\mu_{\underset{\sim}{Y} \cup \underset{\sim}{O}}(x) = \begin{cases} 1, & \text{当 } 0 \leqslant x \leqslant 25 \\ \left[1 + \left(\dfrac{x-25}{5}\right)^{2}\right]^{-1}, & \text{当 } 25 < x \leqslant 51 \\ \left[1 + \left(\dfrac{x-50}{5}\right)^{-2}\right]^{-1}, & \text{当 } 51 < x \leqslant 200 \end{cases}$$

"又年老又年轻"可以表示为

$$\mu_{\underset{\sim}{Y} \cap \underset{\sim}{O}}(x) = \begin{cases} 0, & \text{当 } 0 \leqslant x \leqslant 50 \\ \left[1 + \left(\dfrac{x-50}{5}\right)^{-2}\right]^{-1}, & \text{当 } 50 < x \leqslant 51 \\ \left[1 + \left(\dfrac{x-25}{5}\right)^{2}\right]^{-1}, & \text{当 } 51 < x \leqslant 200 \end{cases}$$

“不年轻”可以表示为

$$\mu_{-\underset{\sim}{Y}}(x) = \begin{cases} 0, & \text{当 } 0 \leqslant x \leqslant 25 \\ 1 - \left[1 + \left(\dfrac{x-25}{5}\right)^{2}\right]^{-1}, & \text{当 } 25 < x \leqslant 200 \end{cases}$$

11.5.4 截集和分解定理

定义 11.5.3 设 E 是全集，$\underset{\sim}{A} \in F(E)$，对 $\lambda \in [0,1]$，集合

$$(\underset{\sim}{A})_\lambda = \{x \mid \mu_{\underset{\sim}{A}}(x) \geqslant \lambda\}$$

称为 $\underset{\sim}{A}$ 的 λ 截集，$(\underset{\sim}{A})_\lambda$ 可以写作 A_λ.

A_λ 是普通集合，即 $A_\lambda \in P(E)$. 定义说明，给定 λ 后，可以把模糊子集 $\underset{\sim}{A}$ 转化为集合 A_λ.

例 6 对例 2 中的模糊子集 $\underset{\sim}{A}$. 有

$$\begin{aligned} &A_1 = \{a\}, \quad A_{0.9} = A_{0.5} = \{a,b\}, \\ &A_{0.4} = A_{0.3} = \{a,b,c\}, \\ &A_{0.2} = A_{0.1} = \{a,b,c,d\}, \\ &A_0 = \{a,b,c,d,e\}. \end{aligned}$$

定理 11.5.2 设 E 是全集，$\underset{\sim}{A}, \underset{\sim}{B} \in F(E)$，$\lambda \in [0,1]$，则

(1) $(\underset{\sim}{A} \cup \underset{\sim}{B})_\lambda = (\underset{\sim}{A})_\lambda \cup (\underset{\sim}{B})_\lambda$，

(2) $(\underset{\sim}{A} \cap \underset{\sim}{B})_\lambda = (\underset{\sim}{A})_\lambda \cap (\underset{\sim}{B})_\lambda$.

证明

(1) 对任意的 $x \in E$，可得

$$\begin{aligned} &x \in (\underset{\sim}{A} \cup \underset{\sim}{B})_\lambda \Leftrightarrow \mu_{\underset{\sim}{A} \cup \underset{\sim}{B}}(x) \geqslant \lambda \\ &\Leftrightarrow \max(\mu_{\underset{\sim}{A}}(x), \mu_{\underset{\sim}{B}}(x)) \geqslant \lambda \\ &\Leftrightarrow \mu_{\underset{\sim}{A}}(x) \geqslant \lambda \vee \mu_{\underset{\sim}{B}}(x) \geqslant \lambda \\ &\Leftrightarrow x \in (\underset{\sim}{A})_\lambda \vee x \in (\underset{\sim}{B})_\lambda \Leftrightarrow x \in (\underset{\sim}{A})_\lambda \cup (\underset{\sim}{B})_\lambda. \end{aligned}$$

(2) 证明类似(1).

定理 11.5.3 设 E 是全集，$\underset{\sim}{A} \in F(E)$，$\lambda, \sigma \in [0,1]$，则

(1) $\lambda \leqslant \sigma \Rightarrow A_\sigma \subseteq A_\lambda$，

(2) $A_0 = E$.

证明留作思考题.

定理 11.5.4(分解定理) 设 E 是全集，$\underset{\sim}{A} \in F(E)$，$\lambda \in [0,1]$，$\chi_{A_\lambda}(u)$ 是 A_λ 的特征函数，则

$$\mu_{\underset{\sim}{A}}(u) = \sup_{\lambda \in [0,1]} (\inf(\lambda, \chi_{A_\lambda}(u))).$$

(其中 sup 表示集合的上确界，inf 表示集合的下确界.)

证明 $\sup\limits_{\lambda\in[0,1]}(\inf(\lambda,\chi_{A_\lambda}(u)))$

$$=\max(\sup_{\mu_{\underset{\sim}{A}}(u)\leqslant\lambda\leqslant 1}(\inf(\lambda,\chi_{A_\lambda}(u))),\ \sup_{0\leqslant\lambda\leqslant\mu_{\underset{\sim}{A}}(u)}(\inf(\lambda,\chi_{A_\lambda}(u))))$$

当 $\mu_{\underset{\sim}{A}}(u)<\lambda\leqslant 1$ 时，$u\notin A_\lambda$，则 $\chi_{A_\lambda}(u)=0$，$\inf(\lambda,x_{A_\lambda}(u))=0$. 所以

$$\begin{aligned}
&\sup_{\lambda\in[0,1]}(\inf(\lambda,\chi_{A_\lambda}(u)))\\
&=\sup_{0\leqslant\lambda\leqslant\mu_{\underset{\sim}{A}}(u)}(\inf(\lambda,\chi_{A_\lambda}(u)))\\
&=\sup_{0\leqslant\lambda\leqslant\mu_{\underset{\sim}{A}}(u)}(\inf(\lambda,1)) \qquad (\text{因 } u\in A_\lambda)\\
&=\sup_{0\leqslant\lambda\leqslant\mu_{\underset{\sim}{A}}(u)}\lambda \qquad (\text{因 } \lambda\leqslant 1)\\
&=\mu_{\underset{\sim}{A}}(u)
\end{aligned}$$

截集概念和分解定理是联系普通集合与模糊子集的桥梁.

定义 11.5.4 设 E 是全集，$\underset{\sim}{A}\in F(E)$，则

$$\operatorname{supp}\underset{\sim}{A}=\{u\mid\mu_{\underset{\sim}{A}}(u)>0\}$$

称为 $\underset{\sim}{A}$ 的支集，截集 A_1 称为 $\underset{\sim}{A}$ 的核，$(\operatorname{supp}\underset{\sim}{A})-A_1$ 称为 $\underset{\sim}{A}$ 的边界.

核 A_1 的元素完全隶属于 $\underset{\sim}{A}$. 若 $A_1\neq\varnothing$，就称 $\underset{\sim}{A}$ 为正规模糊集；若 $A_1=\varnothing$，就称 $\underset{\sim}{A}$ 为非正规模糊集.

截集、支集、核和边界如图 11.5.3 所示.

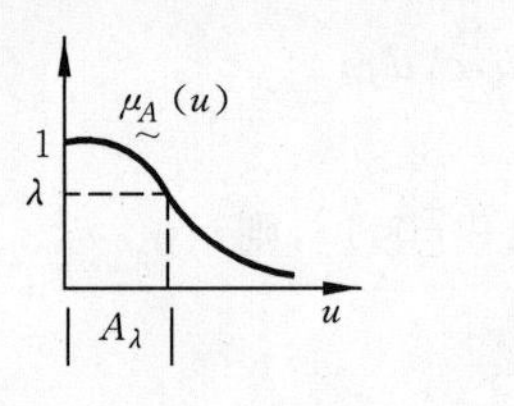

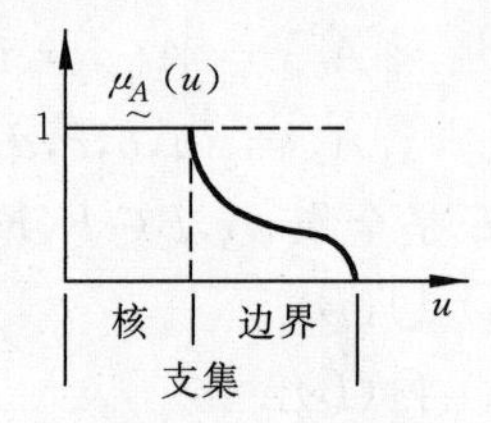

图 11.5.3

当 λ 由 1 下降到趋于 0(但不达到 0)，A_λ 就由 $\underset{\sim}{A}$ 的核扩大到 $\underset{\sim}{A}$ 的支集，截集的集合

$$\{A_\lambda\mid 0<\lambda\leqslant 1\}$$

包含着边界游移的集合.

习 题 11

1. 下列关系中哪个是函数?

   (1) $\{\langle x,y\rangle\mid x\in\mathbf{N}\wedge y\in\mathbf{N}\wedge x+y<10\}$,

   (2) $\{\langle x,y\rangle\mid x\in\mathbf{R}\wedge y\in\mathbf{R}\wedge x=y^2\}$,

   (3) $\{\langle x,y\rangle\mid x\in\mathbf{R}\wedge y\in\mathbf{R}\wedge y=x^2\}$.

2. 下列集合是函数吗? 如果是，写其定义域和值域.

   (1) $\{\langle 1,\langle 2,3\rangle\rangle,\langle 2,\langle 3,2\rangle\rangle,\langle 3,\langle 4,1\rangle\rangle\}$,

   (2) $\{\langle 1,\langle 2,3\rangle\rangle,\langle 2,\langle 3,4\rangle\rangle,\langle 1,\langle 3,4\rangle\rangle\}$,

   (3) $\{\langle 1,\langle 2,3\rangle\rangle,\langle 2,\langle 2,3\rangle\rangle,\langle 3,\langle 2,3\rangle\rangle\}$.

3. 设 $f,g\in A_B$，且 $f\cap g\neq\varnothing$，$f\cap g$ 和 $f\cup g$ 是函数吗？如果是，证明之；不是则举反例.

4. 设 $f:\mathbf{N}\to\mathbf{N}$，$f(x)=\begin{cases}1, & \text{当 } x \text{ 是奇数}\\ \dfrac{x}{2}, & \text{当 } x \text{ 是偶数}\end{cases}$

求 $f(0)$，$f[\{0\}]$，$f[\{0,2,4,6,\cdots\}]$，$f[\{1,3,5,\cdots\}]$，$f^{-1}[\{2\}]$，$f^{-1}[\{3,4\}]$.

5. 对下列函数分别确定：

(a) 是否是满射的，单射的，双射的；如果是双射的，写出 f^{-1} 的表达式.

(b) 写出函数的象和对给定集合 S 的完全原象.

(c) 关系 $R=\{\langle x,y\rangle\mid x,y\in\mathrm{dom}(f)\wedge f(x)=f(y)\}$ 是 $\mathrm{dom}(f)$ 上的等价关系，一般称为由函数 f 导出的等价关系，求 R.

(1) $f:\mathbf{R}\to(0,\infty)$，$f(x)=2^x$，$S=[1,2]$.

(2) $f:\mathbf{N}\to\mathbf{N}$，$f(n)=2n+1$，$S=\{2,3\}$.

(3) $f:\mathbf{Z}\to\mathbf{N}$，$f(x)=|x|$. $S=\{0,2\}$.

(4) $f:\mathbf{N}\to\mathbf{N}\times\mathbf{N}$，$f(n)=\langle n,n+1\rangle$，$S=\{\langle 2,2\rangle\}$.

(5) $f:[0,1]\to[0,1]$，$f(x)=\dfrac{2x+1}{4}$，$S=\left[0,\dfrac{1}{2}\right]$.

6. 下列函数是否满射的，单射的，双射的？

(1) $f:\mathbf{R}\to\mathbf{R}$，$f(x)=x^2-2x-15$，

(2) $f:\mathbf{N}-\{0\}\to\mathbf{R}$，$f(x)=\log_2 x$，

(3) $f:\mathbf{N}\to\mathbf{N}$，$f(x)=\begin{cases}1, & x \text{ 是奇数}\\ 0, & x \text{ 是偶数}\end{cases}$

(4) $f:\mathbf{N}\to\mathbf{N}$，$f(x)=x \bmod 3$，

(其中 $x \bmod 3$ 是 x 除以 3 的余数.)

7. 设 R 是 A 上的等价关系，$g:A\to A/R$ 是自然映射，什么条件下 g 是双射的？

8. 找到集合 A 和函数 $f,g\in A_A$，使 f 是单射的且 g 是满射的，但都不是双射的. 要求 A 尽可能小.

9. 对有限集合 A 和 B，$|A|=m$，$|B|=n$，求在下列情况下 m 和 n 应满足的条件.

(1) 存在从 A 到 B 的单射函数，

(2) 存在从 A 到 B 的满射函数，

(3) 存在从 A 到 B 的双射函数.

10. 对下列集合 A 和 B，构造从 A 到 B 的双射函数.

(1) $A=\{1,2,3\}$，$B=\{a,b,c\}$.

(2) $A=(0,1)\subseteq\mathbf{R}$，$B=(1,3)\subseteq\mathbf{R}$.

(3) $A=P(X)$，$B=X_Y$，其中 $X=\{a,b,c\}$，$Y=\{0,1\}$.

11. 对 $f:A\to B$，定义 $g:B\to P(A)$ 为

$$g(b)=\{x\mid x\in A\wedge f(x)=b\}.$$

证明若 f 是满射的，则 g 是单射的. 其逆是否成立？

12. 设 $f:A\to B$，$g:C\to D$，$f\subseteq g$，$C\subseteq A$，证明 $f=g$.

13. 设 $f,g,h\in \mathbf{R}_{\mathbf{R}}$, $f(x)=x+3$, $g(x)=2x+1$, $h(x)=\frac{x}{2}$. 求出 $g\circ f, f\circ g, f\circ f, g\circ g,$ $f\circ h, h\circ g, h\circ f, f\circ h\circ g$.

14. 设 $f,g,h\in \mathbf{N}_{\mathbf{N}}$, $f(n)=n+1$, $g(n)=2n$, $h(n)=\begin{cases}0, & n\text{ 是偶数}\\ 1, & n\text{ 是奇数}\end{cases}$ 求出 $f\circ f,$ $f\circ g, g\circ f, g\circ h, h\circ g, (f\circ g)\circ h$.

15. 证明定理 11.2.4.

16. 设 $h\in A_A$，证明"对一切 $f,g\in A_A$，如果 $h\circ f=h\circ g$ 则 $f=g$"成立的充要条件是"h 是单射的".

17. 设 $f:A\to B, g:B\to C, (g\circ f)^{-1}:C\to A$，说明 g 不一定是单射的.

18. 设 π 和 π_1 是非空集合 A 上的两个划分，如果 π_1 的每个划分块都包含在 π 的某个划分块中，则称 π_1 是 π 的加细，并写为 $\pi_1\leqslant\pi$. 加细关系$\leqslant$是 A 的一些划分组成的非空集合上的偏序关系.

    设 $f_1,f_2,f_3,f_4\in \mathbf{R}_{\mathbf{R}}$，分别定义为

$$f_1(x)=\begin{cases}1, & x\geqslant 0\\ -1, & x<0\end{cases}, f_2(x)=\begin{cases}-1, & x\notin \mathbf{Z}\\ 1, & x\in \mathbf{Z}\end{cases},$$

    $f_3(x)=x$, $f_4(x)=1$. 对 $i=1,2,3,4$，令 E_i 是由 f_i 导出的等价关系(参看第 5 题(c)).

    (1) 对 $B=\{\mathbf{R}/E_1, \mathbf{R}/E_2, \mathbf{R}/E_3, \mathbf{R}/E_4\}$ 和 B 上的加细关系$\leqslant$，画出偏序集$\langle B,\leqslant\rangle$的哈斯图(其中 $\mathbf{R}$ 是实数集).

    (2) 对 $i=1,2,3,4$，定义 $g_i:\mathbf{R}\to\mathbf{R}/E_i$ 为

$$g_i(x)=[x]_{E_i}.$$

    分别求 $g_i(0)$.

19. 证明模糊子集的$\cup$和$\cap$运算满足交换律、结合律、幂等律、吸收律、分配律和摩根律.

20. 设 E 是全集，$A\subseteq E$, $B\subseteq E$，证明对任意的 $x\in E$，有

    (1) $(\forall x)(\chi_A(x)\leqslant\chi_B(x))\Leftrightarrow A\subseteq B$,

    (2) $\chi_{A\cap B}(x)=\min(\chi_A(x),\chi_B(x))$,

    (3) $\chi_{A\cup B}(x)=\max(\chi_A(x),\chi_B(x))$,

    (4) $\chi_{A-B}(x)=\chi_A(x)-\chi_{A\cap B}(x)$.

21. 用例 3 中的 $\mathcal{Y}$ 和 Q，给出"又不老又不年轻"的隶属函数. 给出 $Y_{0.5}$, $O_{0.5}$.

第 12 章　实数集合与集合的基数

集合的基数又称为集合的势，基数就是集合中元素的个数. 对有限集合，只要数一数其中元素的个数，就可知道它的基数. 对无限集合，就不能用数个数的办法了. 那么怎样比较两个无限集合的大小呢？

对实数集 $\mathbf{R}$ 和正实数集 $\mathbf{R}_+$，显然 $\mathbf{R}_+ \subset \mathbf{R}$. 似乎 $\mathbf{R}$ 比 $\mathbf{R}_+$ 的元素多，然而可以建立双射函数

$$f:\mathbf{R} \rightarrow \mathbf{R}_+, f(x) = \mathrm{e}^x.$$

因此，对任意的 $\mathbf{x} \in \mathbf{R}$，存在唯一的 $y \in \mathbf{R}_+$，使 $y=\mathrm{e}^x$；并且对任意的 $y \in \mathbf{R}_+$，存在唯一的 $x \in \mathbf{R}$，使 $y=\mathrm{e}^x$. 这说明，双射函数 f 在 $\mathbf{R}$ 的元素和 $\mathbf{R}_+$ 的元素之间建立了一一对应. $\mathbf{R}$ 的元素不比 $\mathbf{R}_+$ 多，$\mathbf{R}_+$ 的元素也不比 $\mathbf{R}$ 多. 应该说这两个集合有同样多的元素，它们的基数相同.

判定两个无限集合基数是否相同，将采用类似的方法，看能否建立两个集合间的双射函数. 对有限集合，“数元素个数”的方法实质上也是建立双射函数. 对有限集合 A，如果存在自然数 $N=\{0,1,2,\cdots,n-1\}$，可定义双射函数 $f:A\rightarrow N$，则 A 的基数是 n. 双射函数将是研究集合基数的主要工具.

第 9 章介绍集合论公理系统时，已经定义了自然数集 $\mathbf{N}$. 下面先定义无限集合 $\mathbf{Z}$、$\mathbf{Q}$ 和 $\mathbf{R}$，再介绍基数.

12.1　实 数 集 合

12.1.1　整数集合 Z

定义 12.1.1　对自然数集合 $\mathbf{N}$，令

$$\mathbf{Z}_+ = \mathbf{N} - \{0\},$$

$$Z_- = \{\langle 0,n\rangle \mid n \in \mathbf{Z}_+\},$$

$$\mathbf{Z} = \mathbf{Z}_+ \cup \{0\} \cup \mathbf{Z}_-,$$

则称 $\mathbf{Z}_+$ 的元素为正整数，$\mathbf{Z}_-$ 的元素为负整数，$\mathbf{Z}$ 的元素为整数.

定义 12.1.2　一个整数的相反数分别是

$$-n = \langle 0,n\rangle \quad 当 n \in \mathbf{Z}_+,$$

$$-0 = 0,$$

$$-\langle 0,n\rangle = n \quad 当 n \in \mathbf{Z}_+.$$

在集合 $\mathbf{N}$ 上已定义了小于或等于关系 $\leqslant$ 和小于关系 $<$. 为了区别，下面把 $\mathbf{N}$ 上的 $\leqslant$ 记作 $\leqslant_{\mathbf{N}}$，把 $\mathbf{N}$ 上的 $<$ 记作 $<_{\mathbf{N}}$.

定义 12.1.3　在集合 Z 上定义小于或等于关系 $\leqslant_{\mathbf{Z}}$ 为，若对任意的 $x,y\in \mathbf{Z}$，满足

$$x \leqslant_{\mathbf{Z}} y \quad 当且仅当 \quad (x \in \mathbf{N} \wedge y \in \mathbf{N} \wedge x \leqslant_{\mathbf{N}} y) \vee (x \in \mathbf{Z}_- \wedge y \in \mathbf{N}) \vee (x \in \mathbf{Z}_- \wedge y \in \mathbf{Z}_- \wedge -y \leqslant_{\mathbf{N}} -x).$$

在集合 $\mathbf{Z}$ 上定义小于关系 $<_{\mathbf{Z}}$ 为，若对任意的 $x,y\in\mathbf{Z}$，满足

$x<_{\mathbf{Z}}y$ 当且仅当 $(x\leqslant_{\mathbf{Z}}y)\wedge(x\neq y)$.

12.1.2 有理数集合 Q

定义 12.1.4 对整数集合 $\mathbf{Z}$，令

$$Q_1=\mathbf{Z}\times(\mathbf{Z}-\{0\})=\{\langle a,b\rangle\mid a\in\mathbf{Z}\wedge b\in\mathbf{Z}\wedge b\neq 0\},$$

并称 Q_1 是 $\mathbf{Z}$ 上的因式的集合. 对 $\langle a,b\rangle\in Q_1$，可以用 a/b 代替 $\langle a,b\rangle$. 在 Q_1 上定义关系 $\simeq$ 为，对任意的 $a/b\in Q_1,c/d\in Q_1$，满足

$$a/b\simeq c/d \text{ 当且仅当 } a\cdot d=b\cdot c$$

其中 $a\cdot d$ 是在 $\mathbf{Z}$ 上定义的乘法，$=$ 是 $\mathbf{Z}$ 上的相等关系.

显然，0/1，1/2，2/4，3/6，都是 Q_1 的元素，1/0 不是 Q_1 的元素. 且 $1/2\simeq 2/4$.

定理 12.1.1 在 Q_1 上的关系 $\simeq$ 是等价关系.

证明 对任意的 $a/b,c/d,e/f\in Q_1$，有

(1) 因 $a\cdot b=b\cdot a$，则 $a/b\simeq a/b$. 所以，$\simeq$ 是自反的.

(2) 若 $a/b\simeq c/d$，则 $a\cdot d=b\cdot c$，则 $c\cdot b=d\cdot a$，则 $c/d\simeq a/b$. 所以，$\simeq$ 是对称的.

(3) 若 $a/b\simeq c/d$ 且 $c/d\simeq e/f$，则 $a\cdot d=b\cdot c$ 且 $c\cdot f=d\cdot e$. 所以 $a\cdot d\cdot c\cdot f=b\cdot c\cdot d\cdot e$. 因为 $d\neq 0$，则 $a\cdot c\cdot f=b\cdot c\cdot e$. 若 $c\neq 0$，则 $a\cdot f=b\cdot e$，$a/b\simeq e/f$. 若 $c=0$，则 $a=0$ 且 $e=0$，也有 $a/b\simeq e/f$. 所以，$\simeq$ 是传递的.

定义 12.1.5 令 $\mathbf{Q}=Q_1/\simeq$，即 $\mathbf{Q}$ 是集合 Q_1 对等价关系 $\simeq$ 的商集，则称 $\mathbf{Q}$ 的元素为有理数，一般用 a/b 表示 $\mathbf{Q}$ 中的元素 $[\langle a,b\rangle]_{\simeq}$，并习惯上取 a、b 是互素的整数，且 $b>0$.

如 $1/2=[\langle 1,2\rangle]_{\simeq}=\{1/2,-1/-2,2/4,\cdots\}$.

定义 12.1.6 在 $\mathbf{Q}$ 上定义小于或等于关系 $\leqslant_{\mathbf{Q}}$ 为，对任意的 $a/b,c/d\in\mathbf{Q}$，满足

$$a/b\leqslant_{\mathbf{Q}}c/d \text{ 当且仅当 } a\cdot d\leqslant_{\mathbf{Z}}b\cdot c.$$

在 $\mathbf{Q}$ 上定义小于关系 $<_{\mathbf{Q}}$ 为，对任意的 $a/b,c/d\in\mathbf{Q}$，满足

$$a/b<_{\mathbf{Q}}c/d \text{ 当且仅当 } (a/b\leqslant_{\mathbf{Q}}c/d)\wedge(a/b\neq c/d).$$

12.1.3 实数集合 R

实数的定义比较复杂. 一个实数就是一个无限小数，有限小数补上无限多个 0 也可看作无限小数. 一个无限小数是一个有限小数序列的极限. 例如，$\sqrt{2}=1.414\cdots$ 是数列

$$1,1.4,1.41,1.414,\cdots$$

的极限. 而且有限小数都属于 $\mathbf{Q}$. 利用这种思想，对任一实数 a，存在有理数的数列，其极限是 a. 我们将限定这种数列是有界非递减的，极限为 a 的这种数列也会有很多，它们组成的一个等价类可以用来表示 a.

下面将把 $\leqslant_{\mathbf{Q}}$ 和 $<_{\mathbf{Q}}$ 简写为 $\leqslant$ 和 $<$.

定义 12.1.7 如果 $f:\mathbf{N}\to\mathbf{Q}$ 满足条件：

(1) $(\exists x)(x\in\mathbf{Q}\wedge(\forall n)(n\in\mathbf{N}\to|f(n)|<x))$，

(2) $(\exists n)(n\in\mathbf{N}\wedge(\forall m)(\forall i)((m\in\mathbf{N}\wedge i\in\mathbf{N}\wedge n\leqslant m$

$\wedge n \leqslant i \wedge m \leqslant i) \rightarrow (f(m) \leqslant f(i)))),$

则称 f 是一个基本函数,或有界非递减函数. 当 f 是一个基本函数时,则函数值

$$f(0),\ f(1),\ f(2),\ \cdots,\ f(n),\ \cdots$$

称为一个基本序列,它有时写为

$$r_0,\ r_1,\ r_2,\ \cdots,\ r_n,\ \cdots.$$

B 表示所有基本函数的集合. $BF(f)$表示 f 是一个基本函数.

定理 12.1.2 当 $f:\mathbf{N}\rightarrow\mathbf{Q}$ 取常数值时,f 是基本函数. 即对任意的 $r\in\mathbf{Q}$,

$$r,\ r,\ r,\ \cdots$$

是一个基本序列.

定理 12.1.3 存在不是常值函数的基本函数.

基本函数实际就是有理数的数列,定义中条件(1)要求该数列是有界的,条件(2)要求数列是单调非递减的.

例 1 设 $f:\mathbf{N}\rightarrow\mathbf{Q}$, $f(n)=1-\frac{1}{n+1}$,则 f 是基本函数. 相应的基本序列是

$$0,\ \frac{1}{2},\ \frac{2}{3},\ \frac{3}{4},\ \cdots,\frac{n}{n+1},\cdots$$

例 2 设 $f:\mathbf{N}\rightarrow\mathbf{Q}$, $f(0)=1$,且当 $n>0$ 时, $f(n)=\left(1+\frac{1}{n}\right)^n$. 可以证明 f 是基本函数,且基本序列是

$$1,\ 2,\ \frac{9}{4},\ \frac{64}{27},\ \cdots,$$

该序列的极限是 e.

定义 12.1.8 对基本函数的集合 B,定义 B 上的关系$\simeq$为,对任意的 $f,g\in B$,满足

$f\simeq g$ 当且仅当

$$(\forall\varepsilon)((\varepsilon\in\mathbf{Q}\wedge\varepsilon>0)\rightarrow(\exists n)(n\in\mathbf{N}\wedge(\forall m)$$
$$((m\in\mathbf{N}\wedge n\leqslant m)\rightarrow|f(m)-g(m)|<\varepsilon))).$$

直观上说,$f\simeq g$ 等价于 f 和 g 的序列的极限相同.

定理 12.1.4 B 上的关系$\simeq$是等价关系.

自反性和对称性显然成立. 传递性的证明可以由有理数的下列不等式

$$|a-c|\leqslant|a-b|+|b-c|$$

得到.

例 3 对例 1 中的 $f(n)=1-\frac{1}{n+1}$和 $g(n)=1$,显然有 $f\simeq g$.

定理 12.1.5 设 $f:\mathbf{N}\rightarrow\mathbf{Q}$ 和 $g:\mathbf{N}\rightarrow\mathbf{Q}$ 都是常值函数,且 $f\simeq g$,则 $f=g$.

证明 假设 $f(n)=r_1$, $g(n)=r_2$, $r_1\neq r_2$. 不失一般性,设 $r_1<r_2$,取 $\varepsilon=r_2-r_1>0$. 对任意的 $m\in\mathbf{N}$, $|f(m)-g(m)|=|r_1-r_2|=\varepsilon$,则 $|f(m)-g(m)|<\varepsilon$ 都不成立. $f\not\simeq g$. 所以, $r_1=r_2$, $f=g$.

定义 12.1.9 令 $\mathbf{R}=B/\simeq$,即 $\mathbf{R}$ 是集合 B 对等价关系$\simeq$的商集,则称 $\mathbf{R}$ 的元素为实数,称 $\mathbf{R}$ 为实数集合.

在定义中,用极限相同的那些基本函数组成的一个等价类定义一个实数,该实数就是这

些基本函数的序列共同的极限. 任意一个 $x \in \mathbf{R}$, x 是一些基本函数组成的一个等价类. 如果在等价类 x 中有一个常值函数 $f(n)=r$, 就用 r 表示 x, 并称 x 为一个有理数; 如果在等价类 x 中不存在常值函数, 就称 x 为一个无理数.

下面在 B 和 $\mathbf{R}$ 上定义次序关系.

定义 12.1.10 在 B 上定义小于关系 $<_B$ 为, 对任意的 $f,g \in B$, 满足

$$f <_B g \quad \text{当且仅当}$$
$$(\exists \varepsilon)((\varepsilon \in \mathbf{Q} \wedge 0 < \varepsilon) \wedge (\exists n)(n \in \mathbf{N} \wedge (\forall m)$$
$$((m \in \mathbf{N} \wedge n \leqslant m) \rightarrow (g(m) - f(m) > \varepsilon)))).$$

在 B 上定义小于或等于关系 $\leqslant_B$ 为, 对任意的 $f,g \in B$, 满足

$$f \leqslant_B g \text{ 当且仅当} (f <_B g) \vee (f \simeq g).$$

直观上说, $f \leqslant_B g$ 等价于 f 的极限小于等于 g 的极限.

定义 12.1.11 在 $\mathbf{R}$ 上定义小于或等于关系 $\leqslant_{\mathbf{R}}$ 和小于关系 $<_{\mathbf{R}}$ 为, 对任意的 $f,g \in B$, 即对 $[f]_{\simeq} \in \mathbf{R}$ 和 $[g]_{\simeq} \in \mathbf{R}$, 满足

$[f]_{\simeq} \leqslant_{\mathbf{R}} [g]_{\simeq}$ 当且仅当 $f \leqslant_B g$,

$[f]_{\simeq} <_{\mathbf{R}} [g]_{\simeq}$ 当且仅当 $f <_B g$.

第 9 章和这一节定义了集合 $\mathbf{N}, \mathbf{Z}, \mathbf{Q}$ 和 $\mathbf{R}$, 也定义了集合上的次序关系. 在这些集合上还可以定义加法和乘法等运算, 本书就不介绍了.

12.2 集合的等势

势就是基数, 等势就是基数相等.

定义 12.2.1 对集合 A 和 B, 如果存在从 A 到 B 的双射函数, 就称 A 和 B 等势, 记作 $A \approx B$, 如果不存在从 A 到 B 的双射函数, 就称 A 和 B 不等势, 记作 $\neg A \approx B$.

例 1 $\mathbf{N} \approx \mathbf{Z}$. 因为存在双射函数

$$f: \mathbf{N} \rightarrow \mathbf{Z}, f(n) = \begin{cases} -\dfrac{1+n}{2}, & \text{当 } n \text{ 是奇数} \\ \dfrac{n}{2}, & \text{当 } n \text{ 是偶数} \end{cases}$$

例 2 $\mathbf{R} \approx \mathbf{R}_+$, 其中 $\mathbf{R}_+$ 是正实数集合. 因为存在双射函数

$$f: \mathbf{R} \rightarrow \mathbf{R}_+,\ f(x) = \mathrm{e}^x.$$

例 3 $\{a,b,c\} \approx 3$, 因为存在双射函数

$$f: \{a,b,c\} \rightarrow 3,\ f(a) = 0,\ f(b) = 1,\ f(c) = 2.$$

例 4 $\mathbf{N} \times \mathbf{N} \approx \mathbf{N}$. 因为在 11.1 节已定义了双射函数 $f: \mathbf{N} \times \mathbf{N} \rightarrow \mathbf{N}$.

例 5 $\mathbf{N} \approx \mathbf{Q}$. 构造双射函数的方法类似于例 4. 把 $\mathbf{Q}$ 的元素排成有序图形, 沿一条不重复地穿过整个图形的路径, 把 $\mathbf{Q}$ 的元素排成一列, 即把有理数和自然数一一配对. 所有分母为正的分数有序地排在图 12.2.1 中, $\mathbf{Q}$ 的任一元素都在其中, 并且可以多次出现. 用箭头标注穿过图形的路径, 并用自然数标注次序. 但一个有理数的第二次及以后各次出现都要跳过去. 定义双射函数

$f: \mathbf{N} \rightarrow \mathbf{Q}$, $f(n)$ 是 $[n]$ 旁的有理数. 例如, $f(4) = -1/1$, 以后就要跳过 $-2/2$, $-3/3$ 等.

	[5]		[4]		[0]		[1]		[10]		[11]	
…	−2/1	←	−1/1		0/1	→	1/1		2/1	→	3/1	…
	↓		↑				↓		↑		↓	
			[3]				[2]				[12]	
…	−2/2		−1/2	←	0/2	←	1/2		2/2		3/2	…
	↓								↑		↓	
	[6]		[7]				[8]		[9]			
…	−2/3	→	−1/3	→	0/3	→	1/3	→	2/3		3/3	…
											↓	
			[15]				[14]				[13]	
… ←	−2/4	←	−1/4	←	0/4	←	1/4	←	2/4	←	3/4	…
					……							

图 12.2.1

例 6　$(0,1)\approx\mathbf{R}$. 因为存在双射函数

$$f:(0,1)\to\mathbf{R},f(x)=\tan\frac{\pi(2x-1)}{2}.$$

例 7　$[0,1]\approx(0,1)$,因为存在双射函数

$$f:[0,1]\to(0,1),$$

$$f(x)=\begin{cases}\dfrac{1}{4}, & 当\ x=0\\ \dfrac{1}{2}, & 当\ x=1\\ \dfrac{x}{4}, & 当\ x=2^{-n},n=1,2,3,\cdots\\ x, & 当\ x\ 取其他值\end{cases}$$

上述各例表明,无限集合可以与它的真子集等势,但有限集合却不能.

定理 12.2.1　对任意的集合 A,有

$$P(A)\approx A_2.$$

证明　因为 $2=\{0,1\}$,所以 A_2 是所有函数 $f:A\to\{0,1\}$ 组成的集合.

构造双射函数

$$H:P(A)\to A_2,\quad H(B)=\chi_B(x).$$

其中 $\chi_B(x)$是以 A 为全集时 B 的特征函数.对任意的 $B\in P(A)$,有 $B\subseteq A$,则存在唯一的特征函数 $\chi_B(x)$. 所以,H 是函数.对任意的 $g\in A_2$,则 $g:A\to\{0,1\}$,存在集合 B 为

$$B=\{x\mid x\in A\wedge g(x)=1\},$$

则 $g(x)=\chi_B(x)=H(B)$,且这样的 B 是唯一的.所以,H 是双射的.

定理 12.2.2　对任意的集合 A,B 和 C,有

(1) $A\approx A$,

(2) 若 $A\approx B$,则 $B\approx A$,

(3) 若 $A\approx B$ 且 $B\approx C$,则 $A\approx C$.

证明留作思考题.

由定理可知

$$\mathbf{N}\approx\mathbf{N}\times\mathbf{N}\approx\mathbf{Z}\approx\mathbf{Q},$$

且

$$\mathbf{R}\approx\mathbf{R}_+\approx(0,1)\approx[0,1].$$

定理表明,等势具有自反性,对称性和传递性.在一部分集合的集合上,等势是等价关

系. 但是所有集合的汇集不是集合，所以不能说等势是“所有集合的集合”上的关系.

定理 12.2.3(康托尔定理)

(1) $\neg \mathbf{N} \approx \mathbf{R}$,

(2) 对任意的集合 A, $\neg A \approx P(A)$.

证明

(1) 只要证明 $\neg \mathbf{N} \approx [0,1]$ 即可. 为此只要证明对任何函数 $f:\mathbf{N} \to [0,1]$，都存在 $x \in [0,1]$，使 $x \notin \mathrm{ran}(f)$，即任何函数 $f:\mathbf{N} \to [0,1]$ 都不是双射的.

对任意一个 $f:N \to [0,1]$，顺序列出 f 值

$$f(0) = x_1 = 0.a_{11}a_{21}\cdots a_{n1}\cdots$$

$$f(1) = x_2 = 0.a_{12}a_{22}\cdots a_{n2}\cdots$$

……

$$f(n-1) = x_n = 0.a_{1n}a_{2n}\cdots a_{nn}\cdots$$

……

其中 $a_{ij} \in \{0,1,\cdots,9\}$，对 $i,j=1,2,3,\cdots$. 为了使表示法唯一，约定像 0.4999… 这样的数写成 0.5000…. 这样，对 $i=1,2,3,\cdots$，取 $b_i \in \{0,1,2,\cdots,8\}$，使 $b_i \neq a_{ii}$. 则有

$$x = 0.b_1b_2\cdots b_n\cdots.$$

显然，$x \in [0,1]$. 但是 x 和任一 x_n 比较，因 $b_n \neq a_{nn}$，则 $x \neq x_n$. 于是，$x \notin \mathrm{ran}(f)$. 所以，f 不可能是满射的，即不存在双射函数 $f:\mathbf{N} \to [0,1]$.

(2) 对任意的函数 $g:A \to P(A)$，构造集合

$$B = \{x \mid x \in A \land x \notin g(x)\}.$$

显然，$B \subseteq A$, $B \in P(A)$. 对任意的 $x \in A$，有 $x \in B \Leftrightarrow x \notin g(x)$，则 $B \neq g(x)$. 所以 $B \notin \mathrm{ran}(g)$，但 $B \in P(A)$，所以 g 不是满射的. 不存在双射函数 $g:A \to P(A)$.

由定理 12.2.1, $P(\mathbf{N}) \approx \mathbf{N}_2$，可以证明 $P(\mathbf{N}) \approx \mathbf{R}$. 因为 $\mathbf{N} \subset \mathbf{R}$，但 $\neg \mathbf{N} \approx \mathbf{R}$，可以设想 $\mathbf{R}$ 和 $P(\mathbf{N})$ 是比 $\mathbf{N}$ 大的集合. $P(\mathbf{R})$ 是比 $\mathbf{R}$ 大的集合. $P(P(\mathbf{R}))$ 是比 $P(\mathbf{R})$ 大的集合. 并可以此类推.

12.3 有限集合与无限集合

第 9 章已经定义了有限集合与无限集合. 下面给出更严格的定义.

定义 12.3.1 集合 A 是有限集合，当且仅当存在 $n \in \mathbf{N}$，使 $n \approx A$. 集合 A 是无限集合当且仅当 A 不是有限集合，即不存在 $n \in \mathbf{N}$ 使 $n \approx A$.

每个自然数 n 都是比 n 小的 n 个自然数的集合，而且是有限集合. 如果能证明每个有限集合 A 只与唯一的自然数 n 等势，就可以用这个自然数 n 来表示 A 的基数.

定理 12.3.1 不存在与自己的真子集等势的自然数.

证明从略. 这个定理就是鸽巢原理. 定理说明，对 $n \in \mathbf{N}$, $m \in \mathbf{N}$ 且 $n \subset m$，有 $\neg n \approx m$. 直观上说，把 m 个鸽子放入 n 个巢中，若 $n < m$，则至少一个巢中有多于一个鸽子.

推论 12.3.1 不存在与自己的真子集等势的有限集合.

推论 12.3.2 任何与自己的真子集等势的集合是无限集合. $\mathbf{N}$ 和 $\mathbf{R}$ 都是无限集合.

推论 12.3.3 任何有限集合只与唯一的自然数等势.

12.4 集合的基数

定义 12.4.1 对任意的集合 A 和 B，它们的基数分别用 $\text{card}(A)$ 和 $\text{card}(B)$ 表示，并且

$$\text{card}(A) = \text{card}(B) \Leftrightarrow A \approx B.$$

（有时把 $\text{card}(A)$ 记作 $|A|$ 或 $\#(A)$.）

对有限集合 A 和 $n \in \mathbf{N}$，若 $A \approx n$，则

$$\text{card}(A) = n.$$

例如，$\text{card}(\{a,b,c,d\})=4$. 对任意的 $n \in \mathbf{N}$，记 $\mathbf{N}=\{1,2,\cdots,n\}$，则 $\text{card}(N)=n$.

$\mathbf{N}$ 的基数不是自然数，因为 $\mathbf{N}$ 不与任何自然数等势. 通常用康托尔的记法，把 $\text{card}(\mathbf{N})$ 记作 $\aleph_0$，读作"阿列夫零". 因此

$$\text{card}(\mathbf{Z}) = \text{card}(\mathbf{Q}) = \text{card}(\mathbf{N} \times \mathbf{N}) = \aleph_0.$$

$\mathbf{R}$ 的基数不是自然数，也不是 $\aleph_0$（因为 $\neg\, \mathbf{R} \approx \mathbf{N}$）. 通常把 $\text{card}(\mathbf{R})$ 记作 $\aleph_1$，读作"阿列夫壹". 因此

$$\text{card}([0,1]) = \text{card}((0,1)) = \text{card}(\mathbf{R}_+) = \aleph_1.$$

自然数 $0,1,2,3,\cdots,n$ 都是有限集合的基数，可称为有限基数. $\aleph_0$，$\aleph_1$ 和 $\text{card}(P(\mathbf{R}))$ 等是无限集合的基数，可称为无限基数.

12.5 基数的算术运算

有限基数是自然数，可以使用在 $\mathbf{N}$ 上定义的加法、乘法和指数运算. 例如，$2+3=5$，$2\times 3=6$，$2^3=8$. 下面推广这些运算，建立任意基数间的运算.

定义 12.5.1 对任意的基数 k 和 l，进一步

(1) 若存在集合 K 和 L，$K \cap L=\varnothing$，$\text{card}(K)=k$，$\text{card}(L)=l$，则

$$k + l = \text{card}(K \cup L).$$

(2) 若存在集合 K 和 L，$\text{card}(K)=k$，$\text{card}(L)=l$，则

$$k \cdot l = \text{card}(K \times L).$$

(3) 若存在集合 K 和 L，$\text{card}(K)=k$，$\text{card}(L)=l$，则

$$k^l = \text{card}(L_K),$$

其中 L_K 是从 L 到 K 的函数的集合.

可以证明，对集合 K,L,P,M，如果 $K\approx P$ 且 $L\approx M$，则 $K\times L\approx P\times M$ 且 $L_K\approx M_P$，如果同时成立 $K\cap L=\varnothing$ 且 $P\cap M=\varnothing$，则 $K\cup L\approx P\cup M$.

有限基数是基数的特例. 所以，定义的 3 种运算也适于有限集合的基数.

例 1 验证 $2+2=4$，$2\cdot 2=4$，$2^2=4$.

(1) 取 $K=\{0,1\}$，$L=\{2,3\}$，显然 $K\cap L=\varnothing$. $\text{card}(K)=2$，$\text{card}(L)=2$，$K\cup L=\{0,1,2,3\}$. 则 $2+2=\text{card}(K\cup L)=4$.

(2) 取 $K=\{0,1\}=L$，则 $\text{card}(K)=2=\text{card}(L)$，$K\times L=\{0,1\}\times\{0,1\}=\{\langle 0,0\rangle,\langle 0,1\rangle,\langle 1,0\rangle,\langle 1,1\rangle\}$. 于是 $2\cdot 2=\text{card}(K\times L)=4$.

这时，L_K 是从 L 到 K 的函数的集合，则

$$L_K = \{f_1, f_2, f_3, f_4\},$$

其中
$$f_1 = \{\langle 0,0\rangle,\langle 1,0\rangle\},$$
$$f_2 = \{\langle 0,0\rangle,\langle 1,1\rangle\},$$
$$f_3 = \{\langle 0,1\rangle,\langle 1,0\rangle\},$$
$$f_4 = \{\langle 0,1\rangle,\langle 1,1\rangle\}.$$
于是，$2^2=\text{card}(L_K)=4$.

例 2 对任意的非空集合 K，若 $\text{card}(K)=k$，则 k 是非零基数. 第 11 章已指出
$$\varnothing_K = \{\varnothing\},\ K_{\varnothing} = \varnothing,\ \varnothing_{\varnothing} = \{\varnothing\}.$$
则由定义 12.5.1，对任意的基数 $k\neq 0$，有
$$k^0 = 1,\quad 0^K = 0,\quad 0^0 = 1.$$
这些结论与通常的自然数运算基本一致. 唯一的例外是，通常的幂运算不能求 0^0，这里的运算得到 $0^0=1$.

例 3 对任意的基数 k，有

(1) $k+0=k$,

(2) $k\cdot 0=0$,

(3) $k\cdot 1=k$,

(4) $k\cdot 2=k+k$.

证明留作思考题.

例 4 对任意的 $n\in\mathbf{N}$. 则

(1) $n+\aleph_0=\aleph_0$,

(2) $n\cdot\aleph_0=\aleph_0$,

(3) $\aleph_0+\aleph_0=\aleph_0$,

(4) $\aleph_0\cdot\aleph_0=\aleph_0$.

证明

(1) 令 $L=\mathbf{N}$，$K=\{a_1,\cdots,a_n\}$，且对于 $i=1,2,\cdots,n$ 有 $a_i\notin\mathbf{N}$. 则 $\text{card}(L)=\aleph_0$，$\text{card}(K)=n$，$K\cap L=\varnothing$. 于是
$$K\cup L = \{a_1,\cdots,a_n,0,1,2,\cdots\}.$$
构造双射函数 $f:K\cup L\to\mathbf{N}$ 为
$$f(x) = \begin{cases} i-1 & \text{当 } x = a_i \\ x+n & \text{当 } x\in\mathbf{N}. \end{cases}$$
则 $K\cup L\approx\mathbf{N}$，$\text{card}(K\cup L)=\text{card}(\mathbf{N})=\aleph_0$. $n+\aleph_0=\text{card}(K\cup L)=\aleph_0$.

(2) 至 (4) 的证明留作思考题.

例 5 对任意的集合 A，有
$$\text{card}(P(A)) = 2^{\text{card}(A)}.$$

证明 由运算定义，$2^{\text{card}(A)}=\text{card}(A_2)$.

由定理 12.2.1，$P(A)\approx A_2$. 则
$$\text{card}(P(A)) = \text{card}(A_2) = 2^{\text{card}(A)}.$$
可以证明 $\mathbf{R}\approx P(\mathbf{N})$，所以
$$2^{\aleph_0} = \text{card}(P(\mathbf{N})) = \text{card}(\mathbf{R}) = \aleph_1.$$
由定理 12.2.3 和例 5，对任意的基数 k，有 $k\neq 2^k$. 特别地，$\aleph_0\neq 2^{\aleph_0}=\aleph_1$.

定理 12.5.1 对任意的基数 k、l 和 m，有

(1) $k+l=l+k$,

$k\cdot l=l\cdot k$,

(2) $k+(l+m)=(k+l)+m$,

$k\cdot(l\cdot m)=(k\cdot l)\cdot m$,

(3) $k\cdot(l+m)=k\cdot l+k\cdot m$,

(4) $k^{(l+m)}=k^l\cdot k^m$,

(5) $(k\cdot l)^m=k^m\cdot l^m$,

(6) $(k^l)^m=k^{(l\cdot m)}$.

证明 只证(6)，其他留作思考题.

(6) 取集合 K、L 和 M，使 $\mathrm{card}(K)=k$，$\mathrm{card}(L)=l$，$\mathrm{card}(M)=m$. 只要构造一个从 $M_{(L_K)}$ 到 $(L\times M)_k$ 的双射函数即可.

对任意的 $f\in M_{(L_K)}$，即 $f:M\rightarrow L_K$. 令 $H(f)$ 是从 $L\times M$ 到 K 的函数，$H(f):L\times M\rightarrow K$，且对 $\langle l',m'\rangle\in L\times M$，$H(f)(\langle l',m'\rangle)=f(m')(l')$. 因 $m'\in M$，则 $f(m')\in L_K$，$f(m').L\rightarrow K$，又因 $l'\in L$，则 $f(m')(l')\in K$. 且 $H(f)(\langle l',m'\rangle)\in K$. 上面定义了函数

$$H:M_{(L_K)}\rightarrow(L\times M)_K,$$
$$H(f)(\langle l',m'\rangle)=f(m')(l').$$

先证 H 是单射的，对任意的 $f,g\in M_{(L_K)}$，如果 $f\neq g$，则存在 $m'\in M$，使 $f(m')\neq g(m')$. 由于 $f(m')\in L_K$，$g(m')\in L_K$，则存在 $l'\in L$，使 $f(m')(l')\neq g(m')(l')$. 因此

$$H(f)(\langle l',m'\rangle)=f(m')(l')\neq g(m')(l')=H(g)(\langle l',m'\rangle).$$

所以，$H(f)\neq H(g)$. H 是单射的.

再证 H 是满射的. 对任意的 $j\in(L\times M)_K$，定义函数 $f:M\rightarrow L_K$，对任意的 $m'\in M$，使 $f(m')(l')=j(\langle l',m'\rangle)$. 显然，$f\in M_{(L_K)}$，且

$$H(f)(\langle l',m'\rangle)=f(m')(l')=j(\langle l',m'\rangle),$$

所以，$j\in\mathrm{ran}(H)$. H 是满射的.

总之，H 是双射函数. $M_{(L_K)}\approx(L\times M)_K$. $(k^l)^m=k^{(l\cdot m)}$.

定理说明，对任意基数的运算的性质，与自然数的运算性质一致.

12.6 基数的比较

上面已经解决了基数间的相等和不相等. 这一节讨论基数间的不大于关系和小于关系.

定义 12.6.1 对集合 K 和 L，$\mathrm{card}(K)=k$，$\mathrm{card}(L)=l$，如果存在从 K 到 L 的单射函数，则称集合 L 优势于 K，记作 $K\leqslant L$，且称基数 k 不大于基数 l，记作 $k\leqslant l$.

定义 12.6.2 对基数 k 和 l，如果 $k\leqslant l$ 且 $k\neq l$，则称 k 小于 l，记作 $k<l$.

例 1 对任意的基数 k，有 $0\leqslant k$. 对任意的自然数 n，有 $n\leqslant\aleph_0$.

例 2 对集合 K 和 L，若 $K\subseteq L$，则 $\mathrm{card}(K)\leqslant\mathrm{card}(L)$. 反之，对基数 k 和 l，若 $k\leqslant l$，则存在集合 K 和 L，使 $\mathrm{card}(K)=k$，$\mathrm{card}(L)=l$，且 $K\subseteq L$.

例 3 对任意的基数 k，有 $k<2^k$.

证明 对基数 k，存在集合 K，使得 $\text{card}(K)=k$. 由 12.5 节，$\text{card}(P(K))=2^k$. 构造函数 $f:A\to P(A)$，$f(x)=\{x\}$，则 f 是单射的. 则 $A\leqslant P(A)$，$k\leqslant 2^k$. 由定理 12.2.3，$\neg K\approx P(K)$，$k\neq 2^k$. 因此，$k<2^k$.

这个例子说明，不存在最大的基数.

定理 12.6.1 对任意的基数 k，l 和 m，有

(1) $k\leqslant k$，

(2) 若 $k\leqslant l$ 且 $l\leqslant m$，则 $k\leqslant m$，

(3) 若 $k\leqslant l$ 且 $l\leqslant k$，则 $k=l$，

(4) $k\leqslant l$ 或 $l\leqslant k$.

结论(1)和(2)很容易证明. 结论(3)是施罗德-伯恩斯坦定理，证明较复杂，在此省略了. 结论(4)是选择公理的等价形式，等价性的证明从略.

例 4 对任意的集合 K，L 和 M，如果 $K\leqslant L$，$L\leqslant M$ 且 $M\leqslant K$，则 $K\approx L\approx M$.

例 5 $\mathbf{R}\approx\mathbf{N}_2$，即 $\mathbf{R}\approx P(\mathbf{N})$.

证明，只要证 $\mathbf{R}\leqslant\mathbf{N}_2$ 且 $\mathbf{N}_2\leqslant\mathbf{R}$.

先证 $\mathbf{R}\leqslant\mathbf{N}_2$. 因 $(0,1)\approx\mathbf{R}$，先证 $(0,1)\leqslant\mathbf{N}_2$. 构造函数 $H:(0,1)\to\mathbf{N}_2$ 为，对任意的 $z\in(0,1)$，有 $H(z):\mathbf{N}\to\{0,1\}$，且 $H(z)(n)$ 在 z 的二进制表示中第 $n+1$ 个数字. 例如，对 $z=0.110100\cdots$，$H(z)(0)=1$、$H(z)(1)=1$、$H(z)(2)=0$、$H(z)(3)=1$ 等. 显然，H 是单射的. 则 $(0,1)\leqslant\mathbf{N}_2$，$\mathbf{R}\leqslant\mathbf{N}_2$.

再证 $\mathbf{N}_2\leqslant\mathbf{R}$. 对任意的 $f\in\mathbf{N}_2$，即函数 $f:\mathbf{N}\to\{0,1\}$，按如下规则把 f 映射到 $[0,1]$ 中的一个实数.（这就是构造函数 $G:\mathbf{N}_2\to[0,1]$.）如果 f 的函数值依次为 $1,1,0,0,0,1,\cdots$，则把 f 映射到 $0.110001\cdots$ 这个十进制小数.（这就是令 $G(f)=0.110001\cdots$.）. 这是从 $\mathbf{N}_2$ 到 $\mathbf{R}$ 的一个单射函数. 所以 $\mathbf{N}_2\leqslant\mathbf{R}$.

由这个例子得到

$$\aleph_1=\text{card}(\mathbf{R})=\text{card}(\mathbf{N}_2)=2^{\aleph_0}.$$

定理 12.6.2 对任意的基数 k，l 和 m，如果 $k\leqslant l$，则

(1) $k+m\leqslant l+m$，

(2) $k\cdot m\leqslant l\cdot m$，

(3) $k^m\leqslant l^m$，

(4) 若 $k\neq 0$ 或 $m\neq 0$，则 $m^k\leqslant m^l$.

例 6 $2^{\aleph_0}\leqslant\aleph_0\cdot 2^{\aleph_0}\leqslant 2^{\aleph_0}\cdot 2^{\aleph_0}=2^{\aleph_0}$，所以，$\aleph_0\cdot 2^{\aleph_0}=2^{\aleph_0}$，

定理 12.6.3 对基数 k 和 l，如果 $k\leqslant l$、$k\neq 0$，l 是无限基数，则

$$k+l=k\cdot l=l=\max(k,l).$$

证明 为证本定理，要使用引理 $k\cdot k=k$. 但该引理证明较复杂. 下面不证引理，直接引用它得

$$l\leqslant k+l\leqslant l+l=2\cdot l\leqslant l\cdot l=l,$$

所以

$$k+l=l.$$

$$l\leqslant k\cdot l\leqslant l\cdot l=l,$$

所以

$$k\cdot l=l.$$

例 7 对任意的无限基数 k，$k^k=2^k$.

证明 $k^k \leqslant (2^k)^k = 2^{k \cdot k} = 2^k \leqslant k^k$，所以，$k^k = 2^k$.

定理 12.6.4

(1) 对任意的无限集合 K，$\mathbf{N} \leqslant K$.

(2) 对任意的无限基数 k，$\aleph_0 \leqslant k$.

证明

(1) 严格的证明要使用 **N** 上的递归定理. 下面简要介绍证明的主要思想.

构造单射函数 $g: \mathbf{N} \to K$. 因为 K 非空，则存在 $a_0 \in K$，令 $g(0) = a_0$. 因为 K 是无限集合，则 $K - \{a_0\} \neq \varnothing$. 由选择公理，可以选择 $a_1 \in K - \{a_0\}$，令 $g(1) = a_1$. 依此类推，可以选 $g(2) = a_2$，$g(3) = a_3$，…. 一般情况，如果已选定了 $g(0), g(1), \cdots, g(n)$. 则由选择公理可以从 $K - \{g(0), g(1), \cdots, g(n)\}$ 中选 a_{n+1}，使 $g(n+1) = a_{n+1}$. 显然，g 是单射的.

(2) 由(1)证明.

由定理可知，$\aleph_0$ 是最小的无限基数.

例 8 对任意的基数 k，$k < \aleph_0$ 当且仅当 k 是有限基数.

例 9 有限集合的子集一定是有限的.

12.7 可数集合与连续统假设

定义 12.7.1 对集合 K，如果 $\mathrm{card}(K) \leqslant \aleph_0$，则称 K 是可数集合.

利用上节例 8，可得到定义的等价形式：如果集合 K 是有限的或与 **N** 等势，就称 K 是可数集合.

例 1 对 $n \in \mathbf{N}$，n 是有限可数集合. **N**，**Z**，**Q** 都是无限可数集合. **R** 不是可数集合.

定理 12.7.1

(1) 可数集的任何子集是可数集.

(2) 两个可数集的并集和笛卡儿积是可数集.

(3) 若 K 是无限集合，则 $P(K)$ 是不可数的.

(4) 可数个可数集的并集是可数集.（该结论可写为：若 A 是可数集，A 的元素都是可数集，则 $\bigcup A$ 是可数集.）

已知的基数按从小到大的次序排列就是

$$0, 1, \cdots, n, \cdots, \aleph_0, \aleph_1, 2^{\aleph_1}, \cdots.$$

“连续统假设”就是断言不存在基数 k，使

$$\aleph_0 < k < 2^{\aleph_0}.$$

这个假设至今未经证明. 有人已证明：根据现有的公理系统，既不能证明它是对的，也不能证明它是错的.

习 题 12

1. 证明定理 12.2.2.

2. 用等势定义证明 $[0,1] \approx [a,b]$，$(a, b \in \mathbf{R}, a < b)$.

3. 对集合 A, B, C 和 D，若 $A \approx C$，$B \approx D$，证明 $A \times B \approx C \times D$.

4. 写出 $\mathbf{N}$ 的三个与 $\mathbf{N}$ 等势的真子集.

5. 证明 12.5 例 4 的(2),(3),(4).

6. 用运算的定义证明:对任意的基数 k,有 $k+k=2\cdot k$.

7. 对任意的基数 k、l 和无限基数 m,如果 $2\leqslant k\leqslant m$ 且 $2\leqslant l\leqslant m$,证明

   (1) $k^m=2^m$,

   (2) $k^m=l^m$.

8. 证明定理 12.5.1 的(1)至(5).

9. 证明平面上直角坐标系中所有整数坐标点的集合是可数集.

10. 计算下列集合的基数.

    (1) $A=\{a,b,c\}$,

    (2) $B=\{x\mid(\exists n)(n\in\mathbf{N}\wedge x=n^2)\}$,

    (3) $D=\{x\mid(\exists n)(n\in\mathbf{N}\wedge x=n^5)\}$,

    (4) $B\cap D$,

    (5) $B\cup D$,

    (6) $\mathbf{N}_{\mathbf{N}}$,

    (7) $\mathbf{R}_{\mathbf{R}}$.

清华大学计算机系列教材

书名	作者	定价
程序设计基础(第3版)	吴文虎	
数据结构习题精讲	殷人昆、王宏	
计算机局域网(第4版)	胡道元	
基于VHDL语言的微机接口电路设计	赵世霞、谭耀麟	39.5
实用软件工程(第三版)	殷人昆、郑人杰 等	32
计算机网络(第2版)	胡道元	39
网络安全(第2版)	胡道元	43
数据结构(C语言版)(有盘)	严蔚敏	30
数据结构(C语言版)(无盘)	严蔚敏	22
数据结构题集(C语言版)	严蔚敏	16
微型计算机技术及应用(第4版)	戴梅萼、史嘉权	36
微型计算机技术及应用习题、实验题与综合训练题集(第4版)	戴梅萼、史嘉权	17
计算机组成与结构(第4版)	王爱英	39
计算机组成与结构(第4版)习题详解与实验指导	王爱英	18
MPI并行程序设计实例教程	张武生、薛巍 等	39
数据结构(用面向对象方法与C++语言描述)第二版	殷人昆	39
编译原理(第二版)	张素琴	35
编译原理课程辅导	张素琴	18
计算机系统结构(第2版)	郑纬民、汤志忠	42
IBM PC汇编语言程序设计(第二版)	沈美明	34.8
80x86汇编语言程序设计	沈美明	46
计算机图形学(第3版)	孙家广	39
计算机图形学基础教程(第2版)	孙家广、胡事民	23
多媒体技术基础(第3版)	林福宗	53
多媒体技术教程	林福宗	33
多媒体技术课程设计与学习辅导	林福宗	25
计算机组成与设计(第3版)	王诚	35
计算机组成与设计(第3版)实验指导	王诚	27
程序设计基础(第2版)	吴文虎	28
程序设计基础(第2版)习题解答与上机指导	吴文虎	19
图论与代数结构	戴一奇	12.9
数理逻辑与集合论(第2版)	石纯一	18
数理逻辑与集合论(第2版)精要与题解	王宏	16
信号处理原理	郑方	26
人工智能导论	林尧瑞、马少平	16
数字逻辑与数字集成电路(第2版)	王尔乾	29
计算机网络与Internet教程(第2版)	张尧学	28
系统分析与控制	孙增圻	17.5
电子商务软件技术教程(第2版)	王克宏 等	23